RECUEIL D'EXERCICES

SUR LES SUJETS LES PLUS USUELS

ANNEXE

AUX ARITHMÉTIQUES N° 3 et N° 2

DE A. GUILMIN

À L'USAGE

DES ÉCOLES PRIMAIRES, DES CLASSES ÉLÉMENTAIRES

ET

DES COURS D'ADULTES

PAR

A. GUILMIN

ET

J. A. TESTU, Instituteur.

Deuxième Édition.

PARIS

AUGUSTE DURAND, LIBRAIRE,

rue Cujas, 9 (Ancienne rue des Grès, 7).

1868

V
41136

A NOS JEUNES LECTEURS, ENFANTS OU ADULTES.

En étudiant et en appliquant l'Arithmétique, attachez-vous à tout dire et à tout écrire avec ordre et méthode. Faites avec le plus grand soin tous les tableaux, factures, mémoires et bordereaux, en un mot tous les comptes. Vous vous habituerez ainsi pour la suite de votre vie à mettre dans toutes vos affaires un ordre très-utile, qui ne pourra que les faire prospérer.

RECUEIL D'EXERCICES

ANNEXE ET SUPPLÉMENTAIRE

AUX ARITHMÉTIQUES N° 3 ET N° 2,

DE A. GUILMIN.

Deuxième Édition.

RECUEIL D'EXERCICES

SUR LES SUJETS LES PLUS USUELS

ANNEXE

AUX ARITHMÉTIQUES N° 3 et N° 2

DE **A. GUILMIN**

A L'USAGE

DES ÉCOLES PRIMAIRES, DES CLASSES ÉLÉMENTAIRES

ET

DES COURS D'ADULTES

PAR

A. GUILMIN

ET

J. A. TESTU, Instituteur.

Deuxième Édition.

PARIS

AUGUSTE DURAND, LIBRAIRE,

rue Cujas, **9** (ANCIENNE RUE DES GRÈS 7).

1868

ERRATA

FAUTES ESSENTIELLES A CORRIGER.

———

Ex. **701**. Lisez : *45 gerbes par heure.*

Ex. **861**. A la fin lisez : 1^{mq},50.

Page 105. 2e ligne : *On multiplie le 5e du contour moyen par lui-même et le produit par la longueur.*

Ex. **886**. Lisez : *Charpente.* Sur la fig. lisez 0^m,50 pour la lambourde *g.*

Ex. **912**. Lisez : *lattes.*

Ex. **942**. Au lieu de : *poids,* lisez : *pois.*

Ex. **979**. Au lieu de : (Ex. 970), lisez : (Ex. 978).

Ex. **980** *bis.* Lisez : *large.*

Ex. **991**. A la fin, lisez : Ex. 993.

Ex. **1012**. 2^e ligne : Combien de Kg de.....

Ex. **1020**. Lisez : J'ai fait.

Ex. **1037**. Au lieu de 5^{Kg}, mettez : 5^{Hg}.

Ex. **1071**. Lisez : combien de D*g.*

Ex. **1076**. 2^e ligne, au lieu de 50^{Kg}, lisez : 50^g.

Ex. **1086**. Au lieu de : 50^{Kg},20, mettez : 0^{Kg},120.

Ex. **1112**. Au lieu de 2^l de sel, mettez : 2^{cl} de sel.

Ex. **1104**. Au lieu de 4^{Hg},85, mettez : 4^{Ha},85.

Ex. **1123**. Au lieu de : page 94, lisez : p. 96.

Page 96, fig. 30, mettez : 1^m,50 *de longueur intérieure.*

Id. fig. 32, lisez : 18^m pour base du triangle de droite.

Ex. **1162**. 2e ligne. En place de : n° 33, lisez : ci-contre.

Page 98, fig. 3, mettez : 0^m,50 pour épaisseur du mur.

Ex. **1171**. Lisez : que lui est-il redû ?

Page 102, fig. 102. Mettez *d* sur la poutre horizontale de 9^m,20.

Ex. **1205**. Remplacez partout plomb par fonte et 11^{Kg},350 par 7^{Kg},200.

Ex. **1219**, 3e ligne. Lisez : de 0^m,06 à 0^m,13.

Ex. **1224**. Au lieu de : 1^m,40, lisez : 2^m,40.

Ex. **1239**, 4e ligne, lisez : *payer en grume le pied cube métrique au 5e déduit pour que ce bois en œuvre cubé comme un cylindre.*

Ex. **1275**, 1re ligne, au lieu de 60^{Dl}, mettez 20^{Dl}.

Ex. **1540**. Au lieu de 52^f,50, mettez 95^f.

AVANT-PROPOS.

Un très-grand nombre de professeurs et d'instituteurs, satisfaits des exercices proposés dans mon *Arithmétique* n° 3, mais ne les trouvant pas assez nombreux, m'ont prié instamment de publier d'autres séries de problèmes usuels et gradués comme les premiers, suffisant pour *achever complétement* l'instruction des élèves des classes primaires ou élémentaires et des ADULTES. Ce recueil a été composé pour satisfaire à cette demande. Désireux de faire encore cette fois un bon livre d'instruction primaire, j'ai consulté comme toujours quelques instituteurs intelligents et expérimentés; j'ai eu recours notamment à celui que j'ai nommé en première ligne dans la préface de mon *Arithmétique*, n° 3 M. Testu, de Nouzilly près Tours. Très-occupé d'ailleurs, jouissant d'une santé toujours un peu délicate, afin de ne pas retarder trop longtemps cette publication, je ne me suis pas contenté de demander à M. Testu ses conseils et l'examen scrupuleux de mon livre, j'ai voulu avoir cette fois sa collaboration, et l'ai prié de composer avec moi ce recueil; il y a consenti, et sa part dans cette nouvelle œuvre est égale à la mienne. Si donc ce livre convient aux instituteurs, s'ils le trouvent intéressant et vraiment utile, le mérite devra en être attribué pour moitié à un des leurs.

Je dois aussi de sincères remercîments à M. Cizel père, instituteur à Traves (Haute-Saône), pour ses excellents conseils et les bons exercices qu'il m'a communiqués.

Tous ces exercices ont été choisis un à un, méthodiquement, et avec un soin extrême. Nous avons eu constamment en vue de ne proposer que des questions vraiment pratiques, de donner le plus possible de renseignements utiles, de ne laisser dans la mémoire des élèves que des notions exactes, justes et usuelles, tout en exerçant leur intelligence et en les formant à la pratique du calcul. Nous avons voulu aussi principalement les accoutumer à l'*ordre* et au raisonnement; c'est pourquoi nous prions instamment les professeurs et les instituteurs de seconder nos bonnes intentions en obligeant leurs élèves à tout dire, à tout écrire, en un mot à tout faire avec ordre et méthode.

Nous avons fait précéder chaque série de problèmes d'exercices de calcul oral et de calcul mental afin d'habituer les élèves à raisonner dans chaque cas spécial et de leur faire bien comprendre les sujets nouveaux qu'on leur donne à traiter, les nouvelles règles qu'on leur fait appliquer. Nous recommandons donc avec confiance ce recueil à tous les maîtres.

Nous aurions pu faire, outre la table ordinaire des matières, une table synoptique des matières usuelles de tout genre occasionnellement traitées. Mais chacun sait qu'une table synoptique, quelle qu'elle soit, promet plus qu'on ne peut tenir dans un pareil livre, d'une étendue nécessairement limitée, dans lequel on peut certainement donner beaucoup de bons conseils, de notions qui seront utiles aux élèves dans le cours de leur vie, mais qui est avant tout un livre d'arithmétique. Nous ne voulons pas donner ainsi au lecteur un espoir qui ne serait pas finalement réalisé. C'est pourquoi nous nous bornerons à le prier de feuilleter ce livre, de le parcourir un peu rapidement pour avoir une première idée de sa disposition, de notre méthode, de l'utilité, de la variété et de la multiplicité des sujets usuels traités. Nous espérons fermement que la première impression sera bonne et nous avons la conviction que l'emploi continu du livre ne fera que la confirmer et la rendre tout à fait durable.

J'espère que les instituteurs trouveront utile de mettre ce recueil entre les mains du plus grand nombre de leurs élèves. Il suffira, je le crois, avec mon Arithmétique n° 3, pour les instruire et les occuper utilement pendant toute la durée de leurs études d'arithmétique.

A. GUILMIN.

TABLE DES MATIÈRES.

AVIS AU LECTEUR.

Les questions proposées dans ce recueil sont en général très-simples et à la portée du plus grand nombre des élèves, enfants ou adultes, des écoles primaires et des classes élémentaires. Néanmoins, pour compléter notre travail, nous avons placé par endroits, à la fin des chapitres ou des séries, et à la fin du volume, dans un appendice spécial, un assez grand nombre d'exercices un peu plus difficiles destinés aux élèves les plus intelligents et les plus avancés. C'est pourquoi nous disons que ce recueil complète à la fois notre Arithm. n° 3 et notre Arithm. n° 2.

                                         A. GUILMIN.

RECUEIL D'EXERCICES

ANNEXE ET SUPPLÉMENTAIRE

A L'ARITHMÉTIQUE N° 3

DE A. GUILMIN.

ABRÉVIATIONS EMPLOYÉES. (*Faites bien attention aux abréviations*).

n., *nombre*; o., *ordre*; cl., *classe*; ch., *chiffre*; U, *unités*; D, *dizaines*; C, *centaines*; M, *mille*; D de M, *diz. de mille*; C de M, *centaines de mille*. UNITÉS DIVERSES : f. ou fr., franc; l., litre; k ou Kg, kilo ou kilog; st., stère; q*, quintaux; q¹, quintal; mèt., mètre.

NUMÉRATION.

—

NUMÉRATION PARLÉE.

1. Quelle unité vient après les C., ap. les D. de M., ap. les millions?

2. Quelle unité vient avant les C., av. les D. de M., av. les millions?

3. Quelle unité vaut 10 D.? 100 C.? 1000 mille? 1000 millions?

4. Dans 1 mille, combien de C., de D.? Dans 3 millions, combien de sacs de 1000 fr., de billets de 100 fr., de pièces de 10 fr.? Dans un milliard, combien de millions, de mille, de C., de D.?

5. Dans un n. qui commence aux D. de millions, il y a encore des C. de M., des D. de M., des C. et des U.? Dites les unités qui manquent?

1

NUMÉRATION ÉCRITE.

6. Quelles unités représente le 4e chiffre de droite à gauche d'un n.,
— le 7e, — le 8e, — le 5e, — le 10e, — le 12e?

7. Dans un nombre de 12 chiffres, que représente le 4e ch. de gauche
à droite, — le 3e, — le 7e, le 6e, — le 9e — le 11e?

8. Dans un n. qui commence aux milliards, que représente le 3e
chiffre de gauche à droite, — le 5e, — le 6e — le 8e?

9. Que représente le 4e chiffre de gauche à droite dans un n. de
7 chiffres, — de 9 chiffres, — de 12 chiffres, — de 10 chiffres?

10. Dans un n. de 12 chiffres, le 3e ch. de gauche à droite, le 6e,
le 7e, le 9e, et le 11e sont des zéros. Dites les unités présentes?

11. Dites la valeur relative de chaque chiffre de 4040400, — de
503062, — de 403005007.

Nombres à écrire en chiffres.

12. Écrivez les nombres de 0 à 300 de dix en dix; id. de 1 à 201,
id. de 3 à 103; — id. de 205 à 5 en reculant de 5 en 5.

Transcrivez ce qui suit en écrivant les nombres en chiffres.

13. On a employé dans la construction d'une maison sept mille
quarante briques, douze mille vingt ardoises, quatre mille soixante carreaux, douze cents pierres.

14. L'empereur Napoléon, né le vingt avril mil huit cent huit, a été
nommé empereur le deux décembre mil huit cent cinquante deux par
huit millions cent cinquante-sept mille huit cents électeurs.

15. La perdrix pond environ dix-neuf œufs; le hareng trente-cinq
mille, l'alose vingt mille, la sole cent mille, la carpe cinq cent mille, le
turbot neuf millions, la morue onze millions cinquante mille.

16. On compte par kilogramme de deux à quatre mille haricots
ordinaires, de 4 mille à 7 mille cinq cents pois, de 20 mille à 40 mille
grains de blé, de 200 mille à quatre cent un mille grains de colza,
de 8 cent mille à 12 cent mille grains de luzerne, de 2 millions cinq
cent mille à quatre millions vingt mille grains de tabac.

Nombres à lire ou à écrire en toutes lettres.

17. On compte en France, d'après le recensement terminé en mai
1866, 89 départements, 373 arrondissements, 2941 cantons, 37518
comm., 38067094 hab. répartis sur une superficie de 54239679 hectares.

18. 38 villes ont plus de 100000 habitants, savoir : Paris, 1825271;

Lyon, 323954 ; Marseille, 300132 ; Bordeaux, 194241 ; Nantes, 111956 ; Lille, 154749 ; Toulouse, 126936 ; Rouen, 100671.

19. 8 autres ensuite ont plus de 60000 habitants, savoir : Brest, 79847 ; Amiens, 61063 ; Toulon, 77126 ; le Havre, 74900 ; Strasbourg, 84167 ; Roubaix, 65091 ; Nîmes, 60240 ; Saint-Étienne, 96620 ; Reims, 60734.

20. 6 autres ensuite ont plus de 50000 habitants, savoir : Nice, 50180 ; Montpellier, 55606 ; Angers, 54791 ; Mulhouse, 58773 ; Limoges, 53022 ; Metz, 54817.

21. Lisez puis écrivez par ordre de grandeurs décroissantes les populations des Ex. 18, 19, et 20.

22. 2 départements ont plus de 1000000 d'habitants, savoir : la Seine, 2150914 ; le Nord, 1392041.

23. 7 autres ensuite ont plus de 600000 habitants, savoir : les Côtes-du-Nord, 641210 ; Finistère, 662485 ; Gironde, 701855 ; Rhône, 678648 ; Saône-et-Loire, 600006 ; Seine-Inférieure, 792763 ; Pas-de-Calais, 749777.

24. *Populations des villes capitales de l'Europe.* Londres 3067536 habitants ; Paris, 1825274 ; Constantinople 1075000 ; Berlin 632741 ; Vienne 578525 ; Saint-Pétersbourg, 539122 ; Madrid, 298426 ; Amsterdam, 261455 ; Lisbonne, 224063 ; Munich, 167054 ; Dresde, 145728 ; Copenhague, 155143 ; Stockholm, 133361 ; Florence, 114363.

Multiplication ou division par 10, 100, 1000.

25. Combien de pièces de 10ᶠ dans 1000ᶠ — dans 3000ᶠ — dans 4500ᶠ ?

26. Un charretier doit transporter 10000 gerbes. Combien de voyages de 100 gerbes ?

27. Dans 8500 Kg de foin et 1570 Kg de paille, combien de bottes de 10 Kg ?

28. Un marchand de bois vend au cent 4260 bourrées, 5675 fagots, 10470 cotrets. Que lui reste-t-il quand tous les cents sont vendus ?

29. Édouard a 2430 noisettes. Il donne les 3 dizaines à Louis, les 4 C. à Jules, et mille à sa sœur. Combien lui reste-t-il de cents ?

30. Paul avait 500 prunes ; on lui en donne 60, puis 10. Total des dizaines ?...

31. Rendez chacun des nombres suivants, 10 fois, 100 fois, 1000 fois plus grand : — 15 pommes, 124 poires, 207 prunes, 65 pêches.

32. Rendez chacun des n. suivants 10 fois, 100 fois, 1000 fois plus petit : — 3000 noisettes, 60000 épingles, 41000 abeilles — 7000 brebis, 350000 soldats, 40000 habitants.

33. J'ai 300 vaches, 1500 fr., 2400 moutons, 24800 œufs. Mon cousin a 10 fois moins que moi, mon père 100 fois plus, le père Jacques 100 fois moins. Dites l'avoir de chacun?

34. Mon père gagne 2^f par jour. Combien dans 10? dans 100?

35. Pour les garantir de la pluie, un fermier réunit ses gerbes par tas de 10; il fait 230 tas. Combien a-t-il de gerbes?

36. Je donne pour ma maison 24 billets de 1000 fr., 8 de 100 fr., 6 pièces de 10 fr. Total...

37. Combien de doigts ont 24 élèves, 138 élèves, 1400 soldats?

38. Combien d'yeux et de pattes ont 100 chèvres, 1000 poules?

39. Un fermier vend 40 pochées de 100 l. à 10^c le l. Que reçoit-il?

40. Un boucher achète 112 petites brebis à 10^f pièce. Combien doit-il?

41. Il donne 11 billets de 100^f. Combien redoit-il?

42. 100 ouvriers gagnent 300 fr. par jour. Combien gagne par jour un ouvrier, combien 10 ouvriers, 1000 ouvriers?

43. Charles, Louis, et Paul ont ramassé des noix; Charles 3100, Louis 10 fois moins, et Paul 10 fois moins encore. Combien chacun?

44. Un quintal métrique vaut 100 kilog. Combien valent 24 quintaux de paille, 120 q^x de foin. Combien valent-ils de bottes de 10 kilos? Combien de q^x valent 28000 kilos? combien 230 bottes?

44 *bis.* Un tonneau de mer vaut 1000 kilog. Combien de quintaux? Quelle est en tonn., puis en q^x, la charge d'un navire qui porte 780000^k?

ADDITION.

EXERCICES PRÉPARATOIRES.

Calcul oral. Exercices *faisant suite à la table d'additions apprise et répétée.* Additions à faire de tête (sans écrire).

45. Comptez de 2 en 2, 10 fois, à partir de 17; — de même à partir de 24. (Il y a à la fin de chacun de ces exercices et des suivants semblables une vérification qu'on fera et qu'on indiquera.)

46. Comptez de 3 en 3, 10 fois, à partir de 15.

47. *id.* de 4 en 4 à partir de 26; *Id.* à partir de 17.

48. *id.* de 5 en 5 à partir de 23. *Id.* de 6 en 6 à partir de 35.

49. *id.* de 7 en 7 à partir de 12.

50. *id.* de 8 en 8 à partir de 13. *Id.* à partir de 24.

51. Comptez de 9 en 9 à partir de 25.

52.   id.   de 10 en 10 à partir de 20;   *Id.* à partir de 26.

Exemple : 36 et 10; on dit 30 et 10, 40, et 6, 46.

53. Hommes.   20+10; 30+20; 40+30; 50+40; 60+50.

54. Femmes.   21+10; 32+20; 45+30; 54+40; 67+50.

55. Enfants..   20+14; 30+25; 40+36; 50+48; 60+51.

56. Maisons .   20+30+10; 30+20+10; 40+50+20; 50+40+20.

57. Ardoises.   400+700; 700+400; 600+800; 900+500.

58. Carreaux.   500+300+400; 200+100+600+800.

59. Oiseaux...   7000+5000+6000; 4005+3009; 6000+5060.

60. Pierres..   24+30+10; 35+20+11; 42+50+22; 52+40+21.

61. Chevaux.   24+11; 31+12; 43+14; 54+15; 62+16; 35+17.

Exemple : 43 et 14; on dit 43 et 10, 53; et 4, 57.

62. Tuiles...   21+24+26; 34+32+35; 44+45+48; 64+54+31.

63. Bœufs...   7+17+22; 8+7+31; 14+9+42 (on part du g⁴ n.).

Additions posées à effectuer.

64. Charles compte 4 épis de maïs.   On a rentré 4 tomberées de betteraves :

Il trouve : dans le 1ᵉʳ, 460 grains.   La 1ʳᵉ pesait 1472 kilos.
              dans le 2ᵉ, 454 —   la 2ᵉ — 1624 —
              dans le 3ᵉ, 486 —   la 3ᵉ — 1831 —
              dans le 4ᵉ, 354 —   la 4ᵉ — 2046 —

Total trouvé. . . .   »   Poids total. . .   »

65. 4 chevaux mènent dans une charrette :

    1964 litres de blé pesant 1472 kilos.
    1412 — d'avoine — 848 —
    2471 — de seigle — 1235 —
Total. . . » — de grains — »

66. Un boucher a vendu dans une année :

    44 peaux de bœufs pesant 1546 kilos pour 1678 fr.
    36 — de vaches — 725 — 605
    154 — de veaux — 924 — 1139
Total. . . » peaux pesant » pour »

67. Un boulanger a vendu dans un mois :

    481 gros pains   pesant 2904 kilos pour 871 fr.
    424 pains móyens — 1272   —   382
   1448 petits pains   —   2172   —   652

Total. . . » pains   pesant »   pour   »

68. Un aubergiste a acheté la récolte de 4 vignerons :

Le 1er fournit   3049 l. vin rouge p^r 944^{fr} et 2784 l. vin blanc p^r 556^{fr}
Le 2e —   5419   —   1525 et 2095   —   419
Le 3e —   17148   —   5144 et 12904   —   2581
Le 4e —   10838   —   3057 et 4191   —   838

Total acheté.   »   —   »   et »   —   »

69. Un boucher a tué dans 1 mois 4 bœufs qui ont donné :

le 1er 312 Kg de viande, 82 Kg de peau et suif, 227 Kg d'abatis ; total »Kg
le 2e 269   —   77   —   206   —   ;   »
le 3e 255   —   75   —   592   —   ;   »
le 4e 329   —   93   —   249   —   ;   »

Total. »   —   »   —   »   —   ;   »

70. J'ai 3 prés qui ont fourni :

    le 1er,   4216 kil. de foin, 1377 kil. de regain ; en tout » Kg
    le 2e,   5040   —   2007   —   ;   —   »
    le 3e 7246   —   2994   —   ;   —   »

Récolte totale. »   —   »   —   ;   —   »

71. Une fermière qui a de l'ordre trouve que ses vaches lui ont fourni en février :

102 l. de lait	; report » l.	; report » l.	; report » l.
98 —	98	99	96
76 —	99	103	98
103 —	101	104	105
102 —	104	105	103
98 —	103	104	97
96 —	102	98	105
96 —	104	102	
à reporter. » —	à reporter »	à reporter »	Total. »

72. La même fermière trouve que ses poules lui ont pondu en mai

84 œufs; *report* »	*report* »	*report* »	*report*
79 —	84	78	92	101
76 —	83	75	25	103
78 —	81	81	96	98
75 —	79	84	102	105
81 —	78	86	112	74
82 —	76	90	104	104

À reporter » — à report. » à report. » à report. » Total. »

73. Un cultivateur a donné à ses chevaux dans 6 mois :

Avoine.		**Foin.**	
En janvier. . 1116 l.		En janvier. . 1177 l.	
février. . 1008 l.	»	février. . 1116	»
mars. . 1116 l.		mars. . . 1197	
avril. . 1080 l.	»	avril. . . 1170	»
mai. . . 1302 l.	»	mai. . . 837	»
juin. . . 1267 l.		juin. . . 810	
Total. . . . »		Total. . . . »	

Totalisez par trimestre, puis les 2 trimestres, puis les 6 mois.

74. *Superficie et population de la Bretagne.*

DÉPARTEMENTS.	SUPERFICIE en hectares.	NOMBRE D'HABITANTS		
		en 1856.	en 1861.	en 1866.
Côtes-du-Nord. . . .	688862	624573	628676	641210
Finistère	672112	606552	627301	662485
Ille-et-Vilaine	672583	580898	584930	592600
Loire-Inférieure. . .	687456	555996	580207	598598
Morbihan.	679581	473932	486504	501034
Totaux.				

ADDITIONS A POSER ET A FAIRE.

75. Chevaux . . . 14+28+12+34+36+20   Total. . . .

76. Bœufs . . . . 134+210+254+816+921   Total. . . .

77. Moutons . . 2614+3821+4616+8300+5238 Total. . .

78. Mètres. . . . 50420+64105+31041+829+8328   Total. . .

79. Francs . . . 8136+4+920+68310+19+8796   Total. . .

80. Grammes. . 60514+9+614+8041+209+87   Total. . .

81. Pommes . . 41+7+8+3+24+35+81+108+39   Total. .

82. Litres. . . . 67314+5405+41+816+7309+187   Total. .

83. Soldats . . . 4+60+915+6041+820+32+689   Total. .

84. Arbres . . . 7+34+921+60514+31+100+3276   Total. .

CALCUL MENTAL (*problèmes à résoudre*).

85. Ma mère m'a acheté un chapeau de 9ᶠ; une blouse de 5ᶠ; un pantalon de 12ᶠ, des souliers de 8ᶠ. Qu'a-t-elle dépensé pour moi?

86. Louis a mangé 12 noix le matin, 6 à midi; il lui en reste 5. Combien en avait-il?

87. Lucien a acheté des poires; il en donne 10 à son frère, 6 à sa sœur et en garde 8. Combien en avait-il?

88. Louis a gagné à l'école un bon point de 100, 2 de 10, et 3 de 3. Total.

89. J'achète une chèvre 12ᶠ, et son chevreau 7ᶠ. Je les revends avec 4ᶠ de bénéfice; combien...?

90. J'ai cueilli sur 3 poiriers, 12 grosses poires et 8 petites; il en reste 9 grosses et 4 petites. Combien ai-je cueilli de poires en tout? Combien en reste-t-il? Combien y en avait-il sur les 3 arbres?

91. Un jardin contient 7 pruniers et autant de pêchers; 8 pommiers, et autant de poiriers. Combien d'arbres en tout? Combien de dizaines?

92. J'ai 12 ans et mon frère 8 de plus. Dites son âge et le total des 2?

93. Arthur a 4 amandes, Antoine 4 de plus, et Ferdinand 2 de plus qu'Antoine. Total.

94. Combien de mois dans 1ᵃⁿ+1 trimestre. Combien de jours dans 1ᵐᵒⁱˢ+2 semaines?

95. Le premier jour du mois est un dimanche. Dites les dates des autres dimanches, puis celles des mardis, des jeudis, des samedis.

96. Pierre, qui était le 8ᵉ, a perdu 5 places. Quelle place a-t-il?

97. Combien une horloge sonne-t-elle de coups de midi à 6 heures?

98. Paul a déjà fait 8 lignes de sa page; quand il en aura encore fait 13, il sera à la moitié. Combien de lignes contient la page?

Problèmes.

Nota. Les comptes en ordre doivent être disposés comme ceux des exercices 64 et suivants, article par article, le nom et la désignation précise avant le nombre.

99. Un journalier a battu 14ᶠ gerbes de blé, 246 de seigle, 324 d'avoine. Combien de gerbes en tout? (35)

100. Mon père a acheté un cheval de 475 fr., une voiture de 425ᶠ des harnais de 128 fr. et un fouet de 2 fr. Qu'a-t-il dépensé? (85)

101. Un voyageur qui a parcouru 3470ᵐ, puis 5850, en a encore 7380 à faire. Total. . . . Combien d'hectomètres valant 100ᵐ?

102. Un cultivateur a déjà dans sa grange 1214 bottes de foin; il en met ensuite 914, puis 1004, et il lui en reste 219 à loger. Combien de bottes a-t-il en tout? (86)

103. Un fermier paye 1205ᶠ à son propriétaire, 427ᶠ au maréchal, 74ᶠ, au serrurier, 216ᶠ au charron, 17ᶠ au cordonnier. Total...

104. Un faucheur a coupé 127 ares d'un pré. Quand il en aura encore coupé autant, il lui en restera 47ᵃ. Trouvez la grandeur du pré?

105. Une allée contient 89 pommiers et autant de poiriers, 78 guigniers et autant de cerisiers, 17 noyers et 1 amandier de plus. Combien d'arbres en tout? (91)

106. J'ai rentré 272 bourrées et mon frère 25 de plus que moi. Combien en avons-nous rentré chacun? Combien à nous deux? (92)

107. Un propriétaire a vendu 17 brebis, 64 moutons et 7 agneaux. Il lui reste 228 brebis, 475 moutons et 49 agneaux? Combien avait-il de brebis, — de moutons, — d'agneaux? Combien de bêtes en tout?

108. Un marchand de chevaux a acheté un cheval pᵣ 527ᶠ et un poulain pour 189ᶠ. Il les a revendus en gagnant 25ᶠ sur le cheval et 49ᶠ sur le poulain. Qu'a-t-il vendu chaque animal? Combien les deux? (89)

109. J'ai acheté une paire de souliers pᵣ 12 fr., une paire de bottines pour le double et un paletot coûtant autant que les souliers et les bottines. Que dois-je?

110. Combien avait coûté une terre que l'on revend 2175ᶠ en perdant 75ᶠ? (89)

111. Un ouvrier qui se rend compte de ses affaires, trouve qu'il a dépensé dans une année: en pain 247ᶠ, en viande 168ᶠ, en vin 127ᶠ, en légumes 109ᶠ, en vêtements 178ᶠ, en bois 94ᶠ, puis en logement et en sorties 157ᶠ. Faites son compte en ordre (92).

112. Un fermier a vendu à Louis 327 bottes de foin pour 261ᶠ, à Jean 437 bottes pᵣ 349ᶠ, et à Jacques 617 bottes pour 493 fr. Combien de bottes vendues et pour quelle somme? Compte en ordre (65).

113. Un charcutier a tué 3 cochons qui lui ont fourni: le 1ᵉʳ, 96 kilog. de viande et 64ᵏ de débris ; le 2ᵉ 126ᵏ de viande et 54ᵏ de débris ; le 3ᵉ 102ᵏ de viande et 68ᵏ de débris. Trouvez le poids de chaque animal ? Qu'ont rendu les 3 en viande, en débris, en tout ? Compte en ordre (70).

114. Une fermière a eu dans 1 mois les œufs suivants : 1ʳᵉ semaine 164 de poule, 127 de cane et 15 d'oie ; 2ᵉ semaine : 181 de poule, 135 de cane et 25 d'oie ; 3ᵉ semaine : 171 de poule, 145 de cane et 18 d'oie ; 4ᵉ semaine : 157 de poule, 139 de cane et 17 d'oie. Quel est 1° le total des œufs pondus chaque semaine et en tout ; 2° le total des œufs de chaque espèce qu'elle a eus ? Compte en ordre (70).

115. Un mémoire de 3 pages contient les sommes suivantes : 1ʳᵉ page : 114ᶠ, 71ᶠ, 10ᶠ, 127ᶠ, 13ᶠ, 4ᶠ, 217ᶠ, 3114ᶠ ; 2ᵉ page : 312ᶠ, 47ᶠ, 109ᶠ, 12ᶠ, 6ᶠ ; 3ᵉ page : 1607ᶠ, 12ᶠ, 15ᶠ. Total général… Faites l'addition par page, et reportez à chaque colonne le total de la précédente (71).

116. Le chemin de fer de Saint-Nazaire à Tours passe auprès des villes suivantes :

Distances entre les stations :	24860mèt.	3140ᵐ	32720ᵐ	55280ᵐ	43870ᵐ	61130ᵐ
	Sᵗ-Nazaire	Savenay	Nantes	Ancenis	Angers	Saumur Tours
Durée du voyage :	52ᵐⁱⁿ	110	66	111	102	129

Cherchez 1° la distance de Saint-Nazaire à chacune des autres villes ; 2° celle de Tours à chacune des autres stations ; 3° le temps que mettrait un voyageur pour aller de Nantes à chacune des autres villes.

117. Un charretier a rentré en grange :

1°	654	bottes de paille de 10 kilos, pesant ensemble	»	kil.
2°	816		»	kil.
3°	726		»	kil.
Total rentré »			»	kil.

118. 4 champs de luzerne ont donné : le 1ᵉʳ 47 quintaux de fourrage, le 2ᵉ 76, le 3ᵉ 71 et le 4ᵉ 104. Quelle est la récolte totale en quintaux, puis en kilos ?   Compte en ordre (19).

119. Un voyageur, qui fait 100 mèt. par minute, parcourt cette route :

Cherchez 1° le chemin qu'il aura fait quand il sera rendu à chaque endroit ; 2° combien de minutes il emploiera pour aller de la 1ʳᵉ commune à chacune des autres.

120. On achète un cheval 600 fr., une vache 140 fr., un mouton 30 fr. et on les paye en pièces de 10 fr. Que coûtent ensemble les 3 animaux? Combien de pièces de 10 fr. pour payer chacun, puis tous?

121. Un cultivateur veut rentrer la récolte de 5 champs de blé. Le 1er contient 4700 gerbes, le 2e 1800, le 3e 2900, le 4e 700, le 5e 1900. Combien de g. a-t-il récoltées? En mettant 100 g. par charretée, combien de charretées dans chaque champ, puis en tout? Compte en ordre.

SOUSTRACTION.

—

EXERCICES PRÉPARATOIRES.

CALCUL ORAL (*Soustractions à faire de tête*).

122. Comptez en diminuant :

— de 2 en 2, 10 fois, à partir de 34, — id. à partir de 45.
(Il y a une vérification finale ; indiquez-la.)

123. — de 3 en 3, —, à partir de 45 ; — id. à partir de 2.
124. — de 4 en 4, —, à partir de 58 ; — id. à partir de 71.
125. — de 5 en 5, —, à partir de 62 ; — id. à partir de 143.
126. — de 6 en 6, —, à partir de 75 ; — id. à partir de 150.
127. — de 7 en 7, —, à partir de 89 ; — id. à partir de 161.
128. — de 8 en 8, —, à partir de 100 ; — id. à partir de 195.
129. — de 9 en 9, —, à partir de 103 ; — id. à partir de 175.
130. — de 10 en 10, —, à partir de 127 ; — id. à partir de 152.

131. Cahiers : 40—10 ; 50—20 ; 70—30 ; 80—50 ; 100—40.
132. Pointes : 800—200 ; 1500—600 ; 3400—200 ; 6500—4400.
133. Plumes : 42—30 ; 54—20 ; 76—40 ; 84—50 ; 107—60.
134. Crayons : 40—11 ; 50—22 ; 70—32 ; 80—54 ; 70—41.
135. Ardoises : 44—12 ; 54—21 ; 73—33 ; 84—51 ; 77—43.
136. Tuiles : 130—14 ; 164—31 ; 268—43 ; 326—40 ; 439—50.
137. Clous : 827—200 ; 1561—600 ; 3451—200 ; 6540—4400.

138. Chevilles : 800—204; 1500—608; 3400—209; 6500—4496.
139. Bouteilles : 809—205; 730—520; 872—468; 934—678.
140. Bouchons : 1807—406; 2430—1210; 2080—1478; 5612—4610.

SOUSTRACTIONS POSÉES A FAIRE.

141. Étienne a   5875   pommes | 2. Ernest doit   6478 fr.
    Il en ôte   1243   gâtées | Il donne   4267 —

    Reste   »   bonnes | Reste à payer   » —

142. Un voiturier conduit 61 sacs de plâtre pesant 2985 kil.
    Il décharge   17   —   765 —

    Il lui reste   »   » —

143. Un fermier a récolté 27690 Kg de foin; 15960 k. de tr.; 17670 k. de luz.
Ses bestiaux ont mangé   15640   —   12410   —   6540

    Il doit lui rester   »   »   »

144. Un marchand de bois met en vente :

3789 cotrets; 16659 bourrées; 24679 fagots et 370 bottes d'échalas.

Il vend 2672   —   12458   —   13517   —   256 —

Reste à
vendre   »   »   »   » —

145. Un chaufournier a vendu :

     20415 tuiles; 17614 briques; 19405 carreaux; 1200 faîteaux
Il a déjà livré 12354 —   9641   —   8546   —   654 —

Reste à fournir   »   »   »   »

146. Un propriétaire a récolté :

En 1865   51204 l. de blé; 21420 l. de seigle et 60240 l. d'av.
    1866   47467   —   20964   —   54264 —

Différence en moins   »   »   »   »

147. Un boucher avait dans sa boutique le samedi soir :

478 kil. de bœuf; 205 kil. de moutons; 145 kil. de veau.

Le dimanche il a vendu	245	—	146	—	74	—
Restait au soir	»	—	»	—	»	—
Le lundi il a vendu	178	—	57	—	45	—
Restait au soir	»	—	»	—	»	—
Le mardi il a vendu	49	—	2	—	18	—
Restait au soir	»	—	»	—	»	—

SOUSTRACTIONS A POSER ET A FAIRE.

148. Otez 234ᶠ de 345.   De 8212 poires, ôtez 4304.

149. Otez 5212ᵐ de fil de 6310.   De 12041ˡ de vin ôtez 4169ˡ.

150. Otez 2427 pommes de 7312; 5437 pêches de 10400.

151. Otez 21304 grammes de pain de 140000; de 102000ᵍʳ de sucre ôtez 51819.

152. De 300 ares de pré ôtez 84.   Otez 795 prunes de 10000.

153. De 10000ᶠ ôtez 117ᶠ   Otez 2048ᶠ d'un million de fr.

154.   *Superficie et population de l'Ile-de-France.*

| DÉPARTEMENTS. | SUPERFICIE en KILOM. CARRÉS | NOMBRE D'HABITANTS. | | DIFFÉRENCE. en + ou en —. |
		En 1861.	En 1866.	
Aisne.	7352	564397	565025	»
Oise.	5681	401417	401274	»
Seine.	476	1953660	2150916	»
Seine-et-Marne. .	5736	352312	354400	»
Seine-et-Oise. . .	5604	513073	533727	»
Totaux. . .	»	»	»	»

155.

Chemins de fer français.

LIGNES.	RECETTES BRUTES		AUGMENTATION.
	en 1865.	en 1866.	
Nord	79319146ᶠ	82670886ᶠ	
Paris, Lyon, Méditerranée.	180241589	194931070	
Ouest.	68566096	74866774	
Orléans.	93132467	101550087	
Est.	91765650	98384444	
Midi	38232180	42697579	
Totaux			

CALCUL MENTAL (*Petits problèmes à résoudre de tête*).

156. Je dois 18ᶠ à l'épicier, je lui donne 11 fr. Que lui redois-je?

157. Lucien a 20 cerises; il en donne 7 à son frère et 5 à sa sœur. Combien lui en reste-il?

158. Léon a 14 prunes et son cousin 8 de moins. Combien ensemble?

159. On donne 50 centimes à Paul pour acheter un chou de 15 c. et une salade de 10ᶜ. Que doit-il rapporter?

160. Un panier renferme 30 pommes : Louis et Charles en prennent chacun 9 et laissent le reste à leur sœur. Combien en a celle-ci?

161. Marie achète une robe de 12ᶠ, un tablier de 2ᶠ, et un bonnet de 4ᶠ. Que doit-elle? Elle n'a que 15ᶠ. Combien lui manque-t-il?

162. Mélanie a 75 centimes. Elle demande pour 5ᶜ d'aiguilles, 10ᶜ de laine, 15ᶜ de coton, 30ᶜ de canevas et du papier pour le reste de l'argent. Combien coûte le papier?

163. Le franc vaut 20 sous; on donne 8 sous à Jean et cela lui fait 1 fr. Combien avait-il?

164. Pierre et Paul ont chacun 50 noisettes. Pierre en donne à Paul d'abord 8, puis 7, puis 5, puis 10. Combien en a finalement chacun?

165. Quand le jeudi est le 19 du mois, quelles sont les dates des autres jeudis? Quelles sont celles des dimanches?

166. J'ai acheté 100 décalitres de pois. On m'en a livré d'abord 20, puis 30, puis 10, et enfin 30. Combien ai-je encore à recevoir?

167. Je devais 70ᶠ au boulanger; je lui ai donné pour 15ᶠ de blé, 10ᶠ d'avoine, 5ᶠ de bois, et le reste en argent. Combien en argent?

168. Ma nièce a vendu son mouton 25 fr.; si elle l'eût vendu 4 fr. de plus elle aurait gagné 10 fr. dessus. Que lui avait-il coûté?

169. Émile a 50 centimes; avec 20ᶜ de plus il pourrait acheter un panier, et il lui resterait 5ᶜ. Quel est le prix du panier?

170. J'ai 189 francs dans ma bourse. Je paye une redingote avec 7 pièces de 10 francs. Combien me reste-il?

171. Un cultivateur a vendu 360 kilos de foin. Il a déjà livré 20 bottes de 10 kilos. Que lui reste-t-il à fournir de bottes, de kilos?

172. Un laboureur a acheté 2470 kilos de paille et en a reçu 23 quintaux de 100 kilos. Combien en a-t-il encore à recevoir?

173. L'homme a 32 dents. Louis en a déjà 17, Charles 15 et Léon 19; combien manque-t-il à chacun?

174. Il y a sur une charrette 42 pochées de blé de 100 litres chacune. On en ôte 17 pochées. Que reste-t-il de pochées, puis de l.?

Problèmes.

175. J'ai 3470ˡ de blé; j'en vends 2735ˡ. Combien m'en reste-t-il?

176. Un homme doit couper 1217 ares de blé, il a déjà fauché 978 ares. Combien d'ares à couper?   (156)

177. Un fermier emporte 1000 fr. au marché. Il achète un cheval de 547 fr., un taureau de 225 fr. et une carriole de 175 fr. Combien a-t-il dépensé? Que doit-il rapporter?   (159)

178. Ma mère a acheté un lit pour 96 fr., une table pour 19 fr., une commode pour 67 fr., une armoire pour 117 fr. Elle donne 300 fr. pour le tout; combien doit-on lui rendre?   (159)

179. Un potier avait 2 tas de bois de 1200 bourrées chacun. Il enlève au 1ᵉʳ, 275 bourrées, et au 2ᵉ, 86 de moins. Que reste-t-il dans chaque tas?

180. J'ai rempli une barrique de boisson de 250 litres avec 57 litres d'eau. Combien de litres y avait-il d'avance?   (163)

181. Un marchand de fourrages a acheté 12500 kilog. de paille. Il en enlève d'abord 2425 Kg, puis 1780 Kg, puis 2475 Kg, puis 770 Kg. Combien de bottes de 10 Kg déjà enlevées? Combien encore à enlever?

182. Antoine lit un livre de 524 pages. Il en est à la page 228. Qu'a-t-il encore à lire. Si demain il en lit 78 pages, et après-demain autant, à quelle page en sera-t-il? que lui en restera-t-il à lire?

183. Un logeur a encore un peu d'avoine; il en achète 884 litres; ce qui lui fait 100 mesures de 10ˡ chacune. Qu'avait-il d'avance? (163)

184. Émile, né en 1857, tire au sort à 20 ans. En quelle année? S'il passe 7 ans à l'armée, à quelle époque aura-t-il son congé? (177)

185. Le fermier de l'Ex. 177 a revendu 490 fr. le cheval qu'il avait acheté 547 fr., et 310 fr. le bœuf qu'il avait payé 225 fr. Combien a-t-il perdu sur le cheval et gagné sur le bœuf. Quel est son gain définitif?

186. Un maître maçon a acheté une maison pour 2637ᶠ; il y a fait pour 247ᶠ de réparations, et l'a revendue 3000ᶠ. Quel est son bénéfice?

187. Il faut à un fermier pour nourrir ses bestiaux 9280 kil. de foin, 9360 kil. de luzerne et 2580 litres d'avoine. Il a récolté 10200 kil. de foin, 15000 kil. de luzerne et 12400 litres d'avoine. Que peut-il vendre? (143)   Compte en ordre.

188. Refaites le tableau de l'Ex. 74; ajoutez 3 colonnes intitulées: augmentation (accolade) et au-dessous de 1856 à 1861, de 1861 à 1866, de 1856 à 1866; remplissez ces 3 colonnes en effectuant les soustractions nécessaires, et additionnez chaque colonne. (Vérifications.)

MULTIPLICATION.

EXERCICES PRÉPARATOIRES.

MULTIPLICATIONS À EFFECTUER.

189. Un hectare donne en moyenne :

24520 kil. de betteraves; 14560 kil. de navets.

Que donnent	4 hectares	—	6 hect.	—
Ils donnent	» kil.		» kil.	

190. Dans une commune on vend :

2170 fr. l'hectare de vigne et 3090 fr. l'hectare de pré.

Que coûtent	7 hectares	—	9 hect.	
Ils coûtent	» fr.		» fr.	

191. En mettant 24080 kilos de fumier à l'hectare, combien en faut-il pour fumer 5, 7, 8, 9 hectares?

192. Un bœuf à l'engrais peut produire 20360 kilos de fumier par an. Combien en donneront 20, 30, 50, 70 bœufs à l'engrais?

193. Une vache a fourni 2408 litres de lait dans une année. Qu'auraient pu fournir 15, 18, 24, 57 vaches?

194. Un cheval consomme par an 4380 kilos de foin. Quelle est la consommation de 124, 130, 250, 470 chevaux?

195. Multipliez chacun des nombres de 10 à 30 par 10, 11, 12.. 30, et disposez les facteurs et les produits en deux tableaux semblables à la table de multiplication (de 10 à 20 de 20 à 30).

196. *Consommation moyenne de l'Orléanais en 1866.*

DÉPARTEMENTS.	POPULATION.	CONSOMMATION PAR HABITANT.			
		Sel 7 kil.	Viande, 23 kil.	Vin 69 lit.	Blé 267 l.
Loiret (Orléans).	357140	»	»	»	»
Eure-et-Loir (Chartres).	290753	»	»	»	»
Loir-et-Cher (Blois) . .	275757	»	»	»	»
Totaux. . . .	»	»	»	»	»

Remplissez les colonnes en blanc en cherchant ce que chaque département a consommé, puis en faisant les totaux.

197. *Rendement des principales cultures (bonnes récoltes.)*

CULTURES.	A L'ARE.			PAR ARPENT DE 66 ARES.			PAR ARPENT DE 51 ARES.		
	Litres de grains.	Kilos de grains.	Kilos de paille.	Litres de grains.	Kilos de grains.	Kilos de paille.	Litres de grains.	Kilos de grains.	Kilos de paille.
Blé. . . .	32	24	52	»	»	»	»	»	»
Avoine..	58	26	41	»	»	»	»	»	»
Seigle . .	31	23	51	»	»	»	»	»	»
Orge. . .	41	26	39	»	»	»	»	»	»

Transcrivez ce tableau et remplissez les colonnes laissées en blanc après avoir fait les multiplications.

CALCUL ORAL (*Multiplications à faire de tête*).

198. Que valent 6 paires de bas à 2des, à 3^d, à 4^d, la paire?

199. A 5 centimes pièce que valent 5, 50, 500 briques; 4, 40, 400, 4000 carreaux?

200. A 30 fr. l'are de vigne, combien 6, 60, 600, 7, 70, 80 ares?

201. Le pouls bat 90 fois par minute; combien de fois dans 100, 50, 25 minutes?

202. A 22 fr. l'hect. de blé, que valent 8^h, 80^h, 800^h, 16^h, 32^h?

203. Combien d'œufs dans 100, 50, 25, 125, 75 douzaines?

204. Une botte contient 50 lattes, combien 20, 30, 42 bottes?

205. Combien coûtent 1, 2, 3..., 9^m de drap à 10^f, 11^f, 12^f le mètre? (Mettez ces produits en tableau.)

206. A 40 fr. la barrique de vin, que valent 10, 5, 15 barriques?

207. Un décal. de blé pèse 8 kilos; que pèsent 100, 99, 98, 101^{déc}?

208. A 24 fr. la brebis, que coûtent 100, 25, 125, 75, 250 brebis?

209. A 15^f le mètre de drap, combien 20, 18, 22, 40, 30, 44^m?

210. A 12 fr. le fût vide, combien 50, 25, 40, 51 fûts vides?

CALCUL MENTAL (*Petits problèmes à résoudre de tête*).

211. Un sou vaut 5 centimes; que valent 4^s, 7^s, 9^s, 11^s, 14^s?

212. Que coûtent 8 pièces de vin à 40^f, 60^f, 420^f la pièce?

213. 8 élèves prennent chacun 9 pommes, et il en reste 5. Combien y en avait-il?

214. Le mois d'août a 4 semaines, puis 3 jours. Que dure-t-il?

215. Combien en avril de jours en plus de 4 semaines?

216. Sur 100 lignes à écrire, Paul a fait 3 pages de 30 lignes; combien encore à faire?

217. Un cheval mange par jour 9 kil. de foin et 11 litres d'avoine. Combien par semaine?

218. Une feuille d'images en contient 9 rangées de 8; on coupe 4 rangées. Combien reste-t-il d'images?

219. Eugène vend au marché 3 douzaines d'œufs à 1 sou pièce. Que reçoit-il?

220. Une femme a 42 fromages. Elle en vend 3 douzaines à 20 centimes pièce. Combien a-t-elle reçu? Pour combien lui en reste-t-il?

221. Je donne 3 pièces de 20 centimes pour payer 5 porte-plumes à 10 centimes. Que doit-on me rendre?

222. Louise n'a qu'une pièce de 50 centimes pour payer 8 écheveaux de fil à 7°. Que lui manque-t-il?

223. Ma mère achète 2 couples de poulets à 3 fr. pièce. Elle donne 20 fr.; combien lui rendra-t-on?

224. Armand a dans sa bourse 2 pièces de 5 fr., 3 pièces de 10 fr. et 1 pièce de 20 fr. Combien de francs a-t-il?

225. Un mouton donne environ 3 kilos de laine par an. Que peuvent rendre 5 moutons dans 8 ans?

226. Un are de pois a rendu 5 décal.; que produira un petit champ de 12 ares? Que vaudra la récolte à 3 fr. le décal.?

Problèmes.

227. Un hectol. de blé vaut 22'; j'en vends 45ʰ; que me doit-on?

228. Un hectol. d'avoine pèse 47 kilos; un cheval en mène 37 hect. Quelle est sa charge?

229. Une fermière met couver 14 douzaines d'œufs de poule; combien de petits poulets pourra-t-elle avoir? (219)

230. Un boucher achète 42 moutons à 28 fr. et 3 veaux à 47 fr. Que doit-il 1° pour les moutons; 2° pour les veaux; 3° en tout? (224)

231. J'ai vendu 28 hectolitres d'orge à 13 fr., et 57 hect. de seigle, à 17 fr. Que me doit-on 1° pour l'orge; 2° pour le seigle; 3° en tout?

232. Une famille est employée au mois. Le père gagne 75' par mois, la mère 37', et le fils 48'. Que gagnent-ils ensemble par an? (224)

233. Un hectol. de blé rend 56 kilos de farine, 9 kil. de son, et 11 kil. de recoupes. Que rendent 27 hect. de blé? (217)

234. J'ai économisé 1000 fr. J'achète 34 ares de vigne à 24 fr.; que dois-je? Que me restera-t-il mon achat payé? (220)

235. J'ai récolté 5000 litres d'avoine; mon cheval en mange 12 litres par jour. Combien de litres me restera-t-il à la fin de l'année?

236. Un marchand vend 17 mètres de drap à 14 fr. le mètre et reçoit 24 pièces de 10 fr. Que doit-il rendre? (221)

237. Un aubergiste avait 425 litres de vin; il en achète encore 7 barriques de 245 litres chacune. Combien a-t-il de litres? (214)

238. Chaque page d'un acte notarié doit contenir 25 lignes de 15 syllabes chacune. Combien de syllabes dans un acte de 8 pages? (225)

239. Un menuisier a fait 14 petites tables lui revenant à 7 fr.; s'il les vend 11 francs pièce, que gagne-t-il? (218)

240. Un jour durant 24 heures, combien d'heures dans 1 mois, dans l'an? Combien d'heures a vécu Louis qui a 9 ans et 2 mois?

241. Le son parcourt 337 mètres par seconde; à quelle distance se trouve-t-on d'un nuage orageux dont on entend le grondement 3 minutes après l'éclair?

242. Une charrette contient 19 sacs de chacun 2 hectol. de blé; l'hectol. de ce blé pèse 78 kilos et vaut 24 fr. Trouvez le poids, puis le prix de la charretée?

243. Ne tuez point les oiseaux; Dieu nous les a donnés pour détruire les très-petits insectes qui sans eux dévoreraient toutes nos récoltes. Certains oiseaux comme les hirondelles, les mésanges, etc., en mangent plus de 500 par jour. Cherchez combien 25 de ces oiseaux seulement peuvent en détruire dans 1 jour, dans 1 mois, dans 1 an?

244. La femelle du *hanneton* pond en terre en moyenne 90 œufs; chaque œuf peut donner naissance à un *ver blanc* qui pendant 3 à 4 ans qu'il reste en terre mange au moins les racines de 150 plantes. Combien de plantes a préservé un enfant qui a détruit 260 hannetons?

245. La *pyrale* de la vigne pond environ 80 œufs et dépose chacun dans un bourgeon à raisin qui alors est perdu. Si la *fauvette* détruit par jour 12 pyrales, combien 16 fauvettes en détruiront-elles dans une semaine, et préserveront-elles de raisins?

246. La taupe est un animal utile; car elle recherche dans la terre, pour les manger, les insectes qui rongeraient les racines des plantes et les feraient périr. En admettant que dans un bois ou une vigne, ou un jardin, une taupe détruise 3 insectes par jour; que vaudrait cette destruction par an, chaque insecte pouvant faire périr 4 plants valant 15 centimes pièce?

247. Voici le compte de ce que j'ai vendu au marché (achevez-le).

9 barriques de vin rouge à 65 fr. pièce. . . .	»	fr.
15 barriques de vin blanc à 58 fr. pièce. . . .	»	—
Total.	»	—
J'ai reçu	875ᶠ	
Il me reste dû.	»	

248. Un fermier a récolté 214 quintaux de foin à 8 fr. le quintal, 78 quintaux de trèfle à 6 fr. le quintal, et 43 hectol. de seigle à 16 fr. l'hectol. Quelle est la valeur totale de sa récolte? (Compte en ordre.)

249. Un chapelier a acheté 4 douzaines de casquettes à 2 fr. pièce, 2 douz. de chapeaux noirs à 11 fr. pièce, et 7 douz. de chapeaux fantaisie à 6ᶠ pièce. Combien doit-il? Il donne 125 fr. à valoir; que redoit-il? (Compte en ordre.)

250. Un propriétaire estime comme il suit la valeur de son troupeau : 175 brebis mères à 23 fr.; 215 moutons gras à 29 fr.; 127 moutons ordinaires à 19 fr., 87 agneaux à 12 fr., et 4 béliers à 45 fr. Combien a-t-il de bêtes et que valent-elles en tout? (Compte en ordre.)

250 bis. *Feuille de consommation des animaux* (janvier 1867).

ANIMAUX.	RATION JOURNALIÈRE.					Nombre d'animaux au 1er janvier.	OBSERVATIONS.
	Avoine.	Foin.	Paille.	Racines.	Trèfle.		
	l	Kg	Kg	Kg	Kg		
Chevaux	12	8	6	»	»	7	le 12 vendu 1 cheval.
Bœufs	»	»	5	65	3	9	le 16 acheté 3 bœufs.
Vaches	»	7	5	27	»	11	le 4 vendu 2 ; le 9 vendu 1.
Moutons	»	1	1	5	»	62	le 12 vendu 41 ; le 16 acheté 35.

Cherchez la consommation totale des animaux dans le mois; pour cela ajoutez 5 colonnes afin d'y mettre les quantités consommées en tout par chaque espèce d'animaux ; puis totalisez par colonnes.

DIVISION.

EXERCICES PRÉPARATOIRES.

DIVISIONS A EFFECTUER (*).

251. Partager entre 2 enfants 864 marrons, 968 pommes, 2716 cerises, 4036 guignes.

252. Partager entre 3 élèves 963 noix, 3126 amandes, 10590 noisettes, 9564 prunes.

(*) *Division par l'un des nombres :* 1, 2, 3, ... 8, 9. Les élèves doivent être exercés au tableau à diviser par les nombres 2, 3, 4, ... 8, 9 sans écrire les restes des divisions partielles On n'écrit que les chiffres du quotient et le dernier reste ainsi :

253. Partager 1260 carottes, 24280 betteraves, 7000 navets entre 4, entre 5, entre 10 bœufs.

254. Partager 2394 centines, 726 bourrées, 50820 grammes de pain entre 6, puis entre 7 personnes.

255. Diviser entre 8 héritiers 32040^f, 56736^l de blé, 19256^a de terre.

256. A 9^f le mètre de drap, combien de m. p^r 1125^r; 2052^f; 2754^f?

257. Partager 12420 l. de pois, 25140 l. de seigle, 48540 l. d'orge entre 40, entre 60 journaliers.

258. Combien de mois dans 450 jours; 2760 j.; 3630 j.; 12000 j.

259. Diviser 57600 kilos de trèfle; 327200 kilos de paille entre 100, entre 50, puis entre 80 moutons.

260. A 120 gr. de viande par jour, combien de jours pour en manger 47200; 72040; 80000?

261. Combien d'heur. dans 4760 min.; 13500 m.; 9085 m., 17310 m.?

262. *Production du fumier par an.*

ANIMAUX.	Poids en kil.	FUMIER PRODUIT				
		par an.	par mois.	par semaine.	par jour.	par kil. de viande.
Bœuf à l'engrais.	580	20300	»	»	»	»
Vache »	370	11100	»	»	»	»
Porc »	115	3450	»	»	»	»
Mouton »	45	990	»	»	»	»
Cheval de trait. .	380	5700	»	»	»	»
Bœuf de trait. . .	560	8400	»	»	»	»

Remplissez toutes les colonnes en faisant les divisions nécessaires.

262 *bis.* Trouvez pour 1866 le nombre moyen d'habitants par kilom. carré de chaque département de l'Ile-de-France, Ex. 154, puis de la province elle-même.

65476 : 3 | 21825
1

En 6, il y a 2 fois 3 (j'écris 2 au quotient). En 5, 1 fois 3 (j'écris 1 au quotient), et il reste 2, qui valent 20 et 4, 24. En 24, 8 fois 3 (j'écris 8 au quotient). En 7, 2 fois 3 (j'écris 2 au quotient, et 1 de reste qui vaut 10 et 6, 16. En 16, 5 fois 3 (j'écris 5 au quotient), et 1 de reste que j'écris au-dessous.

Nous recommandons instamment les exercices de ce genre.

CALCUL ORAL (*divisions à faire de tête*).

263. Partagez 8, 80, 800, 8000ᶠ, entre 2, entre 4, entre 8 personnes.

264. Partagez 60, 600, 60000 centimes entre 20, entre 30 ouvriers.

265. 5 hommes battent par jour 240 gerbes de blé et 450 d'avoine. Combien en battent 10 hommes, 1 h. 20 h. ?

266. 50 ares de terre ont coûté 700ᶠ. Dites le prix de 100ᵃ, de 1ᵃ.

267. 25 gerbes d'avoine ont donné 150 l. de grain, 100 kilos de paille. Que rendent 100 gerbes, 1 gerbe?

268. 25 moutons ont coûté 550 fr. et pèsent 700 kg. Que vaut et que pèse 1 mouton?

269. 12 œufs valent 96 centimes. Combien 6 œufs; 3 œufs; 2 œufs?

270. 18 chemises ont coûté 198 fr. Quel est le prix de 9 chemises, de 3 chemises; d'une chemise?

271. 15 pêches coûtent 18 sous. Que coûtent 5 pêches, 1 p., 50 p.

272. On a donné 240 marrons pour 40 centimes. Combien pour 1 centime, pour 1 sou, pour 1ᶠ?

273. 45 décal. de pommes ont donné 180 l. de cidre. Que rendent 90, 9, 3, 6, 1 décal?

274. 125 litres de boisson ont coûté 10ᶠ ou 1000ᶜ. Combien le l.?

CALCUL MENTAL (*petits problèmes à résoudre de tête*).

275. Léon a gagné 24 fr. en 8 jours. Combien par jour?

276. On partage 74 pommes entre 9 enfants. Combien en a chacun? Combien en reste-t-il?

277. Une lieue ordinaire vaut 4 kilom. Combien de lieues dans 28 kilom., 44 kilom., entre deux villes distantes de 60 kilom.?

278. Pour ourler un mouchoir, Marie a 8 marrons. Elle a gagné 40 marrons, combien de mouchoirs a-t-elle ourlés?

279. 5 artichauts ont coûté 50 centimes. Combien la botte de 4?

280. Émile a eu une demi-douzaine de plumes pour 12 centimes. Combien devra Louis qui en achète 5?

281. Pierre achète 8 chandelles pour 80 centimes, et donne 2 pièces de 50 centimes. Que lui rendra-t-on? Que coûte une chandelle?

282. Le boulanger vend 90 centimes le pain de 3 kilos. Combien le kg? Que rendra-t-on à Louis qui donne 75ᶜ pour un pain de 2 kg.?

283. Avec 6 sous, Jules a eu 30 abricots. Combien pour 1 sou?

284. Une marchande avait 57 prunes; elle en vend d'abord 17, puis le reste pour 4 sous. Combien en a-t-elle donné pour 1 sou?

285. Victor donne 30 noisettes à chacun de ses 2 camarades et il lui en reste autant qu'il en a donné. Combien avait-il de diz., de douz.?

286. Un jardin contient 18 arbres; on en arrache le tiers et on en replante 5. Combien y en a-t-il ensuite?

287. Un homme a mangé dans un mois 3 pains de 6 kilos et 4 pains de 3 kilos. Combien cela fait-il de kilos par jour?

288. Un bûcheron a fait 150 bourrées dans 3 jours. Qu'en faisait-il par jour? Il avait 8 fr. du cent. A quel prix revenait sa journée?

289. Un cultivateur est en marché pour acheter une vache; il en offre 124ᶠ, puis 5ᶠ de plus, puis 2ᶠ de plus. Le marchand la lui faisait 144ᶠ, mais il rabat d'abord 5ᶠ, puis 2ᶠ de plus. Enfin, ils partagent la différence par moitié. Combien la vache a-t-elle été vendue?

290. Un marchand donne 25 aiguilles pour 5 sous. Antoinette en achète pour 2 sous et en reçoit une en plus. Combien en a-t-elle?

291. Gustave a acheté pour 4 sous d'épingles coûtant 1 sou les 50. Il en perd le quart en jouant. Combien lui en reste-t-il?

292. Un mercier paye 60 centimes une pièce de galon de 12 mètres. Que lui coûte le m.? Que doit-il le vendre pour gagner 2ᶜ par m.?

293. Un épicier a vendu 4 kilos de sel pour 80 centimes. Que gagne-t-il par kilo si ce sel lui coûtait 30 centimes les 2 kilos?

Problèmes.

294. On veut planter une allée de 343 mètres en espaçant les arbres de 7 mètres. Combien en faudra-t-il? (275)

295. Un employé gagne 1560ᶠ par an. Combien par mois, par semaine? (275)

296. Pour 12 hectol. de blé le meunier m'a rendu 672ᴷᴳ de farine, 108ᴷᴳ de son et 132ᴷᴳ de recoupe. Quel est le rendement de l'hectol.?

297. Dans un champ de 47 ares, j'ai récolté 1460 litres de blé et 2300 kilos de paille. Combien par are? (274)

298. Un marchand a acheté 9 moutons pour 189 fr. et les a revendus 2 fr. de plus la pièce. Que lui a coûté un mouton? Quelle somme les a-t-il revendus tous?

299. J'ai acheté 14 pièces de vin pour 756 fr. Combien dois-je vendre chaque pièce pour gagner 6 fr. dessus?

300. Un employé gagne 888 fr. par an et dépense 59 fr. par mois. Que gagne-t-il par mois et que lui reste-t-il par an, sa dépense payée?

301. Un marchand achète 4 douz. de paires de bas pour 96 fr., et il les revend 3 fr. la paire. Que gagne-t-il par paire, puis en tout?

302. Une vigne de 49 ares a coûté 931f d'achat et 98f de frais. Que coûte l'are? On la revend 25f l'are, que gagne-t-on en tout?

303. Un marchand de bois a vendu 15 cents bourrées pour 1020f et a gagné 75f sur le tout. Combien a-t-il acheté, puis vendu le cent? Combien gagne t-il par cent?

304. Une marchande a 288 fromages. Quelle somme en retirera-t-elle à 3f la douzaine?

305. Dans 21 jours une famille a mangé 12 pains de 6 kilos et 4 pains de 3 kilos. Combien de kilos consommait-elle par jour (287)?

306. Cette famille boit 4 litres de vin par jour; combien de temps mettra-t-elle pour boire 5 pièces de vin de 228 litres chacune. Combien devra-t-elle acheter de litres pour finir l'année de 365 j.?

307. 8 douzaines de chemises ont coûté 576 fr. Combien la douzaine? combien 1 chemise?

308. Un homme bat 48 gerbes par jour. Combien de temps pour battre un tas de 864 gerbes? combien de semaines de 6 jours?

309. Un cultivateur a récolté 288 bottes de foin de 10 kg. Combien de jours mettront 2 chevaux à manger ce foin si on donne à chacun 9 kg par jour? Le cultivateur voudrait que le tout durât 6 mois; combien doit-il donner à chaque cheval par jour?

310. Un paquet de pointes pèse 1190 gr.; combien en contient-il si 20 pointes pèsent 14 grammes?

311. Pour faire un pain de ménage de 6 kilog., il faut 5 kg de farine environ; combien de pains fera-t-on avec 75kg de farine? combien de kg de pain aura-t-on?

312. Un employé gagne 1460 fr. par an. Combien par jour? Il est congédié au bout de 5 mois; que lui est-il dû s'il a déjà reçu 85f?

313. Un ouvrier imprévoyant dépense en moyenne 4 fr. par semaine au café. Combien, avec ce qu'il dépense, pourrait-il acheter dans un an de pièces de vin de 41f? Combien de litres aurait-il à boire par jour avec sa famille si chaque pièce contient 219 litres?

314. Un boucher a tué dans une semaine 4 veaux qui ont donné:

24 kilos de peau valant		28 fr.
128 —	viande —	156
36 —	abats —	28
64 —	débris —	8
Totaux.		

Quel est le rendement moyen par animal? Compte en ordre.

315. Dans 16 hectares de luzerne, un propriétaire a récolté :
1re coupe : 29920 kilos valant 2096^f ; 2e coupe : 29600 kilos valant 2064^f ;
3e coupe : 28160 kilos valant 1968^f. Totaux...
Quel est le rendement moyen de l'hectare? Compte en ordre.

316. Achevez le compte suivant : Vendu à M. Dusser, propriétaire :

17 fûts neufs à	»	la pièce pour	187 fr.
14 fûts d'un vin à	»	— pour	126 —
12 petits fûts neufs à »		— pour	108 —
		Total. . .	»

317. 7 hommes auxquels on donne la 13e gerbe pour gain en ont
moissonné 5460 en 15 jours. Trouvez le gain journalier de chacun,
sachant que 27 gerbes produisent 16 décalitres de blé à 3^f les 2 décalitre et 3^f de paille.

NOMBRES DÉCIMAUX.

Numération parlée et écrite.

ABRÉVIATIONS EMPLOYÉES (*lisez-les attentivement* et revenez-y en cas
de doute).

d, *dixièmes*; c *centièmes*; m, *millièmes*; dm, *dix-millièmes*; cm, *cent-
millièmes*; mm, *millionièmes*; dmm, *dix-millionièmes*; cmm, *cent millionièmes*; bm, *billionièmes*; etc.; g, *gramme*; dl *décalitre* (10 litres).

Quand le nom de l'unité simple a été désigné, ces notations d, c,
m, etc., indiquent des dixièmes, des centièmes, des millièmes, etc., de
cette unité.

318. Combien l'unité vaut-elle de d., de c., de m., de dm., de cm.?

319. Dans 7 d., combien de c., de m., de dm., de cm., de d.?

320. Quelle unité décimale vaut 10 m., 1000 dm., 10000 cm.?

321. Quelle est après la virgule la place des c., des dm., des cm.

322. Quelles unités représente le 4e ch. après la virgule, le 6e ch.,
le 8e ch., le 11e ch. ?

323. Dans 1,2560307, indiquez les d., les m., les dm., les mm.?

324. Dans 5,3026407 que représentent le 7, le 4, le 6, le 2, le 3?

325. Quelles unités manquent dans 0,30400706, — dans 0,0070081?

326. Un nombre contient seulement des m., des cm., des millionièmes. Dites les unités décimales représentées par des zéros?

327. Combien de chiffres après la virgule pour arriver aux *cm.*?

328. Combien en tout de c., de m., de cm. dans 0,3084, dans 5,03781?

Nombres décimaux à écrire en chiffres.

329. 6^f4^d; 9^f3^c; $18^f2^d3^c$; 6^f2^c; $4^f3^d4^m$; $0^f5^c8^m$; $15^{Kg}5^m3^{dm}$.

330. 24mèt.,3°,5ᵐ; 8mèt.,4ᵈ,3ᵈᵐ; 0mèt.3°4ᵐ; 9mèt8°3ᵈᵐ; 7ᶠ3ᵈᵐ.

331. 2 mille fr. 4°; 8 mille 10ᶠ,4°5ᵐ; 3 mille 6ᶠ,4ᵈ3ᵐ; 2 cent mille 40ᶠ3°8ᵈᵐ.

332. 534 dm. de f.; 3548 cm. de l.; 876 dm de mèt.; 51 cmm. de m.; 17 m. de gr.; 178 dm. de stère.
Le mètre vaut 40 millionièmes du contour de la terre.

Nombres à lire ou à écrire en toutes lettres.

333. $16^f,4$; $3^f,04$; $8^f,25$; $7^f,005$; $9^f,305$; 15,0027.

334. $900^l,48$; $2016^l,07$; $30001^l,009$; $30196^l,005$; $10017^l,079$.

335. Complétez les décimales de $4^{Kg},07$; $3^{Kg},7$; $12^{Kg},964$.

336. Complétez de même $5^l,04$; $81^l,6$; 19^l; $37^l,054$.

Multiplication et division par 10, 100, 1000.

Nota. 1 pour 0/0 d'une quantité c'est le 100° de cette quantité (0,01); 10 pour 0/0 c'est le 10° (0,1).

337. Rendez 10, 100, 1000 fois plus grands : $3^f,05$; $4^f,538$; $8^f,5$.

338. Rendez 10, 100, 1000 fois plus petits : $32^l,8$; $318^l,4$; $4^l,825$.

339. J'ai 145 fr., Paul 10 fois moins et Jules 10 fois moins encore. Combien chacun?

340. A $0^f,01$ la bille, combien 10 billes, 100 billes, 1000 billes?

341. A $0^f,35$ la bourrée, combien 10, 100, 1000, 10000 bourrées?

342. A $1^f,8$ le kilog. de beurre, combien $0^k,1$, 10 kil., 100 kilog.?

343. A $0^f,18$ le kilog. de sel, combien $0^{Kg},1$; $0^{Kg},01$; 100^{Kg}; 1000^{Kg}?

344. A $0^f,05$ les 10 aiguilles, combien les 100, les 1000, la pièce?

345. A 210^f les 1000 bouteilles, combien 10, comb. 100, comb. 1?

346. Combien 10 chaises à $2^f,50$ l'une, à 255^f le cent?

347. La chandelle vaut 128^f les 100 kilog. Combien 10^{Kg}, 1^{Kg}; $0^{Kg},01$?

348. 10 kilog. de paille peuvent faire 50 liens à blé et 75 liens pour l'avoine; combien en fera 1 kg., 1 quintal métrique ? (n° 44)

349. Sur un mémoire de 800ᶠ on diminue 10 p. 0/0; comb. reste-t-il ?

350. Sur 125ᶠ on réduit 0ᶠ,01 (1 pʳ 0/0). Quelle est la réduction ?

ADDITION.

EXERCICES PRÉPARATOIRES.

ADDITIONS À EFFECTUER.

350 *bis*. Le cordonnier me présente le compte suivant. (Achevez-le.)

1866.			
	15 mai,	1 paire de souliers.	14ᶠ,50
	17 juin,	1 ressemelage.	4,75
	19 juin,	1 paire de pantoufles.	7,25
	7 août,	1 mètre de galon.	0,35
	2 novembre,	1 paire de brodequins.	15,50
		Total. . . .	»

351. Une marchande a acheté 3 pièces de velours de soie :

	Le 1ᵉʳ	contenant	7ᵐᵉᵗ.,755	pour	8ᶠ,45
	Le 2ᵉ	—	18 ,85	—	9ᶠ,425
	Le 3ᵉ	—	15 ,815	—	7ᶠ,925
	Total. . . .	»			

352. Une fermière a acheté 3 pains de tourteau :

	Le 1ᵉʳ	pesait	9ᵏᵍ,875	pour	1ᶠ,64
	Le 2ᵉ	—	10 ,75	—	1,85
	Le 3ᵉ	—	8 ,045	—	1,60
	Total acheté. . .	»		—	»

353. Je vends 4 toisons pesant : la 1ʳᵉ, 3ᵏᵍ,525ᵐ; la 2ᵉ, 3ᵏᵍ,75ᵉ; la 3ᵉ, 3ᵏᵍ,75ᵐ; la 4ᵉ, 2ᵏᵍ,95ᶜ. Poids total. . . . .

354. Louise prend à la boucherie 2ᵏᵍ,95ᵐ de bœuf; 1ᵏᵍ,5ᵐ de veau; 2ᵏᵍ,8ᶜ de mouton et 1ᵏᵍ,25ᵐ de porc. Poids total. . . . .

355. Une lingère achète de la dentelle p^r 5 personnes : 1° 2mèt.,4^c; 2° 1mèt.,35^m; 3° 2mèt.,4^d; 4° 1mèt.,8^m; 5° 0mèt.,75^c. Total. . .

356. Un tisserand a fait : le lundi, 2mèt.,7^c de toile; le mardi, le double; le mercr., 3mèt.,4^m; le jeudi, 3mèt.,76^m; le vendredi, 3mèt.,6^d; le samedi, 3mèt.,25^c. Total de la semaine...

357. Pour border une redingote, on a employé, pour chaque manche, 0mèt.28^c de galon; pour chacune des 3 poches, 0mèt.175^m; pour le col, 0mèt.25^c; pour chaque côté, 1mèt.6^d8^m, et au bas, 1mèt.2^d3^m. Total...

358. Eugénie avait 0mèt.,4^d de broderie faite le dimanche soir; elle en fait 6^d le lundi, 5^mm de plus le mardi, 71^mm le mercredi, et le jeudi 2^c de plus que le mercredi. Total à ce jour...

359. Les mouches cantharides s'emploient en médecine. Lucien en a ramassé, 1° 0^kg,25^c; 2° 9^c; 3° 89^mm; 4° 129^mm. Poids total... Il les a fait mourir dans du vinaigre, puis les a vendues 10^f le kilog. Combien a-t-il gagné chaque fois? Combien en tout?

360. Un compte de 3 pages contient les sommes suiv. : 1re *page* : 2^f,45^c; 13^f,6^d; 9^f,7^d; 8^f,85^c; 10^f,8^c; 2^e *page*, 2^f,4^d; 5^f,17^c; 91^f,6^d; 217^f,7^c; 7^f,48^m; 3^e *page*, 4^f,72^c; 15^f,25^m; 37^f,4^d; 25^f,6^c; 200^f,4^d,5^c. Posez chaque somme en francs, comme à l'ordinaire; puis faites le total par page, en reportant le total d'une page à la suivante.

361. Faites les additions suivantes mises en accolades :

Poids de 4 bottes de foin.   Poids de 4 pièces d'or.

1° 9^kg,75		50^f pèsent 16^g,129	
2° 10 ,125	»	20 — 6 ,45161	»
3° 10 ,045		10 — 3 ,2258	
4° 9 ,9		5 — 1 ,613	
Total »		Total »	

362.   Poids de 5 pelotes de laine.

Laine rouge	1° 0^kg,495		
	2° 0 ,24	»	
	3° 0 ,217		»
Laine verte	4° 0 ,4	»	
	5° 0 ,26		
	Total »	(4 additions).	

CALCUL ORAL. (*Additions à faire de tête.*)

363. Francs. 0,4 + 0,5; 0,8 + 0,3; 0,7 + 0,8; 1,4 + 0,3.

364. Mètres . 0,30 + 0, 4 ; 2,40 + 0,5 ; 1,20 + 0,8 ; 1,6 + 0,7.

365. Ares.. 0,50 + 0,40 ; 0,70 + 0,60 ; 1,30 + 0,90 ; 2, 40 + 0,80.

366. Litres . 0,48 + 0,20 ; 0,75 + 0,60 ; 2,15 + 0,90 ; 3,46 + 0,70.

367. Stères.. 0,30 + 0,58 ; 0,50 + 0,49 ; 0,70 + 0,46 ; 6,10 + 0,95.

368. Grammes. 0,40 + 0,045 ; 2,40 + 0,075 ; 8,20 + 0,019,

369. Francs. 0,8 + 0,035 ; 4,5 + 0,021 ; 7,3 + 0,075 ; 4,20 + 0,035.

370. Mètres. 0,07 + 3,2 ; 0,005 + 6,8 ; 0,04 + 6,007 ; 0,009 + 15,7.

371. Ares. . 1,05 + 3,08 ; 7,60 + 8,15 ; 9,80 + 6,025 ; 8,4 + 5,04.

372. Litres. 307,10 + 401,05 ; 217,30 + 506,45 ; 1005,05 + 2004,6.

CALCUL MENTAL. (*Petits problèmes à résoudre de tête.*)

373. Pierre a une pièce de 0ᶠ,2, et 2 pièc. de 0ᶠ,50. Comb. en tout ?

374. Un homme gagne 2ᶠ,5 par j., et son fils 0ᶠ,75. Comb. les deux ?

375. Jules a dépensé 0ᶠ,60 à déjeuner ; 0ᶠ,4 à collationner, 0ᶠ,75 à dîner. Total...

376. Louise a acheté pour 0ᶠ,20 de fil ; 0ᶠ,30 de laine, et il lui reste 0ᶠ,05. Quelle somme avait-elle ?

377. Léon paye un chou de 0ᶠ,20 ; 2 salades de 0ᶠ,05 ; des carottes 0ᶠ,15 ; que devait-il ? On lui a rendu 0ᶠ,15. Combien avait-il donné ?

378. Édouard a 3 pièces d'un fr. ; 2 d'un d, et 5 d'un c. Total en fr.

379. Émile a bu 0ˡ,4 de vin et Charles le double. Qu'ont-ils bu ensemble de centièmes de litres ?

380. Si Auguste avait le double de ce qu'il a, il aurait la moitié de 1 fr. Quelle somme a-t-il ?

381. Un kilo de sucre coûte à un marchand 1ᶠ,28 d'achat, et 0ᶠ,03 de transport. Que doit-il le vendre pour gagner 0ᶠ,09 ?

382. Un tailleur a déjà cousu 0ᵐ,42 de bord ; quand il aura cousu 0ᵐ,12 de plus, il sera à moitié. Qu'a-t-il à faire ?

383. Ayant déjà 2ᵏᵍ,040 de viande, j'en achète 0ᵏᵍ,805. Total...

384. Une bouteille vide pèse 0ᵏᵍ,5. Comb. avec 1ᵏᵍ,50ᵐ d'huile ?

385. J'ai déjeuné avec 0ᶠ,15 de pain, 0ᶠ,40 de viande et 0ᶠ,15 de vin. Total...

Problèmes.

386. Paul achète un livre de 2ᶠ,25 ; un cahier de 0ᶠ,15 et un atlas de 4ᶠ,25. Que doit-il ?

387. Louis achète un pain ; il en mange 0ᵏᵍ,250 à déjeuner ; 0ᵏᵍ,09 à collation ; 0ᵏᵍ,35 à dîner, et il lui reste 0ᵏᵍ,810. Total acheté...

388. Un marchand a payé un foulard 3ᶠ,45. Que doit-il le vendre pour gagner 0ᶠ,75 ?

389. Un fût vide pèse 6ᵏᵍ,750. On y met 12ᵏᵍ,7 de graisse noire. Que pèse-t-il alors?

390. J'ai acheté un pré pour 877ᶠ,50. J'ai payé 48ᶠ,50 de frais d'achat. Quel prix l'ai-je revendu, si j'ai gagné 125ᶠ,50?

391. Un boucher a tué un bœuf qui lui a donné 324ᵏᵍ,500 de viande, 28 Kg de peau, 41ᵏᵍ,75 de suif, 89ᵏᵍ,7 d'abatis et 131ᵏᵍ,800 d'entrailles. Que pesait l'animal?

392. Il reste à un marchand 5ᵐ,25 de toile; 6ᵐ,75 de coton, et 0ᵐ,95 de mérinos. Il achète 22ᵗ,4 de toile, 17ᵐ,5 de coton, et 9ᵐ,045 de mérinos. Combien a-t-il alors de mètres de chaque marchandise?

393. Le tailleur m'apporte le compte suivant : Façon d'une redingote, 15ᶠ,50; d'un gilet, 2ᶠ,75; d'un pantalon, 3ᶠ,50; garniture de boutons, 2ᶠ,25; 4mèt.,50 de galon pour 1ᶠ,75; 1mèt.,20 de bougran, 0ᶠ,75; menues fournitures, 0ᶠ,65. Que lui dois-je?   (Compte en ordre.)

394. Une couturière a fait pour une dame : une robe pour 4ᶠ,25 et un jupon pour 2ᶠ,75; elle a fourni du ruban pour 0ᶠ,85; baleines et boutons pour 1ᶠ,95; galon pour 0ᶠ,25. Faites son compte.

395. Vente d'une petite fille pauvre, mais travailleuse, dans une semaine : 6 salades de cresson pour 0ᶠ,40; 5 salades de pissenlits pour 0ᶠ,25; 8 bouquets de violettes pour 0ᶠ,40; 3 paquets de mouron pour 0ᶠ,30; 5 bottes de mousse pour 0ᶠ,15. Total... (Compte en ordre.)

396. Une revendeuse vend ses pêches 0ᶠ,25 pièce. Si elle les vendait 0ᶠ,05 de plus, elle gagnerait cent pour cent. Que lui coûte chaque pêche?

397. Ma mère vient d'acheter : 6 verres 1ᶠ,05; 1 pot à bouillon pour 0ᶠ,65; une cafetière pour 0ᶠ,45; 2 plats creux à 0ᶠ,30 chacun; 10 assiettes à 0ᶠ,10 pièce et 5 gobelets à 0ᶠ,05. Faites son compte en ordre.

398. Une bonne ménagère soigneuse et rangée tient un compte exact de toutes ses dépenses. Elle vient d'inscrire sur son livre 1ᵏᵍ,120 de bœuf pour 1ᶠ,35; 0ᵏᵍ,678 de veau pour 0ᶠ,80; 1ᵏᵍ,450 de mouton pour 1ᶠ,75. Dites le poids et le produit total de son achat.

399. En cas de faillite, la loi n'accorde à l'ouvrier que son salaire pendant 3 mois. Un maître-ouvrier, qui a de l'ordre et qui sait que les petites dettes se payent toujours facilement, règle ses comptes tous les 3 mois. Voici le relevé qu'il vient de faire; achevez-le. 4ᶠ,75; 18ᶠ,25; 502ᶠ,05; 17ᶠ,30; 61ᶠ,40; 18ᶠ,70; 120ᶠ,80; 19ᶠ,75; 126ᶠ,70; 304ᶠ,10; 131ᶠ,70; 210ᶠ,70; 9ᶠ,15; 0ᶠ,50; 37ᶠ,60; 207ᶠ,10; 4ᶠ,20; 0ᶠ,80. Partagez les nombres en 3 additions de 6 nombres avec report.

400. Un marchand achète le poivre 2ᶠ,40 le kilo; le café 2ᶠ,50; le chocolat 3ᶠ,20 et le sucre 1ᶠ,50. Que vendra-t-il chaque kilo pour gagner 10 pʳ °/₀ (0,1).

401. Un cheval a été payé 750 fr. et on le revend en gagnant 1 p°°/₀ (0,01). Qu'en retire-t-on ?

402. Pour faire un mètre de drainage de 1mèt.,20 de profondeur, on compte :

Ouverture des tranchées (petits fossés).	0ᶠ,075
Règlement du fond et pose des tuyaux.	0 ,05
Achat de 3 tuyaux 1/2.	0 ,065
Remblais des tranchées et pilonnage.	0 ,02
Total.	»
Faux frais et bénéfice, 0,1 du total. . .	»
Prix de revient du mètre.	»

403. Antoine fait des commissions ; il paye à un marchᵈ 0ᶠ,30 ; à un 2ᵉ, 0ᶠ,50 ; à un 3ᵉ, 0ᶠ,70 ; à un 4ᵉ, 0ᶠ,90 ; à un 5ᵉ, 0ᶠ,85.) Qu'a-t-il donné de sous à chacun ? Faire son compte en centimes, puis en sous.

404. Une ouvrière achète pour 3 sous d'aiguilles, 8ˢ de fil, 11ˢ de boucles ; 15ˢ de dentelle, 21ˢ de velours et 30ˢ de tulle. Faites son compte en sous.

SOUSTRACTION.

EXERCICES PRÉPARATOIRES.

SOUSTRACTIONS A FAIRE.

405. J'avais un pain de 1ᵏᵍ,500
J'ai mangé. . . . . 0 ,425
Il reste. . .   »

406. J'ai ach.. 3ᵏᵍ,603 de viande
J'en fais cuire. 2 ,916
Il reste. . .   »

407. Une cuisinière a. . . . . 2ᵏᵍ,800 de beurre.
Elle prend. . . . . 0 ,145
Il reste. . .   »
Puis. . . . . . . 0 ,207
Il reste. . .   »

408. De 2^{Kg},005 de sel on ôte 1^{Kg},17. Reste...

409. Sur un pain de sucre de 8^{Kg},40, on a pris 1^{Kg},35. Reste...

410. Louis a 4^l,5 de vin dans sa cruche; il en boit 0^l,25. Reste...

411. D'une pièce de velours de 2^{mèt},8 on a empl. 0^{mèt},95. Reste...

412. D'un pain de savon pesant 2^{Kg},4 on vend 1^{Kg},875. Reste...

413. Un paquet de chandelles devrait peser 2^{Kg},500; il p. 2^{Kg},455. Il manque...

414. J'avais 1 Kg de bougie; j'en brûle 0^{Kg},250. Reste...

415. Sur 9^{mèt}. de mérinos, une couturière prend une robe de 7^m,45. Reste...

416. J'avais 10^{mèt}. de toile; je fais un drap avec 4^{mèt},85. Reste...

417. Une femme achète une merluche de 2^{Kg},3. Elle en fait cuire 0^{Kg},15 le matin; 0^{Kg},245 à midi; 0^{Kg}148 le soir. Trouvez ce qui reste après chaque repas. (Calcul en ordre.)

418. Un tisserand doit faire une pièce de toile de 14^{mèt}. Il en fait 2^{mèt},4 le lundi; 3^{mèt},25 le mardi; 3^{mèt},765 le mercredi, et 3^{mèt} le jeudi. Dites ce qui reste à faire chaque soir. (Calcul en ordre.)

418 bis. *Consommation d'une ferme (6 premiers mois).*

MOIS.	Nombre d'employés.	OBJETS CONSOMMÉS								Dépenses diverses.
		pain 0^f,34	cidre 0^f,075	vin 0^f,35	viande 1^f,10	lard 1^f,20	beurre 2^{f}10	lait 0^f,15	fromage 1^f,20	
		Kg	l	l	Kg	Kg	Kg	l	Kg	f
Janvier. .	7	235	345	28	14,5	7,3	15,7	72	5,35	21,75
Février. .	6	202	304	24	12,6	5,4	13,4	61	4,37	19,80
Mars.. . .	6	207	310	25	13,1	6,3	14,1	63	4,75	27,70
Avril. . .	7	229	364	42	15,3	6,5	15,6	70	5,05	31,75
Mai. . . .	9	296	405	135	19,1	9,7	18,7	94	6,71	42,75
Juin.. . .	11	354	465	165	24,4	12,4	23,5	112	7,35	71,30
Total.		»	»	»	»	»	»	»	»	»
Reste inventaire.		1,57	»	»	7,37	25,45	7,35	»	4,17	
Consom. nette		»	»	»	»	»	»	»	»	

Cherchez la consommation totale pendant ces 6 premiers mois.

419. Les plantes suivantes sèches donnent en cendres par kilog. grains de blé, 0^{kg},018 ; paille de blé, 0^{kg},045 ; grains d'avoine, 0^{kg},038 ; paille d'avoine, 0^{kg},046 ; grains d'orge, 0^{kg},019 ; paille d'orge, 0^{kg},067 ; grains de fèves, 0^{kg},031. Trouver chaque excédant évaporé.

420. Les bois suivants secs donnent en cendres par Kg : Chêne en fagot, 0^{kg},022 ; peuplier écorcé, 0^{kg},008 ; marronnier, 0^{kg},035 ; sapin, 0^{kg},009 ; tilleul, 0^{kg},052 ; tremble, 0^{kg},006 ; bouleau, 0^{kg},012 ; noisetier, 0^{kg},015. Trouver chaque excédant disparu.

421. *Tares accordées aux diverses marchandises en gros :*
Résine d'Amérique en fût, 16 p. 0/0 ; riz et tabacs étrangers en boucaut, 14 p. 0/0 ; sucre étranger en caisse, 13 p. 0/0 ; poix de bourgogne, 10 p. 0/0. Dites le poids net par Kg brut.

CALCUL ORAL (*soustractions à faire de tête*).

422. Francs. . 0,7—0,4 ; 0,9—0,2 ; 0,8—0,6 ; 7,4—0,3 ; 4,1—1,08.

423. Mètres. . 0,70—0,4 ; 0,90—0,2 ; 4,70—0,05 ; 7,40—0,020.

424. Litres. . 0,70—0,40 ; 0,90—0,20 ; 5,30—0,20 ; 6,10—0,40.

425. Stères. . 6,75—0,40 ; 4,35—0,20 ; 6,45—0,3 ; 10,55—0,6.

426. Francs. . 0,60—0,25 ; 0,8—0,45 ; 3,20—0,65 ; 4,1—0,85.

427. Kilogr. . 0,720—0,3 ; 0,485—0,07 ; 6,125 : 0,03 ; 2.3800,40.

428. Francs. . 0,650—0,008 ; 1,530—0,025 ; 3,810—0,205.

429. Litres. . 2,4—1,2 ; 6,3—2,2 ; 8,7—4,3 ; 5,—2,95.

430. Stères. . 4,65—1,90 ; 7,60—4,55 ; 18,40—9,25 ; 16—8,95.

431. Mètres . 14,35—10,05 ; 128,30—28,20 ; 2804,7—802,65.

CALCUL MENTAL (*petits problèmes à résoudre de tête*).

432. Louise achète une pelote de 0^f,15 et donne 0^f,50. Combien à rendre ?

433. Jules a 0^f,8 et Julien 0^f,70. Que manque-t-il à chacun pour avoir 1^f ?

434. On donne 0^f,15 à Léon et cela lui fait 1^f. Qu'avait-il d'avance ?

435. Il me faut 2^{mèt},05 pour une redingote ; je trouve un coupon de 1^{mèt},97. Que manque-t-il ?

436. Je demande 1 Kg de sucre ; on me donne 0ᵏᵍ,007 de moins. Que me donne-t-on ?

437. Un marchᵈ vend 0ᶠ,70 un plat qui lui a coûté 0ᶠ,45. Il gagne...

438. En vendant un couteau 0ᶠ,65, un marchand gagne 0ᶠ,25. Que lui a-t-il coûté ?

439. Un écolier achète pʳ 0ᶠ,10 d'encre ; 0ᶠ,15 de papier ; 0ᶠ,2 de plumes. Que doit-il ? Il donne 6 pièces de 0ᶠ,1. Que lui rendra-t-on ?

440. La mère de Léon lui donne 2 pièces de 0ᶠ,50 pour acheter un petit balai de 0ᶠ,35, un pot de 0ᶠ,20, et 4 verres de 0ᶠ,10. Que doit-il rapporter ?

441. Adolphe achète un catéchisme et une grammaire de 0ᶠ,60 chacun, et une géographie de 0ᶠ,75. Il donne 1ᶠ,50 ; que redoit-il ?

442. Joseph a 0ᶠ,50, Louis 0ᶠ,20 de moins, et Paul deux fois autant que Louis. Combien chacun, et qu'ont-ils ensemble ?

Problèmes.

443. Sur 20ᵃ,5, Lucas défriche 7ᵃ,5 dans sa demi-journée ; que lui reste-t-il à faire à la fin de sa journée ?

444. Louis a 0ᶠ,50 ; pour une bonne place, son père lui en donne autant ; il achète un canif, et il lui reste 0ᶠ,15. Dites le prix du canif ?

445. Une épicière a un sac d'amandes de 3 Kg ; elle en vend 1° 0ᵏᵍ,30 ; 2° 0ᵏᵍ,20 ; 3° 1ᵏᵍ,500. Que lui reste-t il après chaque vente ?

446. Il me faut 1ᵏᵍ,825 de sucre pour mes confitures ; j'en ai déjà 0ᵏᵍ,920. Combien dois-je en acheter ?

447. Sur un pantalon marqué 15ᶠ, on me fait une remise de 10 p. 0/0. Combien à payer ?

448. Sur une vache achetée 220ᶠ, mon père gagne 1 p. 0/0. Combien la revend-il ?

449. Un ouvrier achète un gilet et un pantalon pour 12ᶠ,75, et donne 20ᶠ. Comb. à rendre ? Le pantalon coûte 7ᶠ,25. Comb. le gilet ?

450. Je dois 14ᶠ pour des souliers, et je n'ai que 7ᶠ,80. Combien me manque-t-il ?

451. Je donne 2ᵐᵉᵗ,40 à mon tailleur pour faire un pantalon de 1ᵐᵉᵗ,175. Combien doit-il me rendre ?

452. Une bouteille pèse vide 0ᵏᵍ,780 ; pleine d'huile, 1ᵏᵍ,604. L'huile pèse...

453. Un marchand gagne 10 p. 0/0 sur une couverture de 28ᶠ,50. Que lui coûte-t-elle ?

454. Un maçon subit 1 pour 0/0 de retenue sur un mémoire de 378ᶠ,80. Que reçoit-il ?

455. Un ouvrier de ville, qui gagne 3ᶠ,50 par jour, dépense à son déjeuner 1ᶠ,05 ; à collation, 0ᶠ,55 ; au dîner, 1ᶠ,25 ; pour ses outils, 0ᶠ,15 ; pour son logement, 0ᶠ,25. Que lui reste-t-il ?

456. Un ouvrier de campagne logé et nourri gagne 1ᶠ,05. Il dépense également 0ᶠ,15 pour ses outils. Combien gagne-t-il de moins que le précédent, et combien lui reste-t-il de plus ?

457. Le 1ᵉʳ jour de l'an, mon parrain m'a donné 3ᶠ,40, ma marraine 2ᶠ, mon oncle 2ᶠ,50, mes deux tantes 3ᶠ chacune : j'ai acheté un livre pour 4ᶠ,25. Combien me reste-t-il ?

458. Une paysanne a vendu pour 1ᶠ,35 de pommes de terre, et acheté pour 0ᶠ,75 de graine d'oignons, 1ᶠ,65 de petits pois, et 4ᶠ,55 de choux à planter. Elle était arrivée au marché avec 10ᶠ. Faites son compte.

459. *Mémoire d'un vigneron.* Façon d'une vigne, 45ᶠ,10 ; transport de terre, 6ᶠ,50 ; ouverture de fossés, 4ᶠ,75 ; 2 journées de vendange à 2ᶠ,50. Total... Il a reçu à valoir 41ᶠ,50. Reste dû... (En ordre).

460. Un épicier a acheté le 4 juin 1866 : un pain de sucre 11ᶠ,50 ; 8 paquets de chandelles, 24ᶠ,50 ; du riz, pour 19ᶠ,75 ; un cent de harengs, pour 11ᶠ,40. Il paye comptant, et on lui fait une remise de 1 pour 0/0. Faites sa facture.

461. Un père de famille, qui sait que l'ordre est indispensable pour réussir, fait chaque année le compte de ses recettes et de ses dépenses. Le voici pour 1866 ; achevez-le :

ANNÉE 1866.

Dépenses.		Recettes.	
Loyer de la maison...	55ᶠ,00	Travail de l'année...	575ᶠ,70
8 hectol. 1/2 de blé....	145,50	Prix d'un veau vendu.	42,60
Achat d'un porc et viande	44,60	Prix du beurre et du	
Vin et boisson.....	72,45	lait vendus........	54,80
Nourriture de la vache			
l'hiver........	67,60	Total......	
Vêtements et menues dé-		Dépense à déduire.	
penses........	82,55	Économies......	
Total.....			

MULTIPLICATION.

EXERCICES PRÉPARATOIRES.

Multiplications à poser et à faire comme celles des ex. 189, 190, etc.

AVIS IMPORTANT QUE LES ÉLÈVES NE DOIVENT PAS PERDRE DE VUE.

Toutes les opérations même les plus simples, tous les comptes, mémoires, factures et bordereaux doivent être disposés avec ordre, avec soin et méthode, les articles désignés et distingués, toutes les solutions expliquées nettement et clairement.

462. A 6^f,25 le quintal de foin, combien 47 quintaux, 128^{qx}, 209^{qx}?

463. Une grande tuile pèse 1^{kg},225; que pèsent 175, 280, 2400 t.?

464. Un décalitre de plâtre coûte 0^f,45; comb. 39, 170, 5200 décal.?

465. A 14^f,50 le Kg. de laine filée; comb. 2^{kg},7; 8^{kg},42, 2^{kg},68?

466. Une noix pèse 0^{kg},0115; que pèsent 135, 450, 2080 noix?

467. Le Kg de sucre coûte 1^f,55; combien 3^{kg},55; 8^{kg},960; 7^{kg},800?

468. A 0^f,075 le mèt. de fossé, que coûteront 172^m, 45^m, 248^m, 15^m,7?

469. Un Kg de grains de luzerne en contient 1050000 environ. Combien dans un décalitre pesant 7^{kg},640; dans un sac de 0^{kg},185?

470. *Rappelons-nous que* 3 p^r %, 15 p. %, 3 ½ p. % *d'un n. sont* les 0,03, les 0,15, les 0,035 *de ce n., et s'obtiennent par la multiplication.* Prenez les 3 p^r %, les 15 p^r %, les 3 ½ p^r % de 12^{kg}, de 54^l,6, de 3368^f, puis retranchez-les de ces nombres? Combien de centièmes en reste-t-il?

471.   *Rendement des graines oléagineuses.*

GRAINES.	PRINCIPAUX USAGES DE L'HUILE.	POIDS de l'hectolit.	RENDEMENT p. %.		RENDEMENT de l'hectol.	
			huile.	tourt^x.	huile.	tourt.
		Kg	Kg	Kg	Kg	Kg
Noix	Pour la cuisine	42	62	37	»	»
Œillette	Idem.	68	48	49	»	»
Colza	Pour les étoffes et les cuirs	70	36	58	»	»
Cameline	Pour l'éclairage	66	28	69	»	»
Navette	Pr l'éclairage et l'industrie.	65	33	63	»	»
Lin	Pour les couleurs et vernis.	130	25	72	»	»

472. *Évaluation du revenu annuel des bois* (à 4 p. 0/0 par an).

AGE de coupe.	Multiplicateurs.	AGE de coupe.	Multiplicateurs.	EMPLOI DU TABLEAU.
12	0,06655	17	0,04220	On trouve le revenu annuel en multipliant la valeur de la coupe par le nombre placé à droite de l'âge de cette coupe.
13	0,06014	18	0,03899	
14	0,05467	19	0,03614	
15	0,04994	20	0,03358	
16	0,04582	25	0,02401	

Quel revenu annuel donne une coupe de bois valant 650ᶠ à 12 ans; 710ᶠ à 14 ans; 801ᶠ à 16 ans; 871ᶠ à 19 ans.

473. Cherchez d'après le tableau de l'Ex. 418 *bis*, la valeur totale des denrées consommées chaque mois. Refaites ce tableau en mettant le prix des denrées à la place des quantités, et ajoutez une colonne à droite pour faire les additions par mois.

CALCUL ORAL (*Multiplications à faire et à expliquer de vive voix*).

474. Que valent 6 crayons à 0ᶠ,05 ; 0ᶠ,2 ; 0ᶠ,07 ; 0ᶠ,075?

475. A 0ᶠ,06 pièce, comb. 2 œufs, 20œ., 202œ.; 4 lattes, 4004 lattes?

476. A 1ᶠ,30 le Kg de viande, combien 0ᴷᵍ,2; 0ᴷᵍ,6; 0ᴷᵍ,8; 1ᴷᵍ,05?

477. A 0ᶠ,50 puis à 0ᶠ,25 le mètre de velours, combien 8ᵐ, 40ᵐ, 60ᵐ?

478. A 1ᶠ,50 les 10 litres de marrons; combien 1, 12, 24, 240 l.?

479. A 1ᶠ,08 le Kg de savon que coûtent 9 Kg, 7 Kg, 0ᴷᵍ,5, 0ᴷᵍ,1?

480. A 4ᶠ le Kg de chocolat, combien 8ᴷᵍ,1; 6ᴷᵍ,4; 3ᴷᵍ,05?

481. A 0ᶠ,47 le Kg d'amandes, combien 6 Kg, 8 Kg, 12 Kg, 20 Kg?

482. Combien coûtent 1° 10 mèt.; 2° 11 mèt.; 3° 12 mèt., à 0ᶠ,1; à 0ᶠ,2; à 0ᶠ,3,... etc., jusqu'à 0ᶠ,9, puis à 1ᶠ le mètre.

CALCUL MENTAL. (*Problèmes à faire de tête.*)

483. A 1ᶠ,20 le Kg, comb. 1 gigot de 4ᴷᵍ, une côtelette de 0ᴷᵍ,20?

484. Léon achète 1ˡ,5 de marrons à 0ᶠ,40 les 2 litres; que doit-il?

485. Un aubergiste paye 1ᶠ,95 le litre de cassis, et en tire 35 petits verres vendus 0ᶠ,10. Combien en retire-t-il en tout? Que gagne-t-il?

486. Louis donne 2 pièces de 2ᶠ pour 2 Kg de sucre à 0ᶠ,75 le demi-kilog. Que lui revient-il?

487. J'ai acheté avec 1ᶠ trois balais à 0ᶠ,15 et deux pots de fleurs à 0ᶠ,25. Il me reste...

488. J'ai acheté 4 oranges à 0ᶠ,15, et il me reste 0ᶠ,40. Combien avais-je?

489. La maman d'Henriette lui donne 2ᶠ pour acheter 0ᵐᵉᵗ.,5 de doublure à 1ᶠ,40 le m., et 1ᵏᵍ,5 de riz à 0ᶠ,40 le demi-kilog. Combien doit-elle rapporter?

490. Un homme gagne 2ᶠ,50 par jour, sa femme 1ᶠ et leur fils 1ᶠ,50. Que gagnent-ils ensemble par semaine de 6ʲ ?

491. Je donne 10ᶠ pour 10 cotrets à 0ᶠ,75; combien à me rendre?

492. A 50ᶠ les cent bottes de paille de 10ᵏᵍ, combien 5 bottes de 10 Kg, de 5 Kg?

493. A 8ᶠ le quintal ou 100ᵏᵍ de foin, combien 6 bottes de 10ᵏᵍ?

494. A 1ᶠ,20 le m. de tuyau, que doit-on pour 4 tuyaux de 2ᵐ,5 ?

495. Une cuisinière achète 20 poulets à 3ᶠ,60 la paire. Que doit-elle?

Problèmes.

496. Paul achète un pain de sucre de 9ᵏᵍ à 1ᶠ,75; que doit-il?

497. Louis a acheté 14 douz. d'œufs à 0ᶠ,75, plus 8 à 0ᶠ,075 pièce; que doit-il?

498. Une fermière vend 17ᵏᵍ de beurre à 1ᶠ,20 le demi-kilog., et 14 poulets à 3ᶠ,60 la paire. Que reçoit-elle?

499. A 65ᶠ le cent de bourrées, que doit-on pour 45, pʳ 75 bourrées?

500. A 64ᶠ les 1000 cercles, comb. 12 liasses de 25 cercles chacune?

501. A 0ᶠ,35 le Kg de pain, combien 8 pains de 6ᵏᵍ; 7ᵖ de 4ᵏᵍ?

502. Léonie achète 6 paires de bas à 1ᶠ,75 et une douzaine de mouchoirs à 0ᶠ,65 la pièce. Elle donne 20ᶠ; que doit-on lui rendre?

503. Paul donne 7ᶠ pour 3ˡ,4 d'huile à 18ᶠ,50 les 10ˡ. Que doit-on lui rendre?

504. Ma mère a reçu 20ᶠ pour 12 douzaines de fromages à 0ᶠ,15 la pièce. Combien lui redoit-on ?

505. Mon oncle Louis boit tous les matins pour 0ᶠ,15 de goutte et ne s'en porte pas mieux. Que dépense-t-il inutilement par semaine, par mois, par an, dans 25 ans?

506. Un ouvrier qui ne se repose que le dimanche gagne 3ᶠ,25 par jour et dépense 2ᶠ,75. Combien économise-t-il par semaine, par an, dans 15 ans?

507. Il faut éviter avec le plus grand soin les dépenses inutiles et économiser pour le temps de la vieillesse et du repos:

Une famille peu aisée de 4 personnes a l'habitude de prendre une tasse de café chaque jour après le repas de midi. La tasse revenant à 0ᶠ,13, que dépense-t-elle ainsi inutilement par an? Si elle mettait cet argent de côté, aurait-elle de quoi payer son loyer de 15ᶠ par mois

508. Une pauvre femme prise pour 0ᶠ,075 de tabac par jour. Que dépense-t-elle mal à propos par an? Que pourrait-elle avoir de pain avec cette somme si on lui en donnait 3 kilos pour 1 fr. ?

509. Un ouvrier dépense chaque matin pour 0ᶠ,10 de tabac et 0ᶠ,10 d'eau-de-vie, et le soir 0ᶠ,35 au café. Combien dépense-t-il ainsi mal à propos par jour, par semaine, par mois de 30 jours, par année de 365 jours?

510. Un ouvrier paye 3ᶠ et sa femme 2ᶠ de cotisation par mois à une société de secours mutuels qui, en cas de maladie, envoie le médecin, donne les remèdes, plus 2ᶠ,50 par jour au mari et 1ᶠ,50 à la femme. L'ouvrier précédent n'est pas de la société. Une épidémie survenant, le sociétaire est malade pendant 24 jours, sa femme pendant 15 j, le 2ᵉ ouvrier pendant 25 j. Les premiers ont eu à eux deux 12 visites du médecin et ont reçu gratuitement des remèdes valant 34ᶠ,80. Le second a dû payer 8 visites à 2ᶠ et 18ᶠ,50 de médicaments. Faites le compte de ce que les premiers ont gagné dans cette année par leur prévoyance et de ce qu'a perdu le 2ᵉ par son imprévoyance et ses dépenses inutiles.

511. Un décal. de blé pèse 7ᴷᵍ,5 et vaut 2ᶠ,45. Trouver le poids et le prix : 1° d'une pochée de 12 décal.; 2° des 48 pochées qu'un fermier a vendues.

512. Un agriculteur vend 187 bottes de foin de 10ᴷᵍ à 8ᶠ,60 le quintal (100ᴷᵍ). Que lui est-il dû?

513. Un aubergiste achète 124 doubles décalitres d'avoine pesant 4ᴷᵍ,800 le décal. à 18 fr. les 100ᴷᵍ. Que recevra-t-il de décal., puis de Kg d'avoine? Que devra-t-il?

514. Un homme a bottelé dans une journée 192 bottes de luzerne de 5 kilos à 0ᶠ,25 les 100 kilos. Qu'a-t-il gagné?

515. J'ai acheté et payé aussitôt pour 128ᶠ,50 de marchandises; on m'a diminué 5 p. 0/0. Que m'a-t-on rabattu? Qu'ai-je dû payer?

516. Un ouvrier entreprend un travail de 375ᶠ,40 avec un rabais de 7,50 p. 0/0. Que recevra-t-il?

517. J'achète 450 bourrées avec 4 au cent en plus. Combien en aurai-je? Que devrai-je à 26ᶠ le cent?

518. Voici la facture de ce que j'ai acheté (achevez-la):

1^{Kg},520 de savon à 1^f,10 le kilo. . . . . »

1 douzaine de harengs à 0^f,125 pièce . . . . »

2 paquets de chandelles de 2^{Kg},5 chacun à 1^f,60 le Kg. »

Total . . . . »

519. On donne 10^f à Paul pour faire des commissions. Il achète une demi-douzaine d'assiettes à 2^f,10 la douzaine...; 2 douzaines de verres à 0^f,15 pièce...; 4 paires de bas à 12^f la douzaine... Combien lui reste-t-il? (Faites le compte en ordre.)

520. Pour faire un pantalon à Jules, sa mère a acheté : 1^m,15 de drap à 9^f,60 le mètre; 0^m,80 de doublure à 0^f,90 le mètre; 8 boutons à 2^f le cent, et a donné au tailleur pour façon 2^f,50. Que coûte le pantalon (compte en ordre)?

521. Pour avoir 100 litres de vin de sorgho, il faut 200^{Kg} de raisin à 18^f les 100^{Kg}, et 45^{Kg} de tiges de sorgho broyées à 25^f les 1000^{Kg}. Que coûte la boisson entière? A quel prix revient le litre (compte en ordre).

522. Un paletot tout fait coûterait 50^f à Léonie. Au lieu de l'acheter, elle le fait elle-même et dépense pour cela : 1^m,60 de drap à 18^f; 4^m,50 de galon à 0^f,60; 2^{gr},5 de soie à 0^f,20; 12 boutons à 0^f,10 pièce. A quel prix lui revient-il? Qu'a-t-elle économisé (compte en ordre)?

523. Un jardinier a récolté dans son verger, et vendu : 720 abricots à 7^f,20 le cent; 540 pêches à 10^f,50 le cent; 452 poires à 45^f le mille; 24 décalitres de pommes à 0^f,80, et 9 kilos de groseilles à 0^f,15 le demi-kilo. Que lui a rapporté son verger (compte en ordre)?

524. Une bonne ménagère ne laisse rien perdre et sait tirer parti de tout. Voici ce qu'une ménagère a vendu dans un an : 31^{Kg} d'os à 0^f,06; 12^{Kg},500 de chiffons blancs à 0,45; 9^{Kg},600 de chiffons de couleur à 0^f,12; 46^{Kg},500 de vieux cuirs, verres cassés et ferrailles à 6 fr. les 100^{Kg}, et 17 peaux de lapin à 0^f,45 pièce. Total économisé (compte en ordre).

Avec cet argent, elle a acheté une robe de 9^f,25 à chacune de ses deux filles. Que lui est-il resté?

525. On peut envoyer de l'argent par la poste moyennant 1 p. 0/0, plus 0^f,20 p^r le timbre quand la somme dépasse 10^f. Que dois-je donner à la poste pour envoyer 48^f à mon frère malade (compte en ordre)?

526. Au lieu de vendre un vieux cheval 15^f, un entrepreneur intelligent l'a fait abattre chez lui moyennant 5^f. Il a retiré de l'animal : 32^{Kg} de peau à 0^f,55; 47^{Kg} d'os à 0^f,06; 145^{Kg} de viande à 0^f,25; sabots, sang, tendons, fers, crins, etc., 6^f,50. Quelle somme a produit net le cheval? Qu'a-t-il gagné à ne pas le vendre (compte en ordre)?

527. *Vente aux enchères.* Achat d'un bélier mérinos (compte à faire). Prix : 65 fr. ; frais de vente 6 p. 0/0 ; pour domestique 0ᶠ,50 … ; dépense de voyage, 1ᶠ,25… Prix de revient total…

528. Achevez la facture suivante :

Vendu à M. Bonneau, boucher à Saint-Gilles, une vache pesant   350ᴷᵍ,600
A déduire 4ᴷᵍ par pied.   »
                      —————
    Restent   »   à 71ᶠ les 100ᴷᵍ…   »
                  pourboire au domestique. 1,50
                  Total. . . . . »

529. Le boulanger me présente le compte suivant (Achevez-le) :

Janvier 1866.
9 pains de 1ᵏ,500 pesant ens.	»	à 0ᶠ,29	»	
16 dito de 1ᵏ,500	—	»		
8 dito de 3 kilos	—	»	» à 0ᶠ,31	»
4 dito de 6 kilos	—	»		
			Total…	»

530. *Ration d'un fort cheval par jour.* 15 litres d'avoine à 8ᶠ,50 les 100 l. ; 10ᴷᵍ de foin à 8ᶠ,50 le quintal (100ᴷᵍ) ; 5ᴷᵍ de paille à 4ᶠ,80 le quintal… Total…

Refaites le compte pour 7 chevaux par jour (comptes en règle).

531. Pour faire un drap ordinaire de lit, il faut : 6ᵐ,50 de toile à 2ᶠ,20 le mètre… ; une demi-journée d'ouvrière à 1ᶠ,20 (non nourri)… ; marque de 3 lettres à 0ᶠ,025 par lettre. Total…

Refaites le compte pour douze paires de draps (comptes en ordre).

532. Le travail du dimanche ne profite jamais à celui qui s'y livre ; car le repos de ce jour est indispensable pour la santé des hommes et des animaux. Deux charretiers ont acheté chacun un attelage de 3 chevaux valant 525 fr. pièce, et avec lesquels ils gagnent l'un et l'autre 18ᶠ par jour en moyenne. Le 1ᵉʳ, qui se repose le dimanche, n'a pas perdu un seul autre jour de travail. Le 2ᵉ a travaillé le dimanche comme les autres jours ; mais ses chevaux épuisés ont été malades 3 semaines ; ils ont coûté 115ᶠ de traitement et ne valent plus que 350ᶠ chacun. Quel était au bout de l'année celui qui avait le plus gagné. (Faites le compte de chacun, et dites la différence.)

533. Achevez le mémoire suivant : vendu à M. Lejoint, aubergiste à Tours : 224 bottes de paille de 10ᴷᵍ à 48ᶠ les 100 bottes… ; entrée en ville à 0,30 les 100ᴷᵍ… ; transport à 0ᶠ,50 les 100ᴷᵍ… ; total…

534. Terminez la facture suivante : Vendu à M. Julien François propriétaire : 3 sacs de guano du Pérou pesant ens. (72ᴷᵍ,500 +

$78^{kg},650 + 81^{kg},800$), « Kg à 38^f les 100^{kg}, ... » Escompte de 4 p. 0/0 (à déduire).....; Payé net... »

535. Une fermière vient de rédiger le compte des affaires qu'elle a faites au marché (achevez-le).

Dépenses.		*Recettes.*	
6 bottes d'oignons à 0^f,55.	»	8 poulets à 3^f,25 la paire. .	»
8 salades à 0^f,025	»	5 canards à 1^f,90 pièce. . .	»
Une merluche de 1^{Kg},15 à		7 douz. d'œufs à 0^f,85 . . .	»
0^f,85 le Kg	»	Total. . . .	»
Repas. 0,45		dépense à déduire	»
Droits de place.. 0,25		Reste rapporté. . . .	»
Total.	»		

536. Son mari a conduit et vendu à la ville : 25 décal. de blé à 25 fr. les 10 ; 14^{kg} de graine de trèfle à 124^f le cent ; 20 décal. d'avoine à 1^f,80 les 2 décal. Il a dépensé pour son cheval 3^l d'avoine à 1^f,05 les 10 *l.*, 5^{kg} de foin à 1^f,20 les 10 Kg, et 0^f,05 pour le garçon. Faites son compte.

537. Une femme désire connaître ce que sa vache lui dépense et lui rapporte par jour. Cette vache mange 7^{kg},500 de foin à 7^f le cent ; 27^{kg} de betteraves à 18^f le mille ; 4^{kg},500 de paille hachée à 5^f le cent, et 3^l de recoupes à 0^f,08. Elle donne 11^l de lait à 0^f,20 ; 30^{kg} de fumier à 10^f les 1000^{kg}. Compte par dépenses et recettes.

538. Refaites le compte précédent pour une semaine entière.

539. *Coût d'une plantation de bois pendant 4 ans (Par 100 ares).* Défoncement à 0^m,40 à 0^f,95 l'are.....; fourniture de 100 plants par are à 12^f le mille...; transport et plantation à 1^f,25 l'are ...: entretien : 15 plants à l'are pendant 3 ans à 15^f le mille.....; 2 façons par an à 25^f. Total ....

540. Refaites le compte précédent pour 540 ares.

541. *Apiculture.* La culture des abeilles est facile, agréable et souvent lucrative. *Compte d'un apiculteur à établir avec ordre.* *Matériel.* En 1866, il possédait 44 paniers d'abeilles à 15^f ; 44 ruches en bois avec tablettes et par-dessus en paille, à 3^f,15 ; instruments divers, 9^f,40. Total ..... *Dépenses de l'année :* Intérêts du matériel ci-dessus à 5 p. 0/0 ; 16 journées à 1^f,75 ; usure, menues dépenses 12^f,75 ; location de 9^{ares},25 de terrain à 0^f,75. *Recettes de l'année :* miel, 115^{kg} à 1^f,35 ; cire, 14^{kg} à 3 fr. ; essaims, 41 à 6^f,25.

542. Un domestique fidèle et qui soutient constamment les inté-rêts de son maître sera toujours récompensé par lui de son zèle et de sa fidélité. Voici ce qu'un bon berger a gagné dans une année : argent,

35ᶠ par mois; blé, 18ᵐ à 24ᶠ; logement, 5ᶠ par mois; 150 bourrées à 21ᶠ,50 le cent; 2ˢᵗ,2 de bois fendu à 7ᶠ,50; pourboire dans la vente des laines, 25ᶠ; id. dans la vente de 417 moutons, 0ᶠ125 par tête; abats de 49 moutons tués, à 0ᶠ,95 l'un. Total .....

543. Une ménagère qui achetait à crédit pour environ 60ᶠ de pain et d'épiceries par mois, apprend qu'elle pourrait se procurer les mêmes marchandises à 8 p. 0/0 de moins, mais en payant comptant dans deux boutiques qu'on lui désigne. Elle s'efforce alors d'économiser 60ᶠ, parvient à les avoir devant elle et achète dès lors au comptant. Combien lui rapportent ces 60ᶠ par mois, par jour, par an?

544. Son ancien épicier lui vendait le sucre 1ᶠ,40 le Kg, le café 3ᶠ,20, la bougie 2ᶠ,60, le chocolat 3ᶠ,50, le savon 1ᶠ,20, la chandelle 1ᶠ,60. Elle achète chez le nouveau 3ᵏᵍ,500 de sucre, 0ᵏᵍ,250 de café, 0ᵏᵍ,750 de bougie, 1ᵏᵍ,750 de chocolat, 3ᵏᵍ,850 de savon et 2ᵏᵍ,750 de chandelle. Faites sa facture aux prix ci-dessus réduits de 8 p. 0/0 (Ex. 543).

DIVISION.

EXERCICES PRÉPARATOIRES. *Divisions à effectuer.*

545. Partagez entre 19 pauvres 85ˡ,5 de vin; 23ᵈᵉᶜᵃˡ,75 de blé; 71ˡ,25 de haricots; 90ᵏᵍ,250 de pain.

546. 8ᵃʳᵉˢ,4 de blé ont donné 26ᵈᵉᶜᵃˡ,88 de blé et 436ᵏᵍ,800 de paille. Combien l'are?

547. Un décalitre de blé pesant 7ᵏᵍ,5 a rendu 5ᵏᵍ,475 de farine et 1ᵏᵍ,125 de son et recoupe. Combien 1 Kg?

548. Un Kg de sel coûte 0ᶠ,2, combien de Kg pour 5ᶠ, 8ᶠ, 27ᶠ, 32ᶠ?

549. Un litre de maïs pèse 0ᵏᵍ,75. Combien de litres pèsent 42ᵏᵍ; 4ᵏᵍ; 60ᵏᵍ; 6ᵏᵍ,75; 8ᵏᵍ,25.

550. On donne 1 gr. de tabac pour 0ᶠ,0125. Combien de grammes pour 2ᶠ; 1ᶠ,80; 0ᶠ,75; 0ᶠ,10?

551. 1ᵏᵍ de savon vaut 0ᶠ,95. Combien de Kg pour 2ᶠ,28; 2ᶠ,85; 0ᶠ,50; 0,60 (aller jusqu'aux millièmes).

552. 1 cotret coûte 0ᶠ,75. Combien de cotrets pour 60ᶠ,75; 49ᶠ,50; 10ᶠ,50; 5ᶠ,25; 2ᶠ,25.

553. Je mange par jour 0ᵏᵍ,750 de pain. Combien de jours pour manger 3ᵏᵍ; 12ᵏᵍ; 50ᵏᵍ.

554. Un litre de lait rend 0ᵏᵍ,15 de crème ou 0ᵏᵍ,035 de beurre. Combien de l. pour faire 0ᵏᵍ,105; 1ᵏᵍ,155; 1ᵏᵍ,365 de crème ou de beurre.

555. Un marchand vend 1ᶠ,50 le kilo de poivre. Combien de kilos pour 0ᶠ,81; 0ᶠ,60; 0ᶠ,15.

556. A 0f,20 le litre de lait, combien de l. pour 0f,50 ; 0f,09 ; 0f,05 ; 0f,15.

557. *Gain journalier des gens employés à l'année (à 0,001 près).*

GAGES annuels.	GAIN PAR			GAGES annuels.	GAIN PAR		
	Mois.	Semaine.	Jour.		Mois.	Semaine.	Jour.
150f				270f			
175				300			
200				325			
220				350			
240				380			
250				400			

558. Calculez ce qu'une personne de l'Ex. 418 *bis* a consommé en moyenne par jour de chaque denrée, à 0,1 près pour les litres, et à 0,001 près pour les Kg. Mettez ces résultats en tableau.

Calcul oral (*Divisions à faire de tête et à expliquer de vive voix*).

559. Partagez 0f,8 ; 0f,80 ; 4f,8 ; 4f,008 entre 20, entre 40 personnes.

560. 50 lattes font 70m de treillis et coûtent 3f. Que fait une latte et que vaut-elle ?

561. Pour 25f, on a 12Kg,5 de minette ou 10Kg de ray-gras. Combien pour 100f, pour 1f, pour 20f ?

562. Une rame de 40 cahiers coûte 3f,60. Combien 4 cahiers, 1 cahier, 100 cahiers.

563. Dans 12 jours j'ai mangé 8Kg,4 de pain et bu 7l,2 de vin ; combien dans 6j, dans 3j, dans 2j, dans 20j, dans 1 mois ?

564. 4 douz. de mouchoirs valent 24f ; combien 2 douz,, 1 douz., 6 mouchoirs, 1 mouchoir ?

565. 1 litre d'huile pesant 0Kg,9 vaut 1f,80 ; combien 9 Kg, 1 Kg ?

566. A 0f,25 le litre d'eau de javelle, combien pour 3f ; 7f ; 1f,75 ?

567. A 0f,20 le 1/2 Kg de cristaux, combien de Kg pr 1f ; 1f,60 ; 5f ?

568. Dans 1f combien de pièces de 0f,5 ; 0f,50 ; 0f,25 ; 0f,20 ; 0f,125 ?

Calcul mental (*Petits problèmes à faire de tête*).

569. Une botte de 5 artichauts vaut 0f,40 ; combien 1, combien 15

570. Le jardinier vend 0ᶠ,36 la botte de 9 carottes, et 0ᶠ,75 celle de 25 asperges ; combien 1 carotte ? combien 1 asperge ?

571. Un quarteron de marrons (26) coûte 0ᶠ,05 ; Louis en achète pour 0ᶠ,20. Combien en aura-t-il ? Que doit Charles pour 78 marrons ?

572. À 0ᶠ,60 la douzaine d'œufs, combien le cent, le quarteron ?

573. Une marchande a acheté 100 sardines pour 3ᶠ, et les revend 0ᶠ,05 pièce. Que gagne-t-elle par sardine ? sur le tout ?

574. Quelle dépense inutile fait chaque matin un ouvrier qui boit chaque mois pour 3ᶠ d'eau-de-vie ? En combien de mois économiserait-il le prix d'une paire de souliers de 12ᶠ s'il ne buvait pas ainsi ?

575. Un enfant a usé dans 2 mois une paire de sabots de 1ᶠ,20. Pour combien en usait-il par jour ?

576. Louise achète une demi-douzaine de verres à 0ᶠ,06 pièce. Elle en casse un et le remplace. Que lui coûte alors chaque verre ?

577. Une grosse (12 douzaines) de petits biscuits coûte 1ᶠ,80. Combien la douzaine ? Que gagne par grosse une marchande qui les vend 0ᶠ,25 la douzaine ?

578. Un journalier payé 1ᶠ,50 par jour a fait 15 mèt. de fossé ne valant que 0ᶠ,80 les 12ᵐ. Qu'a perdu le propriétaire qui l'a employé ?

579. Un maçon me fait payer 8 carreaux 0ᶠ,96 ; à quel prix compte-t-il le mille ?

580. Un employé gagne 800ᶠ par an ; on lui retient 5 pᵣ 0/0 ou le vingtième pour sa pension. Que reçoit-il ?

581. À 6ᶠ, à 8ᶠ, à 10ᶠ, à 9ᶠ la rame de papier de 20 mains, que vaut la main : 1° en centimes ; 2° en sous. (Indiquez la relation du prix de la *main en sous* avec le prix de la *rame en francs*.)

Problèmes.

582. Combien de bouteilles de 0ˡ,75 dans une pièce de 228ˡ ?

583. Douze paires de chaussettes coûtent 15ᶠ. Combien la paire ?

584. À 16ᶠ,50 le décal. de trèfle violet de 7ᵏᵍ,5, comb. les 100ᵏᵍ ?

585. À 8ᶠ,50 les 50ᴷᵍ de sel, combien 1ᵏᵍ ? 2 décal. de 8ᵏᵍ,5 ?

586. Un Kg de farine donne environ 1ᵏᵍ,250 de pain de ménage. Combien de farine pour un pain de 5Kg, pour 8 pains de 1ᴷᵍ,125 ?

587. Une fermière vend 1ᶠ,80 le Kg un pain de beurre devant peser 0ᴷᵍ,500 ; mais le poids réel est de 0ᴷᵍ,565. Dites le prix exact du Kg ?

588. Un boulanger a vendu comme pesant 6ᵏᵍ à 0ᶠ,38 le Kg, un pain qui ne pèse que 5ᴷᵍ,700. Dites le prix réel du Kg ?

589. Une marchande paye son savon 42ᶠ,50 les 50ᴷᵍ, et le revend 1ᶠ le Kg. Que gagne-t-elle par Kg ?

590. Un paquet de chandelle pèse 2^{kg},500 et vaut 3^f,20. Quel est le poids, puis le prix d'une chandelle de 6, de 8, de 10 au demi Kg?

591. Un fermier vend sa paille 65^f les 100 bottes en donnant 4 au cent en sus. A quel prix revient réellement la botte?

592. Quelle somme un aubergiste retire-t-il d'une barrique de vin de 228 litres en vendant 0^f,45 la bouteille de 0^l,75.

593. Sur 2 douzaines de serviettes à 16^f,80 la douzaine on obtient 0^f,60 de remise. A quel prix revient la serviette?

594. Pour payer 1 poulet gras pesant 1^{Kg},600, je donne 4^f, et on me rend 0^f,80. A quel prix revient le Kg?

595. J'ai 11^f,25 et j'achète pour 9^f d'oignons. Si je prenais 5 décal. de plus, il ne me resterait point d'argent; combien ai-je acheté de décal. d'oignons, et à quel prix?

596. On donne 1^f,20 du mille à un ouvrier cloutier. Que doit-il faire de cents de clous pour gagner 2^f,25 par jour?

597. Combien doit donner de fromages à 0^f,30 pièce, une fermière qui reçoit en échange de sa voisine 18 décal. de son à 0^f,45.

598. Un marchand a du ruban qui lui coûte 3^f les 2 mètres. Il le revend à 5^f les 3 mètres. Que gagne-t-il par mètre? Combien doit-il vendre de mètres pour gagner 2^f?

599. Une mercière paye 0^f,15 un paquet de 20 aiguilles : que gagne-t-elle 1° sur le paquet; 2° sur un sou en en donnant 4 pour 0^f,05?

600. Combien de devants de gilets de 0^{mèt},60 dans une pièce de 7^{mèt},20? Que coûte chaque devant à 8^f,40 le mètre?

601. Un petit colporteur achète 1^f,10 une ramette de papier à lettres de 20 cahiers de 6 feuilles chacun. Il en fait des cahiers de 5 feuilles qu'il vend 0^f,10. Que gagne-t-il sur le tout, sur 6 feuilles?

602. Une bonne femme file 1/2 Kg de chanvre dans 3 jours à 1^f,50 le Kg. Que gagne-t-elle par jour? Que lui reste-t-il après avoir payé 0^{Kg},450 de pain à 0^f,30 le Kg, qu'elle mange par jour?

603. Un coutelier a payé 36^f une grosse (12 douz.) de couteaux et a reçu 13 pour 12. Il les revend 0^f,40 pièce; que gagne-t-il par couteau?

604. Une domestique porte au marché 8 douzaines d'œufs qu'elle doit vendre 0^f,75 la douz. Elle en casse 1/2 douz. en route; combien doit-elle vendre le reste pour rapporter à sa maîtresse la somme exigée?

605. Un épicier en détail achète 3^{Kg} de café vert à 1^f,60 le Kg. Il débourse 0^f,25 de commission et 0^f,40 de charbon; ce café perd en brûlant, 0^{Kg},600 de son poids. A quel prix revient alors le Kg de café restant? Combien doit-il le vendre pour gagner 20 p. 0/0? (En ordre.)

606. Un père de famille actif travaille 2 heures de plus chaque jour. Combien de journées de 12 h. cela lui fait-il au bout de l'année (de 309 jours)? Que vaut ce travail à 2ʳ,40 par jour? Combien avec cette somme peut-il acheter de Kg de pain à 0ʳ,35?

607. Un épicier achète un baril de harengs pesant net 21ᴷᵍ,785 pour 24ʳ,85. Il trouve que 12 de ces harengs pèsent 1ᴷᵍ,260. Que doit en contenir le baril? A quel prix lui revient le hareng et que doit-il le vendre pour gagner 25 pour 0/0?

608. Dans un hiver de 68 jours, un bûcheron a fait 1250 bourrées à 5ʳ,50 le cent, 576 cotrets à 9ʳ le cent, 121 bottes d'écorce à 105ʳ le cent; total .... Quel est le gain moyen d'une journée (Compte en ordre)?

609. Facture d'un marchand de vaisselle (achevez-la).

S douzaines d'assiettes creuses à » la douzaine. 14ʳ,40
16 — plates à » . . . . 28 ,00
1 douzaine et demie de plats creux à » la pièce . . . . 6 ,30
48 gobelets à » le cent. . . . . . . 7 ,20
                                     Total. . . . . —

610. Transcrivez et complétez la facture suivante :

» Kg de ficelle à 1ʳ,80 le Kg pour 11ʳ,52; » Kg de corde à 1ʳ,60 le Kg pour 3ʳ,28; » pelotes de petite ficelle à 0ʳ,90 la douzaine pour 1ʳ,35; et » longes à 0ʳ,45 pour 4ʳ,05 ; total :

611. Je paye comptant une facture de peinture (achevez-la).

Peinture jaune 7ᴷᵍ,100 à » 7ʳ,81
Blanc de céruse » Kg à 1ʳ,30. . . . 7 ,15
3 brosses à » . . . . . 6 ,90
1 pot. . . . . »
                          Total. 22ʳ,21
                Escompte : 2 pʳ 0/0. . . . . »
                          Prix net. . . . . . »

612. Une famille de 4 personnes a consommé dans une année : 1665ᴷᵍ de pain à 0ʳ,31..; 2194 litres de cidre à 20ʳ les 250 litres..; 182ᴷᵍ,500 de viande de porc à 0ʳ,65 le demi-kilo..; total..; Refaites le compte pour une personne 1º par an, 2º par jour.

613. Pour faire une pièce de toile de 70mèt. il a fallu : 14ᴷᵍ de fil de chanvre à 3ʳ,20 le Kg..; 8ᴷᵍ,750 de fil de coton à 0ʳ,85 le demi-kilo.. façon à 0ʳ,60 le mètre..; Total... (Refaites le compte pour 1 mètre.)

614. J'achète 210 bottes de foin de 9ᴷᵍ,500 à 4ʳ,50 les 50 Kg, et

187 bottes de paille à 52ᶠ les 104 bottes. Je paye comptant et on me déduit 2 p. 100.   Faites mon compte.

615. Mon tonnelier me remet le compte suivant :

1866. 24 mars, mise en bouteille d'une barrique de 224ˡ; net . . . 5ᶠ,00
 »   fourniture de » bouteilles de 0ˡ,70 à 22ᶠ le cent . »
 »   id.   » bouchons   à 2ᶠ,40   id.   »
 »   id.   » collets   à 7ᶠ,50 le mille »
 » Fourniture de 3 liasses de cercles de 25 chac. à 7ᶠ le c. »
 6 7ᵇʳᵉ   Soutirage de 16 pièces de vin à 0ᶠ,35. . . . »
                                   Total. . . . . . . »

616. Pour faire un mètre carré de couverture d'ardoises il faut : 56 ardoises moyennes à 30ᶠ le mille ; 9 lattes à 2ᶠ,75 la botte de 50 ; 60 clous à ardoises à 1ᶠ,40 le Kg de 800 ; 50 clous à lattes à 0ᶠ,75 le Kg de 400 ; 1 heure 1/2 d'ouvrier à 0ᶠ,30. Faites le compte et ajoutez 0ᶠ,1 du total pour le bénéfice du patron.   2ᵉ Compte pour 48 m. carrés. Refaites le compte de 48 m. carrés.

617. Un propriétaire expédie à Paris 1 panier de 480 pêches à vendre à la halle. On vend ses pêches moitié à 0ᶠ,25 pièce, l'autre moitié à 0ᶠ,20. Mais il débourse : 1° pour frais de vente, 3 p. 0/0 ; 2° transport 1ᶠ,80 ; 3° frais divers 1ᶠ,05. Que lui reste-t-il net et à quel prix est vendu en moyenne le cent de pêches.   (Compte en ordre.)

618. BOULANGERIE. *Compte d'une fournée de pain.*

Dépenses.		*Recettes.*	
100 Kg de farine à 64ᶠ,50 les 157 Kg.	»	48 pains de 3 Kg à 0ᶠ,37. . .	»
3 bourrées à 17ᶠ le 100. . . .	»	» décal. de charbon à 0ᶠ,15.	0ᶠ,18
Frais divers	0ᶠ,60	Total.	»
		Dépenses à déduire. . .	»
Total.	»	Bénéfice net.	»

619. Un marchand a fait faire 25 litres d'huile. Il a déboursé : 1° prix de 25 décal. de noix à 1ᶠ,20…; cassage des noix à 0ᶠ,15 le décal… fabrication de l'huile à 0ᶠ,15 le ˡ…; faux frais : 0ᶠ,45…   Il a obtenu 15ᴷᵍ,600 de tourteaux à 0ᶠ,25…; et 25 litres d'huile à 1ᶠ,65…; quel est son bénéfice. (Faites le compte par dépenses et recettes.)

620. *Vente d'œufs à Paris.* Un coquetier a fait vendre à Paris : 1° un panier de 1000 œufs, plus 4 au cent à 6ᶠ,50 les 104 ; 2° un autre de 500 plus 4 au cent à 8ᶠ les 104…   Il a acheté ces œufs, savoir :

50 EXERCICES D'ARITHMÉTIQUE.

65 douzaines à 0^f,65...; 29 douz. à 0^f,70, et 36 douz. à 0^f,75... Il a dépensé en outre: frais d'achat 8^f,50; transport à Paris 6^f,40; frais de vente 2 pour 0/0; pour mandat-poste 1 p. 0/0, plus 0^f,20 de timbre. Quel est son bénéfice? (Compte par dépenses et recettes.)

621. Un ouvrier ne peut réussir que s'il se rend un compte exact de ses affaires. Un maçon vient de faire un mur de refend de 18^{mc}; il trouve qu'il a employé: 99 menus à 0^f,72 pièce; 0^{mc},72 de mortier de chaux à 19^f,50; 45 heures pour tailler la pierre à 0^f,35; 54^h pour pose, bardage, etc... à 0^f,30. A quel prix lui revient ce mur. Qu'a-t-il employé par m et que doit-il le compter pour gagner 10 p^r 100.

622. Un fermier conduit 52 moutons à la foire et en vend 25 à 24^f,50 la pièce. Il a dépensé: 1° pour sa nourriture, 3^f,75; 2° pour nourriture des moutons 0^f,10 par tête; 3° plaçage, 5^f par cent; 4° faux frais, 6^f,50. Quel est le prix net de vente de chaque mouton. (Compte en ordre).

623. Un propriétaire voisin d'une rivière a fait transporter par eau à un marché situé à 42 kilom. de chez lui, 23 hectol. de blé pesant chacun 75^{kg} et l'a vendu 24^f,50 l'hectol. Voici le compte de ses déboursés: 1/2 journée de cheval à 4^f,50; 1/4 journ. d'homme à 2^f,80; frais et droits de navigation 0^f,20 par kilom. et par tonne (1000^{kg}); déchargement du bateau 3^f,50; coulage, perte 1/2^f p. 0/0 du prix de vente; commission du courtier 1^f,25 p. 0/0; droits de vente et de mesurage 0^f,15 par hectol. Total... Reste... Prix de revient net de l'hect...

624. *Dépense de main-d'œuvre pour fumer 100 ares.*
(50 m. cubes transportés à 1500 mètres).

TRAVAUX.	TRAVAIL fait par jour.	NOMBRES DE JOURNÉES.			TOTAL de la dépense.
		2 chev. à 10^f.	homme à 2^f,25.	femme à 1^f,25.	
Chargement....	1 h. ch. 15^{mc} (*)		»		»
Transport.....	2 ch. tr. 10^{mc}	»			»
Déchargement ..	1 b. déch. 40^{mc}		»		»
Épandage.....	1 f. épand 14me			»	»
Totaux...		»	»	»	»

(*) Lisez: 1 homme charge 15 mèt. cubes; 2 chevaux transportent; 1 homme décharge; 1 femme épand.

625. *Main-d'œuvre de travaux agricoles.*

NATURE DES TRAVAUX.	Travail fait par jour.	Journées par 100 ares. (à 0,01 près)	Prix des journées (à 2f,50).
Semailles des céréales.	300 ares.	»	»
Repiquage choux, colza, etc . . .	7	»	»
Fauchage céréales d'hiver.	60	»	»
—————— de printemps. .	70	»	»
Faucillage de céréales.	20	»	»
Fauchage de foin	70	»	»
—————— de fourrage vert	50	»	»

626. *Produit des planches (de 0^m,028 d'épaisseur) dans un bois de sapin.*

DIMENSIONS DES ARBRES.		Nombre de planches.	VALEUR		Déduire sciage à 0f,11 le mètre.	Produit net de chaque arbre.
tour.	hauteur.		des 12 planches.	de chaque arbre.		
0^m,83	2^m,33	30	6 fr.	»	»	»
1 ,00	2 ,66	49	7	»	»	»
1 ,17	2, 66	56	8	»	»	»
1 ,33	3 ,00	63	9	»	»	»
1 ,50	3 ,33	70	11	»	»	»
1 ,67	3 ,66	88	13	»	»	»
1 ,83	4 ,33	96	15	»	»	»

Abréviation du calcul.

MULTIPLICATION.

$$5 = 10 : 2 ; \quad 25 = 100 : 4 ; \quad 15 = 10 + 5 ; \quad 125 = 100 + 25 ;$$
$$75 = 100 - 25 ; 175 = 200 - 25.$$

Comment, d'après cela, abréger la multiplication d'un n, par 5, par

15; 150; 1,5; 0,15 : par 25; 2,5; 0,25; par 125; 1,25; 0,125; par 75; 7,5; 0,75; par 175; 1,75.

627. A 1^f,50 le mètre de toile, que coûtent 4^m,52; 3^m,68; 19^m,45?

628. Que coûtent 8^{Kg},5 de foin à 0^f,10; 9^{Kg},6 de trèfle à 0^f,05; 18^{Kg},50 de betteraves à 0^f,015?

629. A 0^f,15 le litre de cidre que valent 3^l,5; 7^l,5; 12^l,5; 17^f,5?

630. A 1^f,25 le Kg de bœuf, combien 3^{Kg},600, 2^{Kg},48, 0^{Kg},320?

631. A 10^f,20 le mètre de drap, que coûteront un gilet de 0^m,50 un pantalon de 1^m,25 et une redingote de 1^m,75?

632. A 1^f,75 le m. carré de treillis, combien 6^m,80; 100^m,75?

633. Un m. de fossé valant 0^f,125 combien 28^m,80; 60^m,40; 14^m,80?

634. Un journalier gagne 2^f,20 par jour, combien dans 15 jours, dans 1 mois, dans 7 jours 1/2?

635. Quand le litre de vin vaut 0^f,45, puis 0^f,55, puis 0^f,65, que vaut la barrique de 250 litres?

636. A 0^f,75 le cotret, combien 252, 350, 1872 cotrets?

637. Un boucher achète 2 veaux sur pied à 0^f,75 le Kg; le 1er pèse 72^{Kg},800, le 2e 80^{Kg},60; que doit-il?

638. A 1^f,75 le mètre d'alpaga, que coûtent 6^m,40; 3^m,60; 28^m,80?

639. Un décal. de blé pèse 7^{Kg},500. Quel est le poids de 15 décal., de 8, de 48 décal.?

640. J'achète 75^{Kg} de graine de chanvre à 28^f les 100^{Kg}; 125^{Kg} de lentilles d'Auvergne à 49^f,50 les 100^{Kg}, et 175^{Kg} de petit millet à 18^f,50 les 100^{Kg}. Faites mon compte.

641. Comment peut-on trouver simplement le produit d'un n. par chacun des suivants : 95; 96; 97; 98; 99;   991; 992, etc., jusqu'à 999. Multipliez par ces nombres les suivants : 587^f; 843^l; 5^{Kg},4876.

642. Certains nombres comme 3,1416 et 0,31831 sont employés dans un très-grand nombre d'applications comme multiplicateurs et diviseurs. C'est pourquoi il est utile d'avoir à sa disposition les produits de chacun de ces nombres par 1, 2, 3, ...7, 8, 9. Remplissez donc le tableau suivant :

Produits de 3,1416 par

1	2	3	4	5	6	7	8	9

643. Faites le même tableau pour 0,31831.

644. Avec ces tableaux, chaque multiplication par 3,1416 ou par 0,31831 se réduit à une addition. Trouvez le produit par 3,1416 de chacun des n. suivants 28,475 ; 3,5479 ; 0,85476 ; 0,003798.

645. Trouver de même les produits par 0,31831 de 54,876 ; 319,57 ; 4,2875 ; 0,8276.   (NOTA. *Voyez les applications du système métrique à la mesure des surfaces et des volumes.*)   3,1416 et 0,31831 sont employés dans les calculs qui concernent la circonférence, le cercle, et leurs parties, et tous les corps ronds.

DIVISION.

5 = 10 : 2 ; 50 = 100 : 2 ; 25 = 100 : 4 ; 125 = 1000 : 8. Comment peut-on, d'après cela, abréger la division d'un n. par 5, par 50, par 25, par 125.

646. A 0ᶠ,50 le mètre cube de terrassement, combien de m. c. pour 10ᶠ ; 8ᶠ,40 ; 2ᶠ,75 ; 48ᶠ,50 ; 192ᶠ ?

647. A 0ᶠ,25 le Kg. de farine de seigle, combien de Kg. pour 6ᶠ ; 8ᶠ,40 ; 0ᶠ,80 ; 0ᶠ,70 ; 5ᶠ,80 ; 19ᶠ ?

648. A 0ᶠ,20 le mètre courant de bordures, combien de mètres pour 20ᶠ ; 6ᶠ,40 ; 18ᶠ,50 ; 0ᶠ,75.

649. A 0ᶠ,30 les 25 aiguilles, combien 50 ; 100 ; 10 ; 1 ; 20 aiguilles ?

650. Dans 25 jours j'ai gagné 43ᶠ,75. Comb. par jour, par semaine de 6 jours ?

651. A 2ᶠ,50 les 50ᴷᵍ. de paille d'avoine combien le Kg., 25 bottes de 5ᴷᵍ, 75 bottes de 10ᴷᵍ ?

652. Quand la barrique de boisson de 250 litres revient à 17ᶠ,50, 12ᶠ,60 ; 9ᶠ,70, que vaut 1 litre ? Que valent 75ˡ, 125ˡ, 175ˡ ?

653. Une botte de 125 oignons a coûté 0ᶠ,20, que vaut le cent ?

654. 250 gerbes d'orge ont rendu 1125ˡ de grains. Comb. 100 g. ?

655. Achevez la facture suivante :

18ᵐ,40 de toile à 1ᶠ,25.	»
12ᵐ,10 de futaine à 0ᶠ,75.	»
25 m. de reps à »	55ᶠ,00
0ᵐ,20 de velours de soie à »	2,50
« m. de coton blanc à 2ᶠ,50.	32,50
Total.	»

656. Au moyen des tableaux demandés dans les Ex. 642 et 643 chaque division par 3,1416 ou par 0,31831 n'exige que des soustrac-

tions successives. Divisez par 3,1416 les nombres qui ont été multipliés par 0,31831 dans l'Ex. 645 (à 0,00001 près).

657. Divisez par 0,31831 ceux qui ont été multipliés par 3,1416
dans l'Ex. 644 (à 0,00001 près).

Au lieu d'un *demi Kilog.*, on dit souvent une livre, et au
lieu de 5 centimes (20ième du franc), on dit *un sou*. Indiquez
d'après cela *la relation qui existe entre le prix en francs de*
10 kilog. et le prix en sous du demi-kilog. ou livre. (*Petits*
problèmes à faire de tête).

658. A 1^f,20 le *kg.* de viande, combien de sous la livre?

659. Combien de sous la livre de beurre quand le *kg.* vaut 1^f,80;
2^f,10; 2^f,80?

660. A 2^f,45 le *kg.* de café, combien de sous la livre?

661. A 140 fr. les 100 *kg.* de chandelle, combien de sous la livre.

662. A 5^f,40 le quintal métrique (100 Kg). de luzerne, combien de
sous l'ancien quintal (100 livres)?

663. On donne 0^f,30 pour faire botteler 100 *kg.* de luzerne, combien de sous pour 50 *kg*?

664. Que vaut en fr. le *kg.* de suif quand la livre vaut 11 sous,
13^s; 12^s; 15^f; 18^f?

665. Que retire de fr. par 100 Kg un logeur qui vend 14 sous, 16^s,
18^s, la botte de foin de 10 livres?

666. A 18 sous, 24^s, 30^s la livre, combien de fr. 100^{Kg}. de laine?

667. A 45 sous les 100 livres de paille, combien de fr. les 100 Kg?

<h3 style="text-align:center">EXERCICES DIVERS SUR LES QUATRE OPÉRATIONS.</h3>

668. J'ai acheté par occasion pour une redingote 1^m,90 de drap
marqué 14^f,75 le mètre, et pour des chemises 38^m,40 de toile marquée
1^f,80 le m. On me fait une remise de 12 p. 0/0 sur le drap et de
15 p. 0/0 sur la toile. Faites ma facture aux prix réduits.
Combien chaque prix réduit vaut-il de centièmes du prix fort? Comment d'après cela le prix fort peut-il se déduire du prix réduit.

669. Mon frère a acheté de même à prix réduits 15^m,80 de soie
pour 109^f,20 et 8^m,50 de velours pour 60^f,69. On lui a fait 8 p. 0/0 de
remise sur la soie et 15 p. 0/0 sur le velours. Trouvez le prix fort par
m. (le prix marqué) de chaque étoffe et faites sa facture aux prix réduits et aux prix forts.

670. Un épicier a acheté en gros avec 20 p. 0/0 de remise sur les
prix de détail : 32^{Kg},400 de sucre à 1^f,12 (prix réduit); 15^{Kg},600 de

café à 2f,56 id. ; 19kg,800 de chocolat à 1f,54, idem ; 23kg,400 de bougie à 2f idem ; 57kg,840 de chandelle à 1f,28 id. ; 72kg,600 de savon à 0f,80 idem. Il vend aussitôt le tiers de ces marchandises à un client à 8 p. 0/0 de remise sur le prix de détail ; puis le quart à un 2e client à 6 p. 0/0 de remise, et enfin le reste au détail sans remise. Faites la facture du marchand en gros aux prix réduits, puis de même les factures pour les deux clients. Quel est finalement le bénéfice de l'épicier, 1° en tout ; 2° pour 100f déboursés.

671. Une maison de nouveautés se disant en liquidation prétend vendre à 30 p. 0/0 au-dessous des prix des autres maisons. Une personne curieuse s'enquiert du prix de certains articles semblables dans ce magasin, puis dans un autre ; les voici : drap, 13f,95 et 15f,50 le m. ; soie, 8f,50 et 8f,80 ; velours, 10f et 11f,20 ; orléans, 1f,50 et 1f,65 ; toile, 1f,60 et 1f,80. Quel est d'après cela le rabais réel p. 0/0 sur chaque article ?

672. Un marchand achète en gros pour 560f comptant divers articles sur lesquels on lui fait 20 p. 0/0 de remise sur les prix de détail. Il les revend au détail ; combien ces 560f lui ont-ils rapporté en tout p. 0/0 ?

673. Quel est en général le bénéfice *brut* p. 0/0 d'un commerçant qui achète en gros avec remise sur les prix de détail, 1° de 20 p. 0/0, 2° de 25 p. 0/0 ; 3° de 30 p. 0/0 ; 4° de 33 p. 0/0 (*).

674. Deux marchands achètent chacun pour 840f comptant avec 20 p. 0/0 de remise sur les prix de détail. Le 1er vend à ces prix et dans 3 mois renouvelle 3 fois cet achat. Le 2e pour augmenter sa clientèle vend à 5 p. 0/0 de rabais et renouvelle le même achat 5 fois dans 3 mois. Quel est au bout de ce temps le bénéfice de chacun ?

675. Résolvez la question précédente (Ex. 674) pour le cas où chaque marchand consacre en plus à chaque nouvel achat la moitié du bénéfice précédent.

676. Une société coopérative d'ouvriers achète en gros les objets de consommation courante qui sont cédés aux sociétaires avec les remises obtenues, réserve faite de 5 p. 0/0 pour les frais de gestion. Les marchands au détail vendent le sucre 1f,40 le Kg, le café 3f,20, l'huile 2f, la chandelle 1f,60, le savon 1f,10, et le pain 0f,40. Le gérant achète toutes ces denrées à 20 p. 0/0 de remise ou de rabais et le pain à 15 p. 0/0 seulement. Quels prix payeront les sociétaires ?

Combien gagne chaque mois à faire partie de la société précédente un ouvrier qui consomme en moyenne par mois 3kg,750 de sucre ; 2kg,750 de café 1kg,750 d'huile, 3kg,250 de savon, 3kg de chandelle et 105kg de pain ?

Refaites le compte pour une année. (Comptes en ordre.)

(*) Nous disons le bénéfice ʙʀᴜᴛ parce qu'il faut déduire de ce bénéfice proportionnellement les frais nécessités par le commerce.

677. La contribution mobilière sur les loyers d'habitation à Paris se paye comme il suit : sur les loyers de 250ᶠ à 499ᶠ, 3 p. 0/0 ; de 500ᶠ à 999ᶠ, 5 p. 0/0 ; de 1000ᶠ à 1499ᶠ, 7 p. 0/0 ; à partir de 1500ᶠ, 9 p. 0/0. Pour établir cette contribution, on diminue le loyer *constaté* du 5ᵉ de sa valeur et on impose le reste. Établissez d'après cela la contribution mobilière payée pour chacun des loyers constatés ci-après : 450ᶠ ; 600ᶠ ; 780ᶠ ; 875ᶠ ; 1000ᶠ ; 1100ᶠ ; 1400ᶠ ; 1600ᶠ ; 2500ᶠ ; 3250ᶠ ; 6000ᶠ (*).

678. Quels sont les loyers constatés des personnes qui, dans les conditions précédentes, payent 8ᶠ,64 ; 13ᶠ,20 ; 28ᶠ,80 ; 36ᶠ ; 44ᶠ ; 48ᶠ ; 78ᶠ,40 ; 100ᶠ,80 ; 144ᶠ ; 252ᶠ?

679. On m'a vendu à l'enchère 150ᵏᵍ de beurre pour 230ᶠ, et 75 douz. d'œufs pour 114ᶠ. Que me revient-il par Kg et par douz., puis en tout pᵣ chaque article déduction faite des 5 p. 0/0 de frais d'enchère?

680. Un libraire achète 78 volumes cotés 1ᶠ,25 avec une remise de 20 p. 0/0 et 13 pour 12. Faites son compte.

681. Un chef d'établissement achète à 25 p. 0/0 de remise sur le prix fort et 13 pour 12, un certain nombre de volumes dont le prix fort est de 1ᶠ,60. Il paye 57ᶠ,60 ; combien reçoit-il de volumes?

682. Au prix fort de 4ᶠ, si on obtient 20 p. 0/0 de remise et 14 pour 12, combien a-t-on de volumes pour 194ᶠ.

683. Un libraire fait venir par un commissionnaire qui lui prend 6 p. 0/0 de commission : 1° 72 exemplaires d'un ouvrage, du prix fort de 1ᶠ,50, avec 30 p. 0/0 de remise sans treizième ; 2° 52 exemplaires au prix fort de 2ᶠ, avec 25 p. 0/0 de remise et 13 pour 12 ; 3° 84 exemplaires au prix fort de 4ᶠ avec 20 p. 0/0 de remise et 14 pour 12. Faites la facture du commissionnaire?

684. Le libraire précédent, qui a payé environ 3 p. 0/0 de frais de port, cède à 13 pour 12 uniformément et 10 p. 0/0 de remise deux douzaines d'exemplaires de chacun des ouvrages précédents à un chef d'établissement et vend le reste au détail. Faites cette facture. Calculez son bénéfice final. Combien son argent lui a-t-il rapporté p. 0/0?

685. Un libraire achète à 30 p. 0/0 sans treizième et vend tout au détail. Combien son argent lui rapporte-t-il p. 0/0.

686. On offre à un libraire 37 p. 0/0 de remise totale sur le prix fort d'un livre ; il demande au lieu de cela 30 p. 0/0 et 13 pour 12 ; ce qui lui est accordé. Il paye alors 93ᶠ,60 pour 52 exemplaires. Trouvez le prix fort de l'ex., et dites si le libraire a gagné ou perdu en n'acceptant pas l'offre qui lui était faite. Quelle remise totale a-t-il eue p. 0/0?

687. On offre à un libraire 32 p. 0/0 de remise totale sans trei-

---

(*) Le plus souvent le loyer est déclaré verbalement et non constaté par acte authentique. Alors on paye sans déduction d'après le loyer déclaré.

zième; il préfère 25 p. 0/0 et le treizième en sus. Ce libraire sait-il bien calculer? On suppose le prix fort de 1ᶠ l'exemplaire.

688. On offre à un éleveur 364 moutons à 18ᶠ,50 pièce, et 4 p. 0/0 de remise ou bien 4 p. 0/0 en sus. Quel est le plus avantageux pour lui?

689. Les voyageurs en chemins de fer payent par tête et par kilom. (en 1ʳᵉ classe 0ᶠ,10, en 2ᵉ, 0ᶠ,075, en 3ᵉ, 0ᶠ,055, plus 0ᶠ,1 par fr. en sus pour le gouvernement). Les bagages excédant 30ᴷᵍ par personne payent uniformément 0ᶠ,36 plus 0ᶠ,1 par franc et par 1000ᴷᵍ et par kilom. Combien payera d'après cela pʳ chaque classe une famille de 4 personnes qui se rend à 476 kilom., avec 196ᴷᵍ de bagage.

690. Le vin à l'entrée de Paris paye pour l'octroi et les droits de l'état 18ᶠ par hectol. plus 0ᶠ,15 par fr. Le transport par petite vitesse coûte 0ᶠ,14 plus 0ᶠ,1 par franc et par tonne (1000ᴷᵍ) et par kilom. Combien revient à Paris une barrique de 2ʰᵉᶜᵗᵒˡ·,28 pesant brut 250ᴷᵍ acheté à raison de 32ᶠ l'hectolitre à 484 kilom. de Paris, le transport à domicile coûtant de plus 1ᶠ,50. Combien le litre (centième de l'hectol.)

691. Deux corps de logis sont, le 1ᵉʳ à 57ᵐ,25 d'un ruisseau de 7ᵐ,30 de large, le 2ᵉ à 83ᵐ,18 de l'autre côté. On veut faire dévier ce ruisseau de manière à le faire passer à égale distance des deux habitations; quelle sera cette distance?

692. On est convenu de payer à un paresseux 3ᶠ,60 pour chaque jour de travail à condition qu'il payera lui-même 0ᶠ,45 pour chaque jour de chômage. Après 36 jours, on règle son compte, et on trouve qu'il n'a rien à recevoir ni à payer? Combien a-t-il travaillé de jours, et combien de jours a-t-il chômé?

693. Un épicier achète du café à 2ᶠ,80 le Kg. Il veut vendre de manière à gagner sur 8ᴷᵍ le prix de vente du 8ⁱᵉᵐᵉ Kg. Combien doit-il vendre le Kg?

694. Une marchande achète de la toile à 2ᶠ,50 le mètre, elle veut la vendre de manière à gagner sur 28ᵐ le prix de vente des trois derniers? Combien doit-elle vendre le mètre?

695. 3ᴷᵍ,800 de thé coûtent 34ᶠ,20; 15ᴷᵍ,500 de sucre, 20ᶠ,15; 17ᴷᵍ,250 de bougie, 41ᶠ,40. Ma mère achète le même nombre de Kg de ces trois marchandises pour 97ᶠ,10. Quel est ce nombre de Kg?

696. Un cultivateur a récolté 4ᴴᵉᶜᵗᵃʳ,85 plantés en blé. On suppose que chaque hectare produit 227 gerbes, qu'il faut 20 gerbes pour 10 décal. de grain et 115 gerbes pour 5 quintaux de paille. Quelle est la valeur de la récolte à raison de 3ᶠ,25 le double décal. de blé et de 4ᶠ,25 le quintal de paille?

697. Un marchand achète 12 boîtes de 144 plumes pour 7ᶠ,20.

Combien doit-il donner de plumes pour 0ʳ,05, s'il veut gagner 50 p. 0/0?

698. Un Auvergnat achète 10 décal. de marrons à 2ʳ,75. Pour plus de sûreté, il compte ses marrons et en trouve 1650 par double décal. Combien doit-il donner de marrons pour 0ʳ,05 pour gagner dessus 0ʳ,02?

699. Un quincaillier achète des clous à 1ʳ,28 le Kg. Il en compte 82 par demi-Kg, et il veut gagner 0ʳ,01 par vente de 0ʳ,05. Combien doit-il donner de ces clous pour 0ʳ,05?

700. Un marchand a acheté à un fabricant de Langres 420 couteaux à 21ʳ,60 la grosse de 12 douz. et on lui a donné 7 pour 6. Il vend ces couteaux 0ʳ,30 pièce. Combien gagne-t-il par couteau. Combien p. 0/0 sur ses déboursés?

701. Une machine bat 45 gerbes par jour et fonctionne 9 heures par jour. Le maître qui reçoit une gerbe pour 18 battues a gagné 84ʳ chez un propriétaire. Trouvez combien la machine a battu de gerbes et pendant combien de jours elle a fonctionné, sachant que 6 gerbes produisent 1 double décalitre de blé valant 1ʳ,60 le décalitre.

702. Un laboureur propose à un vigneron de lui livrer 125 doubles décalitres de blé qu'il estime 3ʳ,15, mais qui ne vaut en réalité que 2ʳ,85, pour du vin qui se vend 23ʳ,75 l'hectolitre. Combien le vigneron doit-il surfaire son vin pour ne rien perdre, et combien doit-il en livrer?

703. Deux ouvriers ont gagné 26ʳ,10 en 6 jours; le premier gagne 45 p. 0/0 de plus que le 2ᵉ. Combien chacun gagne-t-il par jour?

704. Deux ouvriers, qui ont travaillé le 1ᵉʳ, 18 jours et le 2ᵉ, 25j, ont gagné ensemble 167ʳ,50. Si le 1ᵉʳ avait travaillé comme le 2ᵉ, ils auraient gagné ensemble 193ʳ,75. Comb. chacun a-t-il gagné par jour?

705. Un père pour 20 j. et son fils pour 24 j. ont reçu ensemble 162ʳ. Une autre fois, 25 journées du père et 24 du fils ont été payées 184ʳ,50. Combien chacun gagne-t-il par jour?

706. On occupe une 1ʳᵉ fois un homme pendant 13 jours et sa femme pendant 7 jours et on les paye 40ʳ,20. Une autre fois, on donne 45ʳ,60 pour 9 journées du mari et 21 journées de la femme. Combien chacun gagne-t-il par jour?

707. Pour faire 1820ᵐ de fossé un propriétaire a à sa disposition: 1° 3 ouvriers qui creuseraient à eux trois le fossé en 30 jours; 2° 4 ouvriers qui le creuseraient en 25 jours; 3° enfin 10 ouvriers pouvant le creuser en 15 jours. Étant pressé, il emploie tous ces ouvriers à la fois. En combien de temps ce fossé sera-t-il creusé? Combien chaque ouvrier recevra-t-il si le fossé est payé 12ʳ,50 les 100 mètres?

708. Un boulanger suppose que 10 décal. de blé rendent 55ᴷᵍ en farine et que la valeur du son le rembourse de ses faux frais. Il compte que 0ᴷᵍ,730 de farine donnent 1 Kg de pain et que les frais de cuisson et son bénéfice doivent être de 0f,10 par Kg. Combien doit-il payer le double décalitre de blé quand le pain se vend 0f,30 le Kg?

309. Un cultivateur vend son blé 28f,50 les 100Kg et le livre au double décalitre en donnant en sus 4 au cent. Le double décalitre pèse 15Kg et le cultivateur en livre 364; combien doit-il recevoir?

310. Un père et son fils possèdent ensemble 936f. L'avoir du fils vaut les 0,30 de celui du père. Quel est l'avoir de chacun?

311. Un ouvrier, sa femme et son fils ont reçu à eux trois 183f,96 pour 25 journées du mari, 18 de la femme et 21 du fils. Le gain journalier de la femme vaut les 0,75 de celui du mari, et le gain du fils les 0,80 de celui de la mère. Trouver le gain journalier et le gain total de chacun?

312. Un ouvrier ne travaille pas le lundi et dépense en outre ce jour-là 2f,50 à s'amuser. Il perd ainsi chaque année 292f,40 que, mieux avisé, il aurait pu économiser et mettre à la caisse d'épargne. Combien gagne-t-il par jour?

313. J'ai acheté pour 65f,60 des quantités égales de 3 étoffes; la 1re à raison de 2f,75 les 5 mèt., la 2e de 6f les 8m et la 3e de 8f,40 les 12m. Combien ai-je acheté de mèt. de chacune?

314. Ma cousine a acheté pour 425f de toile à 2f,50 le mèt., du drap à 15f, et de la soie à 7f,50. Elle a acheté 4 fois plus de m. de toile que de drap et trois fois plus de drap que de soie. Combien a-t-elle acheté de mètres de chaque étoffe?

315. Pour 20 jours de travail, 24 ouvr. ont reçu ensemble 1750f. Chacun des 9 premiers a gagné autant que chacun des 15 derniers. Combien chacun a-t-il gagné par jour?

316. Une ferme a une superficie totale de 120 hectares dont les 0,80 en terres labourables partagées en trois soles égales. On suppose 1° que la récolte en blé est de 9 hectolitres par hectare et de 100Kg de paille par hectol. de grain; 2° que l'avoine produit 13 hectol. par hectare et 35Kg de paille par hectol. de grain. Trouver la valeur de la récolte en blé et en avoine à raison de 15f l'hectol. de blé, de 6f,25 l'hectol. d'avoine, et de 4f le quintal de l'une et l'autre paille?

316 bis. Un litre d'eau de mer pèse 1Kg,026 et contient environ 2,5 p. 0/0 de son poids de sel. Dans combien de litres d'eau de mer y a-t-il 30Kg de sel? Combien faut-il ajouter de litres d'eau douce à cette quantité d'eau de mer pour qu'elle ne contienne plus que 1 p. 0/0 de son poids de sel? (1l d'eau douce pèse 1Kg.)

SYSTÈME MÉTRIQUE.

Préliminaires.

ABRÉVIATIONS EMPLOYÉES *indispensables à connaître, et auxquelles les élèves doivent d'ailleurs s'habituer immédiatement.* m, mètre; mq, mètre carré; mc, mètre cube. a, are; l, litre; g, gramme. Devant le nom de l'unité principale, M signifie myria; K, kilo; H, hecto; D, déca; d, déci; c, centi; m, milli. Exemples: Mm, myriamètre; Km, kilomètre; dm, décimètre. Voyez le 1er tableau de la page 96 de l'arithmétique n° 3. Nous emploierons dès à présent ces abréviations.

EXERCICES PRÉPARATOIRES.

717. Dans un nombre de m, que représentent le 2e, le 3e chiffre à droite de la virgule, le 3e et le 4e à gauche.

718. Dans un nombre de Kg que représentent le 2e, le 4e, le 6e chiffre après la virgule?

719. Dans un nombre d'unités principales, quels chiffres représentent les dm, les Ha, les Kg, les Mm, les dst, les cg, les mm, les Km.

720. Dans les nombres : 40907^{gr},087 ; 10004^m,07, quelles sont les unités métriques présentes; lesquelles sont absentes?

721. Un propriétaire vient d'acheter 216^m,40 de palissades; 206^a,35 de terre; 43st,25 de bois fendu ; 425^l,35 de vin, et 79654^{gr},08 de farine. Lisez ces nombres, chiffre à chiffre, de gauche à droite, en nommant les unités métriques que chacun représente.

722. Un fermier a creusé 4217^m,45 de drains, labouré 827^a,08 de terre, acheté 12st,24 de souches, fait 9476^l de cidre et 12548^{gr}. de beurre. Lisez ces n., chiffre à chiffre, de droite à gauche, en nommant les unités métriques que chaque chiffre représente.

723. Dites, puis écrivez en unités principales la valeur de chacune des parties des quantités suivantes, puis du tout. Un propriétaire a planté 4^{Hm}, 6^{Dm}, 9^m, 5 dm, 8 cm de haies; 1^{Ha}, 4^a, 6^{ca} de maïs; récolté 4^{Hl}, 7^{Dl},8^l, 5^{dl}, 7^{cl} d'avoine ; 3^{Dst}, 8st, 5^{dst} de bûches ; 5^{Kg}, 8^{Hg}, 7^{Dg}, 8^g de chanvre fin, et 9^{Kg},7^{Dg}, 8^{cg} de bon miel.

724. Dites, puis *écrivez* le nombre d'unités métriques de *chaque* ordre usité contenu dans les nombres suivants: 10000^m,000 ; 10000^{Dg},0000 ; 100^{Hl},0000 ; 70^{Kg},000000; 4^{Mm},0000000; 10000^{dl},00; 600000^{cg},0. Montrez qu'il suffit de transporter la virgule après chacun des zéros en changeant convenablement le nom de l'unité.

Petits problèmes d'application.

Avis important. Dans chacun des exercices suivants, les opérations proposées se feront 1° sur les quantités données telles qu'elles sont, 2° sur les quantités converties en unités principales de l'espèce.

On vérifiera chaque fois si la 1re valeur trouvée est égale à la seconde.

725. Une marchande a 3 coupons de drap ; le 1er a $2^{m}4^{dm}3^{cm}8^{mm}$; le 2e, $4^{m}2^{dm}5^{cm}3^{mm}$; le 3e, $1^{Dm}6^{m}2^{dm}5^{cm}$. Total des 3 coupons....

726. J'ai 4 champs : le 1er a $3^{Ha}4^{a}$; le 2e, $6^{Ha}8^{a}17^{ca}$; le 3e, $10^{a}4^{ca}$; le 4e, $6^{Ha}12^{a}8^{ca}$. Total de ma propriété.

727. On rentre 3 charretées de bois ; la 1re de $4^{st}3^{dst}5^{cst}$; la 2e de $5^{st}4^{cst}$; la 3e de $3^{st}9^{dst}$; total rentré.

728. On emplit 3 fûts de vin ; le 1er contenant $2^{Hl}4^{Dl}5^{l}6^{dl}$; le 2e, $2^{Hl}3^{Dl}4^{l}6^{cl}$; le 3e, $9^{Dl}5^{dl}$. Contenance totale.

729. J'ai 3 timbales d'argent, la 1re pèse $2^{Kg}6^{Dg}8^{g}5^{dg}$; la 2e, $1^{Hg}5^{g}5^{cg}$; la 3e, $9^{Dg}6^{dg}7^{cg}$. Poids total....

730. Un cantonnier a $8^{Hm}6^{Dm}3^{m}5^{dm}$ de fossé à faire. Il a déjà creusé $2^{Hm}7^{Dm}5^{m}4^{dm}$. Reste à faire....

731. Un faucheur doit couper un champ de blé de $1^{Ha}2^{a}8^{ca}$. Il coupe dans un jour $57^{a}19^{ca}$. Reste pour le lendemain...

732. Je brûle par an 1 $D^{st}2^{st}$ de bois. J'en ai déjà $6^{st}3^{dst}5^{cst}$. Reste à acheter....

733. Pour remplir une barrique de boisson de $2^{Hl}5^{Dl}$, on a mis $5^{Dl}413^{dl}$ d'eau. Que contenait-elle d'avance ?

734. Une pièce de 5 fr. qui doit peser $2^{Dg}5^{g}$, ne pèse plus que $2^{Dg}2^{g}4^{cg}2^{mg}$. Perte à l'usure ...

735. La toise ancienne a $1^{m}9^{dm}4^{cm}9^{mm}$. Dites la longueur de 18 °.

736. Un attelage a labouré $40^{a}7^{ca}$ dans 1 jour ; combien dans 15 j. ?

737. $1^{Ha}6^{a}$, a donné en moyenne par are : 31^{14dl} de grains et $52^{Kg},6^{Dg}$ de paille. Quel est le rendement total ?

738. Dans 1/4 d'heure, un attelage a creusé 5 sillons de chacun $1^{Hm}4^{Dm}6^{dm}$. Quel est le chemin parcouru par minute ?

739. Une pochée de pommes de terre de $1^{Hl}8^{dl}$ pèse $6^{Mg}5^{Kg}5^{Hg}2^{Dg}$. Que pèse 1 litre en grammes ?

DU MÈTRE.

CALCUL MENTAL.

740. Combien de *m.* de fil, dans 4^{Dm}; 21^{Hm}; 17^{Km}; 30^{dm}; 500^{mm}?

741. Combien de Dm de fossé dans 6^{Mm}; 21^{Km}; 270^{Hm}; 914^{m}?

742. Combien de *cm* de tulle dans 8^{m}; 5^{Dm}; 16^{Hm}; 250^{dm}?

743. Dans 16^{Hm} d'allée, combien de Km, de Dm, de *dm*, de *cm*?

744. A 2^f le *m* de route, combien 1^{Dm}; 1^{Km}; 1^{Mm}; 1^{dm}; 8^{Dm}?

745. A 0^f,5 le *dm* de soie, combien 4^{m}; 1^{Dm}; 1^{cm}; 7^{cm}?

746. A 0^f,07 le *cm* de velours, combien 1^{m}; 2^{dm}; 1^{Dm}; 6^{mm}?

747. A 9^f le Dm de palissade, combien 1^{Hm}; 2^{Km}; 4^{m}; 8^{dm}?

748. A 200^f le Km de tranchée, combien 1^{Hm}; 4^{Km}; 8^{m}; 5^{Mm}?

749. Quand le *m* de ganse coûte 0^f,40, combien de *dm* pour 0^f,20, de *cm* pour 0^f,80?

750. A 0^f,03 le *cm* de frange, combien de *cm* pour 0^f,90; de *m* pour 0^f,60?

751. Dans 3 heures, j'ai fait 12^{Km}; combien de Km, de Dm à l'h.?

752. Combien 1^{m} vaut-il de 1/2 *m*; de 1/2 *dm*, de doubles *dm*?

753. Combien dans 1/2 Dm de corde, y a-t-il de *cm*, de doubles *dm*, de 1/2 *m*? (Lisez *demi-mètre*.)

754. A 0^f,35 le 1/2 *m* d'indienne, combien 1/2 *dm*, 2 doubles *m*, 1/2 Dm?

755. A 0^f,20 le *m* de dentelle, combien de double *dm* pour 1^f,00; de 1/2 *m* pour 0^f,30?

756. *Hauteurs de quelques montagnes.* : Mont-Blanc, 4^{Km},810; Mont-Rose 463^{Dm},6 ; Mont-Perdu 33^{Hm},51 ; Mont-Dore 1^{Km},886. Lisez ces hauteurs en *m*, Dm, Hm, dm?

756 bis. *Longueurs des principaux fleuves* : Le Rhin, 1300^{Km}; la Loire, 11260^{Hm}; la Seine, 80^{Mm}; la Gironde, 8000^{Hm}; le Rhône, 81^{Mm},200. Lisez ces longueurs en *m*, Hm, Mm, Dm?

757. *Distances des villes principales* : Paris à Lyon, 466^{Km}; Paris à Strasbourg, 46^{Mm}; Paris à Bordeaux, 50000^{Dm}; Lille à Marseille 104^{Mm},9. Lisez ces longueurs en *m*, Dm, dm, Km?

758. A 1^{m} par minute, combien de min. pour faire 17^{Km} 5^{Hm} 3^{Dm}?

759. A 2^f,35 le Dm de drainage, combien le Km, le Mm, le *m*?

760. Je gagne 21^f,50 par Hm de fossé, combien par Km, par *m*, par Dm?

Petits problèmes d'applications.

761. Une dame porte 4 rubans à la teinture : le 1er a 1^{m}4^{cm}; le

2e 9dm, le 3e 2m7mm; et le 4e 3dm6mm. Quelle est leur longueur totale? Que doit-elle à 0f,30 le m.?

762. Un journalier a 1Km7m d'allée à faire. Il a déjà 8Dm8m de faits. Que lui reste-t-il de m à terminer? Que coûtera l'allée à 45f l'Hm?

763. Pour une blouse d'enfant il a fallu 19dm d'orléans et 60cm de doublure. Combien de m. de chaque étoffe pour faire 9 blouses semblables?

764. Que gagne en 6 jours, un draineur qui pose par j. 150m de tuyaux de drainage à 1f,50 l'Hm. Combien de m. doit-il faire pour gagner 4f,50?

765. Un cultivateur a commencé à 9h 20min du matin à rouler un champ contenant 52 raies de 8Dm6m. Il roule 2 raies à la fois et fait 51m de chemin par minute. A quelle heure aura-t-il fini?

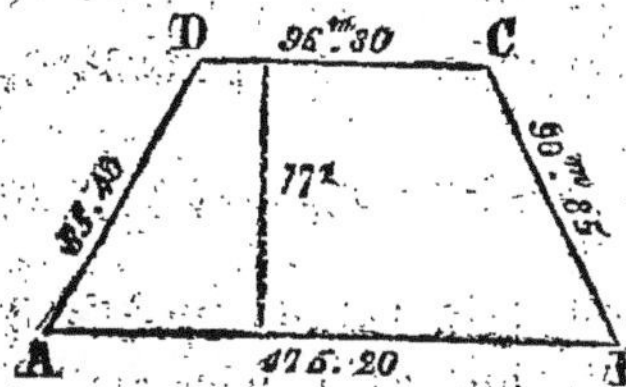

766. Pour curer le fossé entourant le terrain ci-contre, un journalier a employé 15 jours. Il avait 0f,075 du mètre courant. Que faisait-il de mètres et que gagnait-il par jour?

767. On a planté ensuite une haie double d'aubépine autour de ce terrain, en espaçant de 0m,13 les plants qui ont coûté 4f,50 le cent. L'ouvrier a été payé 0f,22 par Dm. Faites le compte de la dépense?

768. *Voyages en chemin de fer.* Les voyageurs payent en moyenne par Km: en 1re classe 0f10, en 2e classe 0f,075, en 3e classe 0f,055, plus 0f,1 en sus pour le gouvernement. Quelle serait en moyenne pour chaque classe le coût d'un voyage de 18Mm, id. de 154Km.

769. *Transports par chemin de fer.* De Nantes à Paris, il y a 43Mm, de Marseille, 833Km, et le blé paye 0f,015 par 1000 Kg et par Km; les frais de chargement, de déchargement et autres sont de 0f,30 par Hl. A quel prix revient 1Hl de blé de 75Kg, transporté, 1° de Nantes à Paris? 2° de Marseille à Paris? (1)

770. Deux voisins font planter sur une longueur de 112m,50, une palissade en échalas. Voici le compte de la dépense, achevez-le:

« échalas (espacés de 0m,09) à 2f,80 la botte de 50 »
« pieux (1 de 2 en 2m) à 0f,15 »
« Kg fil de fer n° 8 (1m pèse 0Kg,009 et il y en a 2 rangs) à 0f,65 »
« 6 journées d'homme à 2f,25 »

Total »

Dépense de chacun »

---

(1) Pour payer moins cher, on doit demander l'application du tarif spécial aux céréales.

771. Un propriétaire veut remplacer par des fils de fer les échalas qu'il met dans sa vigne. Il y a 19 rangées de ceps de 156^m chacune. Il mettra 2 rangs de fil de fer n° 18 pesant 0^{Kg},111 le m, et valant 0^f,65 le Kg ; puis aux extrémités de chaque rangée un fort poteau de 0^f,50 ; enfin un gros pieu de 3 en 3^m, coûtant 15^f le cent. Il doit compter par rang 1 journée d'homme à 2^f,25. Faites le compte de sa dépense.

772. On a bordé de franges, valant 0^f,25 le m, 2 rideaux ayant chacun 4^m,80 de haut, sur 8^{dm} de large. L'ouvrier a employé 1 journée 1/2 à 1^f,50, et 0^f,10 de fil. Faites le compte de la dépense.

773. RAPPORT DES PLANS. Quelle est en m la longueur réelle d'une ligne ayant 48^{mm} sur un dessin construit à l'échelle de 0,1 (1^{dm} par m.) ; de 0,01 (1^{cm} par m.) ; de 0,004 (4^{mm} par m), de 1 m par 1500 m.

774. Un maître ouvrier veut dessiner à 0,2 (2^{dm} par m), la figure de l'Exerc. 830 ; quelle longueur donnera-t-il à chaque ligne ?

775. On a besoin de refaire en plus grand à l'échelle de 0^m,05 le plan ci-contre déjà fait à l'échelle de 0^m,004 de la maison d'un journalier. Les mesures sont indiquées ici en mm. Quelles longueurs faut-il mettre à la place de celles-là ? *Le 4 et le 3*

A cuisine.
B, C ch. à coucher.
D buanderie.
E cellier.
f serre-bois.
o latrines.

près du D *sont séparés.*

MESURES DE SURFACE.

CALCUL MENTAL.

776. Dans un jardin de 48^a, combien de Dmq, mq, ca, dmq, mmq ?

777. Dans 8^{Ha} de terre, combien d'Hmq, Dmq, a, mq, ca, dmq ?

778. Un champ de carottes a 2^{Hmq} ; combien d'Ha ; Dmq ; a ; dmq ?

779. Combien de dmq de peinture dans 7^{mq}, 145^{cmq}, 3Dmq, 1550^{mmq} ?

780. Combien d'ares ou Dmq de vigne dans 3^{Ha}, 175^{mq}, 7^{Hmq}, 200^{ca} ?

781. Combien de dmq, cmq, mmq dans 0^{mq},1 ; 0^{mq},01 ; 0^{mq},001 ?

782. A 5^f le mq de vitrerie, combien 1^{dmq} ; 4^{dmq} ; 1^{cmq} ; 10^{dmq} ?

783. A 0^f,40 le mq de terre, combien 2^{ca} ; 1^a ; 3^a ; 2Dmq ; 50^{dmq} ; 25^{dmq} ?

784. Un are de bois vaut 20^f, combien 2^{Dmq}, 1Ha, 3Hmq, 1^{ca}, 4^{mq} ?

785. On sème par Ha, 170^l de blé, 270^l d'avoine ; combien de semence par a, par ca, par Dmq ?

786. On plante par ca, 6 betteraves, 9 pommes de terre, 4 pieds de maïs ; combien par a, Dmq, Hmq, 8^{mq} ?

787. En mettant 4 grains de blé par dmq, combien par ca, a, Ha ?

788. A 3^f,50 le mq de porte combien 0^{mq},1 ; 6^{dmq} ; 0^{mq},01 ; 1^{cmq} ?

789. Dans 2ᵃ on a eu 80ˡ d'orge; combien par Dmq, Ha, ca?

790. On met 60000ᴷᵍ de fumier dans 3ᴴᵃ, combien cela fait-il par Hmq, a, mq, 10ᶜᵃ?

EXERCICES PRÉPARATOIRES.

791. La France a une surface de 5424ᴹᵐq. Quelle est sa surface en Kmq, Hmq ou Ha, Dmq ou a, mq ou ca, dmq?

792. Elle a ensemencé, en 1865, 6891400 Ha de blé; combien cela fait-il d'Hmq, a, ca, Dmq, mq, Kmq, Mmq?

793. Dans une terre de 178ᵃ,4 combien d'Ha, ca, Hmq, Dmq, mq?

794. On donne 85ᶠ,50 pour façonner 1ᴴᵃ de vigne; que donnera-t-on pour 1ᴰᵐq; 1ᵐq; 20ᵃ; 75ᶜᵃ?

795. Un menuisier fait 3 croisées; la 1ʳᵉ de 2ᵐq 7ᵈᵐq; la 2ᵉ de 2ᵐq 8ᵈᵐq 7ᶜᵐq; la 3ᵉ de 2ᵐq 9ᶜᵐq. Combien de mq a-t-il fait en tout? Que lui est-il dû à 7ᶠ,50 le mq?

796. Un scieur de long doit fournir 75ᵐq de planches; il en a déjà livré 12ᵐq 8ᵈᵐq 7ᶜᵐq. Que doit-il encore livrer?

797. Que gagne par jour un ouvrier couvreur qui fait 9ᵐq 8ᵈᵐq 5ᶜᵐq à 0ᶠ,52 le mq?

798. A 0ᶠ,75 le mq, combien coûtera la peinture de 3ᵐq 9ᵈᵐq 18ᶜᵐq?

799. Un ouvrier a 2ᶠ,75 par mq de taille de pierre dure. Que doit-il tailler de dmq pour gagner 3ᶠ,50 par jour?

800. Pour faire 4ᵐq 4ᵈᵐq de plafond sur lattes jointes, on a employé 97 lattes, 404ᵍ de pointes, 0ᴷᵍ,202 de plâtre et 1ʲ,1 de travail. Combien par mq?

801. Sur une surface de 0ᵐq,000005 la peau humaine contient environ 1440000 pores. Combien en contient la peau d'un homme de moyenne taille dont l'étendue est à peu près 1ᵐq?

802. Je veux ensemencer 3 terrains en luzerne; le 1ᵉʳ de 1ᴴᵃ79ᵃ; le 2ᵉ de 21ᵃ0ᶜᵃ; le 3ᵉ de 1ᴴᵃ79ᶜᵃ. Quelle est l'étendue des 3 terrains? Que me faudra-t-il de graines pour chacun à raison de 20ᴷᵍ par Ha?

803. J'ai acheté une terre de 3ᴴᵃ 9ᵃ 12ᶜᵃ à 14ᶠ l'are. Que dois-je? Je paye comptant 2500ᶠ. Que dois-je encore?

804. 105 ares de terre sont affermés 40ᶠ. Combien l'are, l'Ha?

805. Dans un champ de 1ᴴᵃ4ᵃ, j'ai récolté 550 bottes de paille de 10ᴷᵍ et 33ᴴˡ de blé de 75ᴷᵍ. Combien l'Ha a-t-il rendu de Kg de paille et de Kg de grains. Que vaut toute la paille à 4ᶠ,25 les 100ᴷᵍ et tout le grain à 30ᶠ le sac de 120ᴷᵍ?

805 bis. *Compte d'un journalier* (achevez-le).

12 juin	fauché	2ᴴᵃ,8 de pré	à 12ᶠ	l'Ha	»
1ᵉʳ juillet	id.	125ᵃ,8ᶜᵃ de trèfle	à 12ᶠ	l'Ha	»
7 août	id.	4ᴴᵃ,5 de blé	à 0ᶠ,11	l'a	»
8 octobre	id.	4ᴴᵃ,62 de chaume	à 9ᶠ,50 les 66ᵃ		»
		Total.			»

4.

Problèmes.

Avis. *Toutes les surfaces suivantes sont des rectangles et se mesurent en multipliant les deux dimensions (la longueur par la largeur). Le produit exprime des mq.* Tous les comptes doivent être disposés avec ordre. Les élèves devront, autant que possible, reproduire à l'occasion les FIGURES sur leurs devoirs. Cet avis s'applique à toutes les questions de ce recueil.

806. Dans un champ de 154ᵐ de long sur 68ᵐ de large, combien de mq, d'a, d'Ha, de ca?

807. Le verre à vitres se vend par caisses de feuilles assorties dans les 6 dimensions suivantes : 0ᵐ,69 sur 0ᵐ,54, 0ᵐ,75 sur 0ᵐ,51, 0ᵐ,81 sur 0ᵐ,48 0,84 sur 0ᵐ,45, 0ᵐ,90 sur 0ᵐ,42, 0ᵐ,96 sur 0ᵐ,39. Quelle est en dmq la surface de chaque feuille?

808. Chaque page de ce livre a 0ᵐ,169 de long sur 0ᵐ,108 de large. Quelle en est la surface en cmq. Quelle est en mq celle des 120 premières pages?

809. On vend pour 39ᶠ une terre de 86ᵐ,20 de long sur 44ᵐ,60 de large. Que lui manque-t-il?

810. Que contient de mq une croisée de 1ᵐ,70 sur 1ᵐ,40. Que vaut-elle à 7ᶠ,50 le mq?

811. Un journalier a bêché un jardin de 38ᵐ,70 de long sur 47ᵐ,40 de large. Que lui est-il dû à 0ᶠ,75 l'are?

812. Une charrue trace un sillon de 0ᵐ,25 de large. Que fera-t-elle de chemin pour labourer un Ha?

813. Dans une planche de pois de 12ᵐ,40 sur 1ᵐ,80 on a récolté 67ˡ de grains. Quelle est la surface de la planche? Qu'a rapporté 1ᵐᑫ; 1ᵃ?

814. On demande par Ha la longueur des lignes de pommes de terre séparées de 0ᵐ,75. Si chaque tubercule est ensuite espacé de 0ᵐ,40 combien en faudra-t-il?

815. Un hectare de betteraves est planté en lignes espacées de 0ᵐ,40 en tous sens. Que doit peser en moyenne chaque betterave pour qu'on récolte 30000 Kg?

816. On veut semer 200 Kg de guano à l'Ha en lançant 2 jets d'engrais par chaque pas de 0ᵐ,80 sur 4ᵐ de large. Combien de poignées jettera-t-on? Que faut-il semer par poignée?

817. On plante en choux un terrain de 120ᵐ sur 84ᵐ, en espaçant chaque plant de 0ᵐ,50 en tous sens. Faites le compte de la dépense, les choux valant 5ᶠ le mille, et la plantation coûtant 12ᶠ l'Ha?

818. Pour faire 1ᵐᑫ de carrelage, il faut : 39 carreaux de 0ᵐ,16 de côté à 55ᶠ le mille; 0ᵐ,035 de mortier de chaux à 19ᶠ,50; 2 heures de main d'œuvre à 0ᶠ,25. Quel est le prix de revient du mq?

819. On a carrelé ainsi une chambre de $6^{m},40$ sur $5^{m},80$. Refaites le compte détaillé de la dépense.

820. *Compte d'un paveur.* Pavage d'une cour de $4^{m},60$ sur $6^{m}50$ à $0^{f},95$ le *mq*; fourni 540 pavés à 18^{f} le cent; id. 4^{mc} de mortier de chaux à 13^{f} le *mc*. Total....

821. *Compte d'un couvreur.* Fait une couverture de $6^{m},20$ sur $12^{m},30$, à 0^{f} 65 le *mq*; fourni 3810 tuiles moyennes à 22^{f} le mille; *id* 11 bottes 1/2 de lattes à $2^{f},75$ la botte; *id* $4^{Kg},750$ de clous à lattes à $0^{f},90$ le *Kg*. Total....

822. Un journalier a mis 60 jours pour arracher une vigne de $114^{m},20$ sur $52^{m},10$, à raison de $1^{f},50$ l'*a*. Que gagnait-il par jour?

823. *Compte d'un menuisier.* Un menuisier a acheté 37 planches de chêne de $4^{m},20$ sur $0^{m},35$, à 3^{f} le *mq*; 12 madriers de chêne de $3^{m},50$ sur $0^{m},67$, à $6^{f}50$ le *mq*. Que doit-il?

824. *Compte d'un maçon.* Pour faire le torchis d'une écurie de $8^{m},20$ sur $3^{m},50$, il a fallu : 690 barreaux à $1^{f},30$ la botte de 50; $1^{mc},44$ de terre à $2^{f},50$ le *mc*; 18 bottes de foin de 10^{Kg} à $4^{f},50$ les 100^{Kg}; 2 journées 1/2 de 12 heures à $0^{f},25$ l'heure. Total de la dépense?

Refaites le compte détaillé pour 1^{mq}.

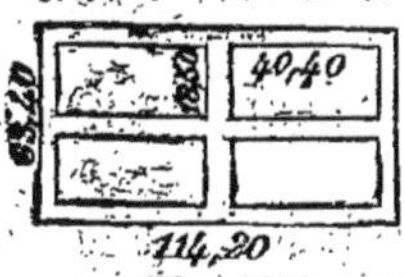

(Ex. 825).

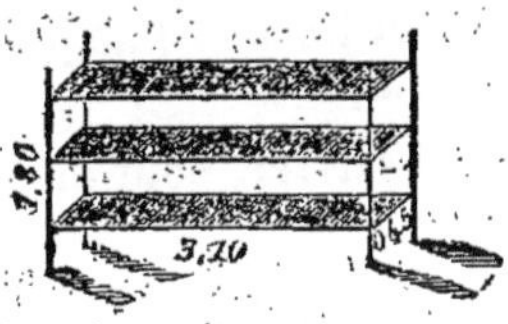

(Ex. 827).

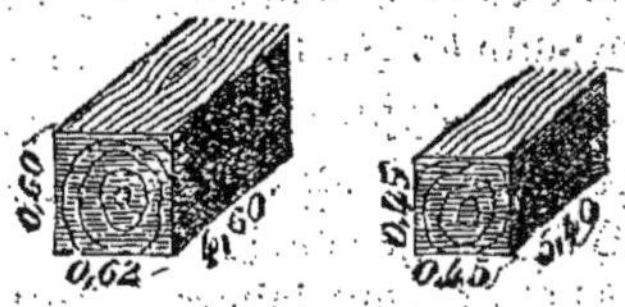

(Ex. 829).

825. *Mémoire d'un jardinier.* (Achevez-le.) (*Fig. ci-dessus.*)

Défoncé à la pelle tout le jardin, ... *a* à $0^{f},85$...; 4 journées 1/2 à faire les allées à $2^{f}50$...; fourniture et pose de .....^{m} de bordure autour des allées à $2^{f},75$ l'*Hm*...; fourni 80 rosiers à $7^{f},50$ le cent; *id.* de 105 petits arbres à $0^{f},65$ pièce...; plantation de ces arbres, 5 journées à $2^{f},50$...; Total...;

826. *Compte d'un doreur.* (Achevez-le). 125^{dm} filet sec en détrempe à $0^{f},45$ le *m.*; 125^{dmq} de dorure unie à l'huile à 32^{f} le *mq*; 327^{cmq} de dorure à l'huile sur sculpture à $0^{f},46$ le *dmq*; $1^{m},25$ de bordure avec pâte mate à $0^{f},65$ le *dm* linéaire. Total...

827. *Compte d'un menuisier* pour un dressoir de magasin (achevez-le.) (*Fig. ci-dessus.*) Fourni 2 échelles et barreaux ens. .....^{m} linéaires à $0^{f},25$...; 3 planches bois blanc ayant ensemble...^{mq} à $3^{f},75$...; 6 pattes à scellement et vis à $0^{f},15$ pièce...; Total...;

828. Un propriétaire veut faire débiter à 8 traits de scie un noyer ayant $6^{m},60$ de long sur $0^{m},45$ d'équarrissage. On lui demande 20^{f} du tout, o $0^{f},75$ du *mq* de planches. Quel est pour lui le plus avantageux?

829. *Compte d'un scieur de long.* Il a débité les 2 pieds de chêne ci-dessus : le 1ᵉʳ en madriers de 0ᵐ,05 d'épaisseur, moyennant 0ᶠ,75 l mq; et le 2ᵉ en planches de 0ᵐ,025 à 0ᶠ,50 le mq. Faites son compte après avoir cherché combien il a scié de mq de madriers et de planches.

(Ex. 830, 831, 832).

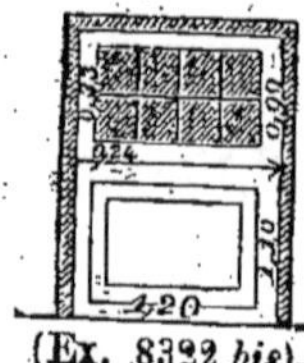
(Ex. 8322 bis).

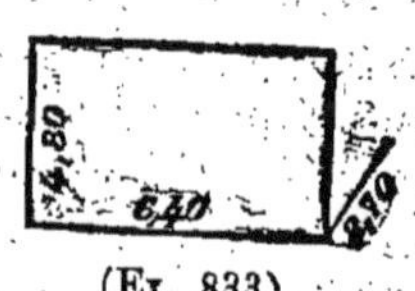
(Ex. 833).

830. *Compte d'un plâtrier.* Il a fait la cloison ci-dessus moyennant 2ᶠ,25 du mq tout fourni. Que lui est-il dû ?

Pour faire ce travail, il a employé 432 briques simples à 50ᶠ le mille...; 7 sacs de plâtre pesant ens. 207ᴷᵍ, à 28ᶠ le mille...; et 17 heures de travail à 3ᶠ,60 la journée de 12 heures. Établissez son compte par *recettes* et *dépenses* et indiquez son bénéfice net.

831. L'ouvrier qui a fait la menuiserie de la cloison précédente a pris 7ᶠ,50 du mq pour la porte en chêne, et 6ᶠ,75 du mq pour la croisée aussi en chêne. Il a fourni en outre 9ᵐ,20 de poteaux et traverses à 0ᶠ,95 le m. linéaire. Faites son compte?

832. *Mémoire d'un peintre et vitrier,* pour la peinture et la vitrerie de la cloison précédente :

Peint une porte de 2ᵐ30 sur 1ᵐ,30 (2 côtés) ens.   ... mq à 0ᶠ,95 »
  id. une croisée de 0ᶠ,80 sur 0ᵐ,60 (2 côtés pour 1) ... mq à 0ᶠ,95 »
Fourni 4 carreaux de chacun 0ᵐ,24 sur 0ᵐ,14 ens. ... mq à 5ᶠ,00 »
                                        Total   »

832 bis. Faites le compte de ce que m'a coûté la porte ci-dessus :
Le mq de menuiserie vaut 8ᶠ,50;
Le dormant (qui entoure la porte) vaut 0ᶠ,50 le m linéaire.
La vitrerie a coûté 4ᶠ,75 le mq.
La peinture a été payée 1ᶠ,25 le mq.
La serrurerie 9ᶠ,60 en tout.

833. *Compte d'un maçon* (Achevez-le). (*Fig. ci-dessus.*)
Blanchi les 4 murs et le plafond à 0ᶠ,15 le mq...; réparé les enduits 1 journée 1/2 à 2ᶠ,75...; fourni 4 brouettées de mortier de chaux grasse à 1ᶠ,25...; fourni et posé 25 carreaux neufs à 20ᶠ le 100. Total.

834. *Mesures anciennes.* La toise avait 1ᵐ,949, elle contient 6 pieds et le pied a 12 pouces. Quelle est en m la longueur de chacune de ces mesures. Quelle est la surface?

835. On compte par toise carrée, déchet compris : pureau de 0ᵐ,11

150 tuiles g^d moule ; 27 lattes ; 250^s de clous ; 3^h de façon ; poids 294^{Kg},
250 — p^t — 36 — 305^s — 3^h 1/2 — — 330 —
162 ardoises (g^{de} carrée) ; 10 voliges ; 1^{Kg} de clous ; 4^h 1/2 — —
Combien par *mq* ?

836. Un doreur emploie 16 feuilles d'or par pied carré. Combien par *mq* ; *dmq* ; quelle surface en *cmq* recouvre une feuille ?

837. Pour mesurer les champs on se servait de la perche ou chaînée qui avait selon les lieux : 18, ou 20, ou 22, ou 25 pieds de longueur. A 27^f l'are de pré, que vaut chacune des perches ou chaînées carrées précédentes ?

838. A quel prix revient l'are quand chacune des perches carrées précédentes vaut 14^f.

839. Un paysan ne connaissant point encore les nouvelles mesures, veut vendre une vigne de 72^a 2^{ca} au prix de 16^f la chaînée de 25 pieds, et il demande en plus 25^f de pot de vin. Faites le compte.

Mesures de volume.

CALCUL MENTAL.

840. Une bouteille a 5^{dmc} ; que contient-elle de *cmc, mmc, mc* ?

841. Combien de *dmc* de mortier dans 2^{mc} ; 1400^{cmc} ; 400000^{mmc} ?

842. Combien de *cmc* d'eau dans 1^{mc}, 4^{mc}, 2^{dmc}, 17^{dmc}, 5000^{mmc} ?

843. Une boîte contient 0^{mc},001600. Que peut-on y mettre de *dmc, cmc, mmc* ?

844. On a 2^{dmc} de chaux ; que manque-t-il pour faire un *mc* ?

845. Que faut-il ajouter à 995^{cmc}, à 999^{mmc}, pour avoir 1^{dmc} ?

846. A 80 fr. le *mc* de charpente, combien 1^{dmc}, 1^{cmd}, 10^{dmc} ?

847. Le *dmc* de sable fin pesant 1^{Kg},420. Combien 1^{cmc} ; 1^{mc}.

848. Une tomberée de 2^{mc} de terre pèse 2600^{Kg}. Combien 1^{dmc},2600^{cmc} ?

849. 4^{dmc} d'acajou ont coûté 1^f Comb. 1^{dmc}, 1^{mc}, 200^{cmc} ?

850. Combien de *dmc, cmc, mmc,* dans 0^{mc},1 ; 0^{mc},01 ; 0^{mc},001 ?

851. A 0^f,012 le *dmc* de maçonnerie, combien 0^{mc},1 ; 1^{mc} ; 0^{mc},01 ; 1^{cmc} ?

852. 1^{pmc} d'eau pesant 1000^s, que pèsent 0^{mc},1 ; 0^{mc},01 ; 1^{cmc} ; 0^{mc},001 ; 1^{mmc} ?

853. Dans 0^{Dmc},040 de cailloux, combien de fois 0,1 ; 0,01 ; 0,001 de *mc* ; combien de *dmc*, de *cmc*, de *mmc* ?

854. Dans 1^{mc},410 623 400 que représente chaque chiffre ?

855. Combien de briques de 500^{cmc} pour faire 1^{dmc} ; 1^{mc} ; 0^{mc},75 de maçonnerie ?

EXERCICES PRÉPARATOIRES.

856. *Densités diverses.* — (Poids du *mc.* en Kg.)

Engrais et amendements.

Fumier mélangé et consommé.	750	Fumier de vache fermenté.	600
» de cheval fermenté.	400	Cendre, charrée.	750

Bois équarris.

Chêne.	940	Sapin.	880
Frêne, hêtre	850	Bois de sciage.	610

Terres, cailloux.

Sable fin et sec.	1400	Cailloux, marne.	1600
« humide.	1900	Argile et glaise.	1700
Terre végétale ordinaire.	1250	Terreau.	850

Matériaux de construction.

Plomb fondu.	11300	Pierre meulière.	2480
Fer en barre.	7788	Brique très-cuite.	2200
Fonte de fer.	7200	Chaux éteinte en pâte.	1400

Quel est le poids du *dmc* de chaque substance ? (*Tableau.*)

857. *Volume moyen des récoltes.* Il faut par Kg l'espace suivant :

Gerbe de froment d'hiver.	9^{dme},2	Pois et vesces.	12^{dme},8
— seigle d'hiver.	9 ,6	Trèfle rouge à graine.	10 ,8
— grosse orge.	8 ,8	Trèfle et son regain.	9 ,6
— avoine	9	Foin et son regain.	9 ,2

Quel est le poids du *mc* de ces récoltes ? (*Tableau.*)

858. Un charretier a transporté 3 tomberées de moellons contenant, la 1re 2^{mc} 40^{dme} ; la 2e 2^{mc} 4^{dme} 7^{cmc} ; la 3e 1^{mc} 810^{cmc}. Combien de *mc* a-t-il mené. Que lui est-il dû à 1^f,25 le *mc* ?

859. Un scieur de long a équarri 4 poutres de bois blanc ; la 1re contient 1^{mc} 40^{dme} ; la 2e 615^{dme} ; la 3e 45 centièmes de *mc* ; la 4e 8 dixièmes de *mc*. Qu'a-t-il équarri de *mc* en tout. Que lui doit-on à 3^f le *mc* ?

860. On veut mettre 25^{mc} de fumier dans un champ. On en a déjà mené 9 charretées de 2^{mc} 40^{dme} chacune. Combien à mener ?

861. Combien un charretier doit-il mener de déblais à 1^f,95 le *mc* pour gagner 100^f. Combien doit-il mener de tomberées de 2^{mc} 15^{dmc}2 ?

862. Un cheval transporte 1 poutre de sapin de 0^{mc} 95^{dme} et 12 soliveaux de chêne de 74^{dme} chacun. Quelle est sa charge ?

863. A l'octroi de Tours on paye par *mc*, pour l'entrée en ville, 3ᶠ,50 pour le bois dur de charpente et 2ᶠ,50 pour le bois tendre. Que doit-on payer pour 2ᵐᶜ 7ᵈᵐᶜ de bois dur et 4ᵐᶜ 25ᵈᵐᶜ de bois tendre ?

864. *Mortier de chaux grasse.* — Pour un *mc* de mortier, il faut :
Chaux éteinte 0ᵐᶜ,33 (ou 1/2 de chaux en pierre) à 14ᶠ le *mc*. .   »
Sable de rivière 0ᵐᶜ,95 à 10ᶠ (compris charroi à 20ᴷᵐ). . . . .   »
Main-d'œuvre 8 heures d'ouvrier à 0ᶠ,25. . . . .   »

Prix de revient. . . .   »
Ajouter 0,1 pour bénéfice. . . .   »

Prix de vente du *mc*. . . .   »

865. On emploie 0ᵐᶜ,33 de ce mortier par *mc* de maçonnerie. Refaites le compte précédent pour le mortier nécessaire à 24ᵐᶜ de maçonnerie ?

866. *Ciment hydraulique.* Pour 1ᵐᶜ il faut : sable 0ᵐᶜ,5 à 10ᶠ ...; ciment ordinaire 0ᵐᶜ,500 à 22ᶠ ...; chaux hydraulique 0ᵐᶜ,35 à 25ᶠ ...; main-d'œuvre 10 heures à 0ᶠ,25 ...; total ...; bénéfice 0,1 ...; prix de vente du *mc* ?

Problèmes.

AVIS. *Tous les volumes suivants sont des parallélipipèdes rectangles et se mesurent en multipliant les trois dimensions entre elles (longueur × largeur × hauteur ou profondeur).*

867. Un tas de fumier a 12ᵐ de long, 7ᵐ de large et 1ᵐ,60 de haut. Combien de *mc* contient-il. Que vaut-il à 7ᶠ,50 le *mc* ?

868. Que coûte à 65ᶠ le *mc* une poutre de chêne de 1ᵐ,10 de long sur 0ᵐ,35 d'équarrissage. Ce bois pesant 910ᴷᵍ le *mc*, un ouvrier charpentier dont la charge ordinaire est de 90ᴷᵍ pourrait-il porter cette poutre sans inconvénient ?

869. Un menuisier a payé 12ᶠ,10 un madrier de bois blanc de 5ᵐ,40 de long sur 0ᵐ,70 de large et 0ᵐ,08 d'épaisseur. Que cubait le madrier. A quel prix revient le *mc* ?

870. Dans 6 mois une pauvre femme a ramassé un tas de litière de 4ᵐ,50 sur 1ᵐ,60 et 0ᵐ,70. Que vaut ce fumier à 5ᶠ,50 le *mc*. Quel est son gain journalier ?

871. Un charpentier a fourni 12 soliveaux de 4ᵐ,40 sur 0ᵐ,15 d'équarrissage. Que lui est-il dû à 75ᶠ le *mc* ?

872. Que retourne de *mc* de terre par hectare un attelage qui laboure à 0ᵐ,25 de profondeur ?

873. Combien de *mc* de décombres doit-on mettre dans un champ de 80ᵃ pour qu'il y en ait 0ᵐ,015 d'épaisseur ?

874. Un maréchal a une barre de fer plate de 4ᵐ,60 sur 0ᵐ,054 et 0ᵐ,038 ; quel en est : 1° le volume ; 2° le poids ; 3° le prix à 34ᶠ les 100ᵏᵍ?

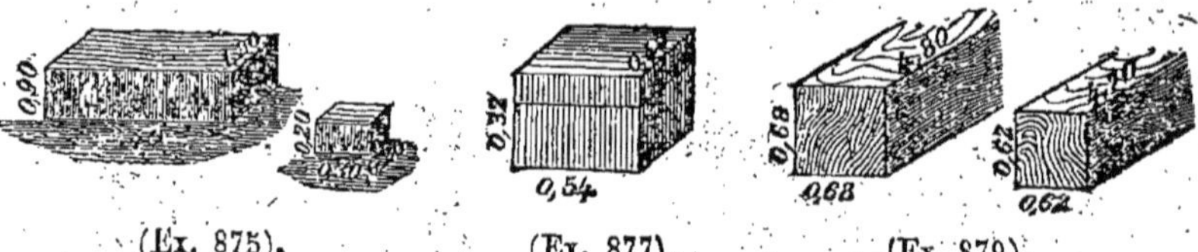

(Ex. 875).   (Ex. 877).   (Ex. 879).

875. Un carrier vient d'extraire le bloc *ci-dessus*. Quel en est le poids si la petite pierre ci-jointe pèse 21ᵏᵍ,600. Combien pour la traîner faudrait-il de chevaux dont la charge est de 1100ᵏᵍ?

876. Dans 4 mois, 3 vaches ont produit une motte de fumier de 4ᵐ,40 sur 4ᵐ,30 et 1ᵐ,70. Quel est le poids de ce fumier. Quelle est en Kg la production d'un animal par jour ?

877. Combien de *dmc* d'air dans la boîte *ci-dessus*. Que pèse cet air à raison de 1ᵍ,3 le *dmc*. Combien de *dmq* de carton a-t-il fallu pour la faire ?

878. Un charretier doit transporter la terre d'un trou ayant 2ᵐ,70 sur 2ᵐ,40 et 1ᵐ,80. Combien de *mc* aura-t-il à enlever si la terre remuée augmente du quart. Que fera-t-il de tours avec un tombereau de 2ᵐ,05 sur 1ᵐ,10 et 0ᵐ,66 ?

879. *Mémoire d'un scieur de long.* (Achevez-le.) — 8 avril 1866, sciage de 470ᵐ de voliges à 3ᶠ le cent ...; 12 mai, sciage de 160ᵐ de membrures à 0ᶠ,075... ; 15 id. équarrissage des 2 chênes *ci-dessus* ayant ensemble » *mc* à 5ᶠ ...; 8 août sciage de » *mq* (1ᵉʳ arbre) de madriers de 0ᵐ,04 d'épaisseur à 0ᶠ,75 ; 12 septembre sciage de » *mq* (2ᵉ arbre) de planches de 0ᵐ,025 d'épaisseur à 0ᶠ,50 ?

880. *Mémoire d'un charpentier.* Bois de chêne fourni pour une entrée de cave en roc (bois de 0ᵐ,20 d'équarrisage).

1 seuil de porte mesurant. . . . .   »

2 poteaux d'huisserie (ensemble) . . .   »

1 linteau. . . . .   »

Total des *mc* à 65ᶠ. . . .   »

Porte de la cave, bois de 0ᵐ,035 d'épaisseur avec fortes traverses, 1ᵐ,60 sur 1ᵐ,40 à 10ᶠ,50   »

Total du mémoire. . . . . .   »

881. *Sous-détail du maçon.* Pour faire un mc de maçonnerie de moellons enduite des deux côtés, il faut : 1^{mc},05 de moellons (déchets compris) à 2^f,95 ; 0^{mc},33 de mortier de chaux grasse à 18^f le mc ; 4^h 1/2 d'ouvrier à 0^f,30 ; total ... ; ajoutez 0,1 pour bénéfice. Prix de vente du mc ?

(Ex. 882).

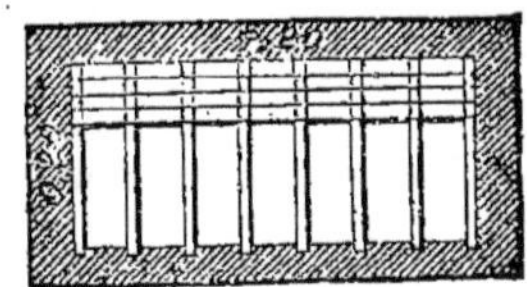

(Ex. 883).

882. Je veux faire construire le mur ci-dessus le long de mon jardin. Quel sera le cube de ce mur. Refaites pour ce nombre de mc le compte précédent afin que je sache : 1° ce qu'il me faudra de matériaux ; 2° quelle sera ma dépense ?

883. *Compte d'un menuisier.* Un menuisier doit faire le plancher de la chambre ci-dessus. Il faudra : 8 lambourdes de 6^m,40 sur 0^m,20 et 0^m,15 à 90^f le mc ; » mq de planches à 11^f le mq ... ; » m linéaires de plinthes autour de la chambre à 0^f,25 le m... ; » mq de peinture de ces plinthes (de 0^m,15 de haut) à 0^f,75 le mq. Faites le compte de la dépense ?

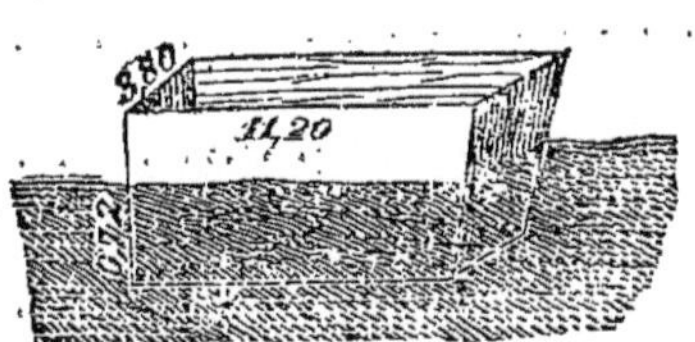

(Ex. 884).

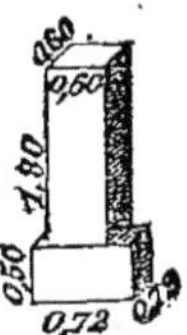

(Ex. 885).

884. Le poids d'un corps flottant sur un liquide est égal au poids du liquide déplacé ; quel volume d'eau déplace le bateau ci-dessus et quelle en est la charge. Quel poids faudra-t il y mettre pour qu'il enfonce de 1^{cm}. De combien enfoncera-t-il si on le charge de 300^{Hl} de blé pesant chacun 75^{kg} ?

885. Une brique mise en place a, joints compris, 0^m,23 sur 0^m,13 et 0^m,076. Combien faudra-t-il de briques pour construire le pilier ci-dessus. 1° Les briques valent 50^f le mille rendues ; 2° on employe par mc, 0^{mc},43 de mortier de chaux à 18^f le mc ; 3° la main-d'œuvre coût 8^f le mc. A combien revient ce pilier ? (Faites le compte en ordre.)

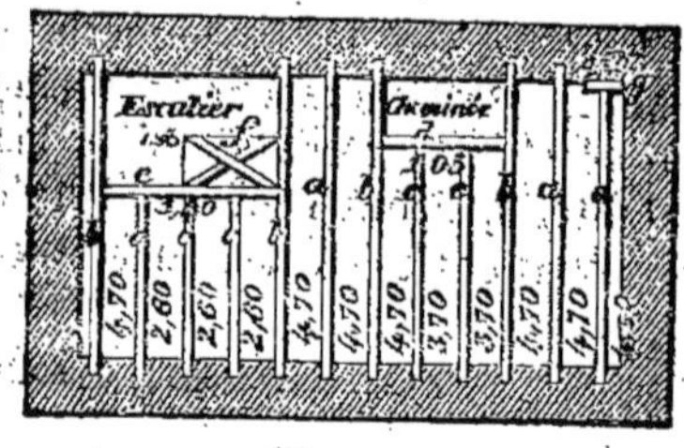

(Ex. 886).

(Ex. 887).

Charpente. Construction d'un plancher (fig.) (Achev. le mémoire).

3 soliveaux (*a*) ayant ensemble.	»	mc
4 solives d'enchevêtrures (*b*).	»	mc
5 id. boiteuses (*c*).	»	mc
1 chevêtre (*d*).	»	mc
1 linçoir (*c*).	»	mc
2 bandes de trémie (*f*).	»	mc
1 lambourde (*g*).	»	mc

Total des *mc*. . . . »

Lesquels, à 80ᶠ le *mc*, font »ᶠ »
(Tout le bois a 0ᵐ,15 d'équarrissage.)

887. Achevez le compte de ce que m'a coûté la barrière ci-dessus :

Creusage de 2 trous pour mettre les montants : 1/2 journée à
2ᶠ,50 . . . . »

2 montants avec assemblage ayant ensemble ...ᵐᶜ à 80ᶠ. »

2 barres ayant ensemble » *mc* à 80ᶠ. . . . . . »

Peinture au goudron de tout le bois » *mq* à 0ᶠ,55. . »

Total. . . . . »

(Chaque morceau de bois est carré.)

888. *Mesures anciennes.* Quel est en *mc* le volume de la toise cube, du pied cube, du pouce cube? (1ᵗ = 1ᵐ,949.)

889. A 12ᶠ la toise cube de moellons, que vaut le *mc*?

890. A 70ᶠ le *mc* de charpente, combien une solive de 3ᵖⁱᵉ 1277ᵖᵒˑᶜ?

891. Un maçon routinier veut bien faire un travail à 60ᶠ la toise cube et non à 8ᶠ,50 le *mc*. Quel est cependant pour lui le plus avantageux?

Mesures de bois de chauffage.

CALCUL MENTAL.

892. Combien 1ˢᵗ vaut-il de *dst*, de *mc*, de *dmc*? Combien 3ᵈˢᵗ?

893. Dans 4ᵐᶜ,500 de copeaux et dans 28ᵈᵐᶜ de bûches, combien de *st*, de *Dst*, de *dst*, de *dmc*?

894. A 3ᶠ le *st* de bois rondin, combien 1ᵈˢᵗ; 0ᵐᶜ,03; 1ᵈᵐᶜ; 25ᶜˢ¹?

895. Un *st* de bois dur paye 0ᶠ,70 d'octroi; combien 0ᵐᶜ,05; 4ᵈˢᵗ; 8ᵈᵐᶜ?

896. 1ᵈˢᵗ de bois blanc paye 0ᶠ,05 d'entrée; combien 3ᴰˢᵗ, 100ᵈᵐᶜ?

897. Combien 1 demi-Dst de copeaux contient-il de *dst*, de doubles *st*, de demi *st*, de *dmc*?

898. A 16ᶠ le double *st* de bûches, combien 0ˢᵗ,8; 1 demi *st*; 1 double *dst*; 10ᵈᵐᶜ?

899. Un *st* de charme pesant 400 Kg, combien dans 1200ᴷᵍ de ce bois y a-t-il de *dst*, demi-*st*, doubles *st*, *dmc*?

EXERCICES PRÉPARATOIRES.

900. Un bûcher renferme 17ˢᵗ 20ᶜˢᵗ de bois; que contient-il de *dst*, de demi-Dst, de demi-*st*, de doubles *st*, de *dmc*?

901. A 12ᶠ,40 le double *st* de bois, combien 1ᵈˢᵗ, 4ᵐᶜ, 3 doubles *dst*?

902. J'ai acheté 3 lots de bois, un de 3ˢᵗ 4ᵈˢᵗ; un de 2 doubles *st*, 3 doubles *dst*; un 3ᵉ de 4 demi-*st*, 5 *dst*. Combien de *st* dois-je payer?

903. Il me faut 3 doubles *st* de rondin pour passer l'hiver; j'en ai déjà 14ᵈˢᵗ. Que dois-je en acheter? Que vaudra ce bois à 8ᶠ,15 le *st*?

904. Que fournira de *st* de bois à 16ᶠ le double *st*, un marchand qui doit payer ainsi une dette de 38ᶠ,25?

905. Dans 120 jours d'hiver, un poêle a brûlé 2 doubles *st* de bois rondin, valant 4ᶠ le demi-*st*. Quelle était en moyenne par jour: 1° sa consommation en *dst*; 2° sa dépense?

906. *Poids moyen du stère de bois.*

Le chêne de choix	pèse 584 Kg et vaut à Paris	12ᶠ,00
Le chêne ordinaire	— 430	—	10ᶠ,00
Le chêne pelard	— 400	—	10ᶠ,00
Le saule	— 324	—	5ᶠ,00
Le tremble	— 220	—	5ᶠ,00
L'orme et charme	— 410	—	8ᶠ,50
Le hêtre	— 400	—	8ᶠ,50

Quel est le poids du demi-*dst*, du double *dst*, de chacun de ces bois?

907. Un charretier transporte 15ᵈˢᵗ de bois de chêne ordinaire; 3 doubles *dst* de charme; 1 demi-*st* 2ᵈˢᵗ de hêtre. Quelle est sa charge?

908. A Paris où le bois se vend au Kg, quel est le prix de revient des 1000ᴷᵍ de chacune des espèces de bois précédentes? (*Tableau.*)

909. Par les procédés ordinaires de carbonisation, le bois donne, en charbon, à peu près le tiers de son volume et le 5ⁱᵉᵐᵉ de son poids. Quel est en *mc* et en Kg le rendement du *st* des espèces de bois ci-dessus? Quel est le prix du *mc* et des 100^{k} de chaque charbon? (Faites un tableau.)

910. On a scié à 2 traits de scie, 1st de rondin contenant 150 morceaux et valant 9^f,50 coupé. A quel prix revient le morceau de bois? Combien contient-il de *cst*?

911. Un *st* de bois droit donne environ 2000 lattes de 1^m,30 de long, ou 600 échalas cœur de 1^m,35, ou encore 1000 petits échalas de 1^m,20. Combien de bottes de 50 cela fait-il par *st*? Que retire-t-on du *st*, quand la latte vaut 4^f,50 le cent, les échalas cœur 65^f le mille, et les petits 2^f,65 la botte de 50?

912. On paye au fendeur 6^f les mille échalas, et 6^f,50 les mille lattes, combien de bottes de 50 de chaque sorte doit-il faire pour gagner 15^f dans sa semaine? Combien de *st* de bois emploiera-t-il?

913. *Compte d'un marchand de bois.* (Achevez-le.) 225 bourrées à 2 liens à 54^f le cent; 27 liasses de 25 cercles à 72^f le mille; 18 bottes de 50 lattes à 4^f,50 le cent; 3st,4 de bois fendu à 17^f,40 le double *st*; 3 doubles *st* 4^{dst} de pelard à 8^f,20 le *st*. Total...

Problèmes.

914. Combien peut-on mettre, en l'entassant comme les marchands, de doubles *st* de bois dans un bûcher, qui a 5^m,10 de long sur 4^m,20 de large et 2^m,40 de haut?

915. *Conservation des bois.* Pour rendre les poteaux 2 ou 3 fois plus durables, on les laisse plongés 15 jours au moins dans une dissolution de sulfate de cuivre (couperose blanche), qui renferme 3^{kg},600 de sulfate par 100^{lit} d'eau. Cette substance valant 95^f les 100^{kg}, quelle dépense fera-t-on pour sulfater 500 échalas, si on emploie 1^{mc},2 d'eau?

916. *Durée des bois.* Le bois le meilleur est celui qu'on abat pendant le repos de la sève. Deux poutres de chacune 6^m,40 sur 0^m,50 et 0^m,40 ont été employées il y a 25 ans au même usage : la 1re, achetée 70^f le *mc*, a été abattue au printemps et ne vaut plus rien ; la 2e payée 80^f le *mc*, a été abattue en décembre, et vaut encore 85^f. Quelle est la dépense annuelle de chaque poutre?

917. *Empilage du bois.* Suivant la forme, la grosseur des bûches et le mode d'empilage, le vide d'un *st* de bois peut varier de 0^m,35 à 0^m,55 (prenez la moyenne). Un propriétaire refuse 14^f du *mc* des 2 vieilles poutres ci-contre, il les fait couper et fendre, et en forme un tas de bois qu'il vend 9^f,50 le *st*. Qu'a-t-il gagné à ce marché s'il a payé 2^f,50 au fendeur?

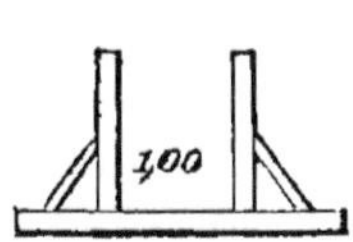

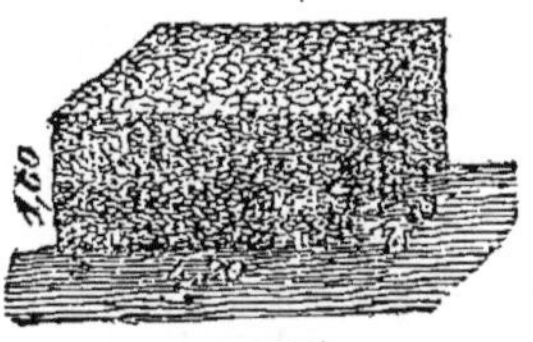

(Ex. 918).   (Ex. 919).   920).

918. J'achète le tas ci-dessus (corde de rondin) pour 35ᶠ; combien ai-je de mc? A quel prix me revient le mc? Je paye 5ᶠ,50 pour le faire transporter et 2 journées 1/2 d'homme à 2ᶠ,40 pour le faire scier.

Faites le compte de ma dépense.

919. Dans le st (mesure) la distance entre les montants est de 1ᵐ. Quelle est la surface recouverte par une couche de bûches de 1ᵐ,14 de long? Quelle hauteur devra-t-on en mettre pour avoir 1 st ou 1 mc?

Quelle hauteur quand les bûches ont 1ᵐ,32; 0ᵐ,82; 0ᵐ,66 de long?

920. Un bûcheron veut vendre 80ᶠ le tas de racines ci-dessus; combien estime-t-il le st? Il a mis 32 jours pour arracher ces racines; que gagnait-il par jʳ? Combien de dst arrachait-il en moyenne par jʳ?

Chêne : 5 planches .

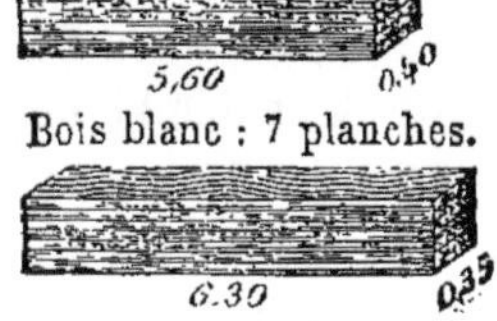

Bois à charbon.   Souches.

Bois blanc : 7 planches.

(Ex. 921).   (Ex. 923.)

921. *Dessiccation du bois.* Le bois dur en séchant se rétrécit d'environ 4 p. 100 et le bois blanc de 8 p. 100. On refuse de vendre 3ᶠ le mq de chêne et 1ᶠ,35 le mq de bois blanc les planches ci-dessus encore vertes. Combien de mq de chaque bois peut-on espérer quand il sera sec? Que devra-t-on alors vendre le mq pour en retirer la même somme que la 1ʳᵉ fois?

922. *Mesures anciennes.*

La corde d'ordonnance avait	8 pieds sur	4 pieds et	3 p. 1/2 ou	» pc
—	de grands bois	—	8	—	4	—	4	—	» pc
—	des ports	—	8	—	5	—	3 p. 1/2 ou	» pc

Indiquez pour chacune les dimensions en m et le volume en st.

Le pied valait 0ᵐ,3245. Faites un tableau.

922 bis. Trouvez et mettez en tableau le poids et le prix de chaque corde des bois de l'Ex. 906.

923. *Compte d'un marchand de bois.* (Achevez-le.) 8 janvier 624 bourrées à 56ᶠ le cent (4 au cent en sus)...; 1 corde de bois à charbon à » le mc..... 26ᶠ; 1 corde de souches à » le mc..... 35ᶠ; total...; Escompte 2 p. 100... Reste à payer net,...

924. $50^{pi.c}$ de bois donnent 100 rais; combien de *dmc* pour 1 rais?

925. Un arbre de $21^{pi.c}$ fournit 13 douzaines de sabots assortis. Combien en fournit 1^{mc}?

926. Un négociant entreprend la fourniture de 730st de bois à $5^f,75$. Il se procure d'abord 150 tas ayant $1^m,33$ en tous sens à 10^f le tas. Combien doit-il en acheter encore de semblables pour compléter la fourniture? Combien doit-il payer ces derniers tas pour gagner 800^f sur le tout en tenant compte de $0^f,65$ par *st* pour le transport (en ordre).

MESURES DE CAPACITÉ.

CALCUL MENTAL.   *d.*Dl (DOUBLE DÉCALITRE.)

927. Dans 10^{Hl} de blé combien de Dl, *l*, *dl*, *cl*, *d.*Dl?

928. Combien de *l*, Dl, *dl* dans 15^{Hl} d'orge, 13^{Dl} de pois, 20^l d'eau?

929. A $1^f,50$ le *l* d'huile, combien 1^{dl}; 2^{dl}; 4^l; 2^{Hl}, $8^{d.Dl}$?

930. Quand le *l* de lait vaut $0^f,20$, combien de *l* pour 2^f, de *dl* pour $0^f,10$, de *cl* pour $0^f,06$?

931. J'achète 1 demi Hl d'avoine; qu'ai-je de *l*, de doub. Dl, de *dl*?

932. Dans 240^l de vin combien d'Hl, de doub. *l*, de demi *l*, doub. Dl?

933. A $0^f,30$ le demi Dl de pommes, combien de Dl pour $1^f,20$, de *dl* pour $0^f,90$?

934. Dans 1^{Hl} de noix, combien de *dmc*, *dl*, *mc*, *cl*, *cmc*?

935. A 1^f30 le Dl de maïs, combien le *mc*, le *dmc*, le demi-Hl?

936. A 24^f le *mc* de chaux, combien 1^l, 1^{Hl}, 1 double Dl, 250^l?

937. Une fontaine donne 20^l d'eau par min.; combien de *mc* à l'h.?

938. On met un corps irrégulier dans un Dl, et on achève de remplir la mesure avec $3^l 5^{dl}$ de grain. Quel est le volume du corps?

938 bis. Dans un tombereau de 2^{mc}, on a mis 120^{Dl} de fruits. Combien de *l* pour achever de le remplir?

EXERCICES PRÉPARATOIRES.

939. J'ai vendu $7^{Hl}8^l$ de colza; combien cela fait-il de Dl, *dl*, 1/2 *l*?

940. Dans $47^{d.Dl}5^l$ de poudrette, combien de *l*, d'Hl, de demi Dl?

941. Dans un tas de blé de $2^{mc}40^{dmc}$, combien d'Hl, de Dl, de doubles *l*?

942. *Poids moyen de l'Hl de produits agricoles.*

Grains.

Froment, luzerne, trèfle.	76 Kg	Colza.	70 Kg
Vesces, poids, féverolles.	78	Sarrasin.	62
Maïs	75	Orge.	64
Seigle.	74	Avoine.	45

Racines.

| Topinambours........ | 68 Kg | Betteraves, carottes.. ... | 55 Kg |
| Pommes de terre. .... | 65 | Navets. .... | 50 |

Engrais.

| Noir animal, guano du Pérou .... | 85 Kg | Colombine. .... | 42 Kg |
| Poudrette. .... | 68 | Phosphate fossile. ... | 140 |

Quel est le poids du *mc*, du *d.Dl*, du double *l* de ces différents objets?

943. Combien un homme dont la charge ordinaire est de 80^{Kg} pourrait-il porter de *Dl*, de *l*, de *cl* de ces produits et engrais? Combien un navire de 250 tonneaux en portera-t-il d'*Hl*, de *l*? (*Tableau.*)

944. Un vigneron a 3 fûts de vin : le 1er de 25 *l*, le 2e de $2^{Hl}7^l$, le 3e de 2^{Dl} de plus que le 2e. Combien de *l* a-t-il en tout?

945. On achève de remplir une barrique de 2^{Hl} avec $2^{Dl}6^{dl}$; que contenait-elle d'avance?

946. Un épicier a une boîte de 214^{dmc} pleine de sel; il en vend d'abord $6^{Dl}4^l$ puis 2doubles 1.5^{dl}. Que doit-il lui rester ?

947. J'achète 120^{Dl} de son ; on m'en livre 7 pochées de chacune 3 demi-*Hl*. Qu'ai-je encore à recevoir ?

948. A 22^f l'*Hl* de blé, combien $9^{d.Dl}6^l$? Combien $2^{dl},5$?

949. Que dois-je pour un lot d'avoine de $3^{Hl}5^l$ à $1^f,90$ le *d.Dl*?

950. Combien de pochées d'orge de 12^{Dl} dans un tas de 3^{mc} ?

951. Dans une barrique de 250^l, combien de bouteilles de 7^{dl}, de 66^{cl}?

952. En laissant dans la paille 1 grain de blé sur 50, combien perd-on de *Dl* sur les 110 millions d'*Hl* récoltés en moyenne en France chaque année?

953. A $0^f,75$ le *Dl* de petits pois, combien de *l* pour $0^f,60$?

954. Un litre de plâtre contient environ 33^{cl} de chaux; combien de *l* de chaux dans 3^{Dl}, dans 1^{mc} de plâtre?

955. Un cafetier paye (droits compris) 12^f un quartaut de bière de 35^l. Il vend cette bière $0^f,40$ la bouteille de 6 *dl*; quel est son bénéfice sur le fût?

956. Que gagne par *mc* un maçon qui vend $0^f,75$ le double *Dl* de la chaux qui lui coûte 7^f la barrique de 250^l ?

957. Quelle est en doubles *Dl* la récolte présumée d'un propriétaire qui a récolté 870 gerbes de blé, si 12 gerbes lui ont rendu $7^{Dl}12^l$. Que vaut cette récolte à 23^f l'*Hl*?

958. J'ai acheté 12^{Dl} de noix à $2^f,50$ le *d.Dl*. En les cassant, j'en ai trouvé 42^l de gâtées. Quel est le prix net du *Dl* de bonnes noix?

959. Refaire le problème n° 864 (mortier de chaux) en ramenant au Dl les quantités et les prix?

960. Une citerne doit être assez grande pour contenir la provision d'eau de 2 mois. Évaluez cette provision en l, en Hl, en mc pour la ferme du tableau suivant. Quelle doit être au moins la profondeur de la citerne qui a 5ᵐ,20 de long et 3ᵐ,20 de large?

PERSONNEL.	CONSOMMATION		
	JOURNALIÈRE		pour
	par tête.	totale.	2 mois.
	l.	l ou Kg.	mc.
4 personnes	10	»	»
3 chevaux	50	»	»
7 vaches	30	»	»
120 moutons	2	»	»
12 porcs	3	»	»
Totaux	»	»	»

Problèmes.

961. *Mesurage.* Quel est le plus avantageux de payer des pommes 0ᶠ,65 le Dl ras ou 0ᶠ,75 le Dl comble, ce dernier mesurage contenant 18 dl de plus que le premier?

962. A cause du tassement, une mesure renferme d'autant plus de graines qu'elle est plus haute et plus grande; ainsi un 1 mc de graine de trèfle donnerait en plus 2ˡ,5, ou 5ˡ, ou 10ˡ selon que l'on mesurerait avec l'Hl, le Dl ou le l. Que perdrait-on sur chaque mesurage en la vendant au cube 8ᶠ,25 les 10ᵈᵐᶜ?

963. Des grains de différentes grosseurs occupent moins de place mesurés ensemble que séparément. Au lieu de mesurer séparément 1 Hl de gros oignons et 8 Dl de petits, on les mêle pour les mesurer et on ne trouve que 17 Dl 5 dl. Quelle perte fait-on à 0ᶠ,80 le Dl?

964. Deux hommes ont chacun 8 Hl de blé à mesurer : le 1ᵉʳ va doucement et avec soin; le 2ᵉ mesure vivement avec secousse, et fait entrer ainsi 8 dl de grain de plus par Dl. Quelle est la différence des deux mesurages en l, puis en argent, à 2ᶠ,10 le Dl?

965. On refuse de vendre 0^f,65 le d.Dl, un tas de pommes de terre de 14^{Hl}; deux mois après on les vend 0^f,10 de plus par Dl; mais il s'en est gâté 32^{Dl}. Qu'a-t-on perdu ou gagné à attendre?

966. 1^{Kg} de blé donnant en moyenne 1^{Kg} de pain, combien d'Hl de 75^{Kg} faut-il pour nourrir pendant un an un homme qui mange 1^{Kg},125 de pain chaque jour?

967. Un épicier achète au comptant 15$^{d·Dl}$ de sel à 1^f,35 le Dl avec 2 p. 100 d'escompte. Que donne-t-il net? Il vend ce sel 0^f,15 le litre; que gagne-t-il : 1° par litre; 2° par 100^f?

968. *Vins tournés*. On guérit cette maladie en mêlant par Hl de vin 20^g d'acide tartrique valant 6^f le Kg; quelle dépense fera-t-on pour traiter ainsi 3 barriques de 22^{Dl}8^l chacune?

969. *Fabrication du cidre*. 12$^{d·Dl}$ de pommes donnent environ 1^{Hl} de cidre. A 25^f la barrique de 250^l, combien le Dl de pommes? (Déduire du prix 5 fr. pour frais de fabrication.)

970. *Poiré*. Avec 3^{Dl} de poires cuites valant 4^f,25 le double Dl, on fait une barrique de *poiré*. Une famille qui boit en moyenne 3^l,5 de boisson par jour, en a fait une semblable qui lui a duré 3 mois 1/2 en la remplissant. A quel prix lui est revenu le litre de ce *poiré*?

971. *Avoine concassée*. 1 litre d'avoine légèrement écrasée nourrit aussi bien que 15^{dl} d'avoine ordinaire. J'ai 3 chevaux à chacun desquels je donne 15^l d'avoine par jour; combien de Dl par an économiserai-je en la faisant concasser? Que vaudra cette économie à 9^f,50 l'Hl.

972. *Chaulage des grains*. On chaule le blé pour détruire les œufs d'insectes et activer la végétation. 12^{Kg} de chaux à 2^f le cent et 3^{Kg} de sel à 0^f,20 délayés dans 100^l d'eau peuvent chauler 10^{Hl} de grains. Quelle est la dépense par double Dl?

973. J'achète 75^l de graine de trèfle (pesant 7^{Kg},6 le Dl), à 2^f,05 le double l; que dois-je? A quel prix reviennent les 100^{Kg}?

974. *Conservation des grains*. Pendant les 6 premiers mois le grain doit être étendu par tas de 0^m,30 de hauteur au plus, et souvent remué. Combien de mc, puis d'Hl de blé pourra contenir une chambre de 7^m,20 sur 5^m,40? Que vaudra ce blé à 4^f,20 le double Dl? Quel poids supportera la chambre si ce blé pèse 78^{Kg} l'Hl?

975. *Facture d'un épicier*. (Achevez-la.) Huile de noix, 2^{18dl} à 1^f,75 le l...; pois gris, 7^l,8 à 3^f,50 le Dl...; vinaigre, 4^{l7dl} à 0^f,45 le l...; sel, 12^{dl} à 1^f,60 le Dl...; total...

976. Une ménagère achète 3^{Kg} de groseilles à 0^f,30 pour faire des confitures. Ces groseilles ont rendu 2^{Kg},100 de jus qu'elle a fait cuire avec un poids égal de sucre à 1^f,45 le Kg. Elle a dépensé en outre 2^l,5 de charbon à 6 fr. les 10^{Dl}, et a obtenu 16 pots de confitures d'un quart de Kg chacun. Quel est le prix 1° du pot; 2° du Kg de confitures?

977. *Compte d'un cultivateur.* (Achevez-le) Vendu à M. Bonnet... 8ᵈ·Dl de noix à » le Dl pour 19ᶠ,20; 2ʰˡ de pommes de terre à » le d.Dl pour 9ᶠ,00; 15ˡ de cormes cuites à » le demi-Dl pour 5ᶠ,40; total...

978. *Transport du vin.* Le vin ne peut être transporté qu'après déclaration à la régie qui fait payer un droit de 0ᶠ,60 à 1ᶠ,20 par Hl, selon les lieux. De plus, le vin acquitte un nouveau droit pour son entrée en ville. Achevez le compte suivant concernant du vin vendu à Tours.

2 pièces de vin rouge, de 250ˡ à 55ᶠ l'une...; transport à 2ᶠ pièce...; droit de circulation : 1° 0ᶠ,96 par Hl (double décime compris)...; 2° congé... 0ᶠ,20; droit d'octroi :1° 4ᶠ,48 par Hl...; 2° quittance...0ᶠ,10; total.... Prix de revient net du litre de vin...

979. *Transport du cidre.* L'Hl payant 0ᶠ,50 de droit de circulation et 2ᶠ,88 de droit d'octroi, refaites, comme ci-dessus (Ex. 970), le compte de 4 pièces de cidre de 240ˡ, vendues 22ᶠ,50 l'une.

980. *Vins gras.* Pour guérir les vins qui s'engraissent, on emploie par Hl soit 8ˢ de tannin pur, soit 100ˢ de crème de tartre avec autant de sucre (que l'on fait dissoudre dans 1/2 litre de vin bouillant), soit 40ˢ de pepins de raisins broyés, soit 200ˢ de cormes encore vertes broyées. On mélange avec le vin et on soutire 8 jours après.

Quelle est, par chacun de ces procédés, la quantité de matières à employer pour traiter 3 barriques de vin gras de 25ᴰˡ chacune?

980 bis. On veut faire un coffre de 2ᵐ,10 de long et 0ᵐ,80 de rge, susceptible de contenir 2ʰˡ de blé. Quelle doit être sa profondeur?

POIDS.

CALCUL MENTAL.

981. Combien de g, Dg, dg dans 5ᴷᵍ de beurre, dans un gigot de 3ᴷᵍ?

982. Dans un qˡ de foin, 1 tonn. de mer, combien de Kg, Mg, Hg, g?

983. Combien de g dans 1ᶜᵐᶜ; dans 12ᵈᵐᶜ d'eau? Combien de Dg?

984. Que pèsent de Kg puis d'Hg, 1ᵈᵐᶜ, 200ᵈᵐᶜ, 3ᵐᶜ d'eau?

985. dᵒ dᵒ 2ᴰˡ; 3ʰˡ; 40ᶜˡ d'eau?

986. Un réservoir contient 6 mc d'eau; combien de l? poids en Kg?

987. Combien de l, de cmc dans une bouteille qui contient 8ʰᵍ d'eau?

988. A 140ᶠ le quintal de sucre, combien 1ᴷᵍ, 1ᴴᵍ, 5ᴰᵍ?

989. A 0ᶠ,20 le Kg de sel, combien d'Hg pour 0ᶠ,10, de Kg pour 1ᶠ,2?

990. 50ˢ de poivre ont coûté 0ᶠ,20; combien 1ᴷᵍ, 1/2ᴷᵍ, 1ˢ?

991. A 0ᶠ,50 les 5ᴴˢ de riz, combien 2ᴷᵍ, 2ᴰᵍ, 1/2 Dg, 1/2 Hg?

992. A 50ᶠ les 100 bottes de paille de 10ᴷᵍ, comb. 1 botte, 1ᴷᵍ, 5ᴴᵍ?

993. Quels poids marqués emploiera un épicier pour peser 60^g de thé; 125^g de miel; 215^g de café; 1^{Kg} 245^g de prunes?

994. Quel est en l, dl, cl, dmc, cmc, le volume d'eau pesant autant que chaque denrée précédente (Ex.)?

EXERCICES PRÉPARATOIRES.

995. Un boucher a 37^{Dg},500 de mouton; 115^{Hg} de porc; 14^{Mg},7 de bœuf; 2^{Dg}45^g de veau; 18^{Kg}89^g de vache; exprimez chacun de ces poids en g, Dg, 1/2 Hg; 1/2 Kg.

996. Combien de Kg, puis de g, pour peser 3^{l}5^{cl}; 2^{mc}7^{dmc} d'eau?

997. A 3437^f le Kg d'or pur, combien 1^{Hg} 2^{Dg} 1^g?

998. *Poids en Kg du litre de certains liquides.*

Alcool de commerce.	0,840	Eau de mer.	1,026	Huile d'olive.	0,915
Eau-de-vie à 22°	0,923	Lait.	1,031	— noix.	0,922
Vin de Bordeaux.	0,993	Vinaigre fort.	1,038	— lin.	0,940

Trouvez le poids de l'Hl, du Dl, du double dl, du mc de chaque liquide (tableau)?

999. Combien 1^{Kg} de ces liquides ferait-il de litres?

1000. Pour peser un objet, on emploie 1^{Kg}, 4^{Hg}, 2^{Dg},5^g. Total...

1001. Une couette pèse 15^{Kg}80^g; combien de plume y mettra-t-on pour qu'elle pèse 18^{Kg}? que vaut la plume à 3^f,30 le 1/2 Kg?

1002. A 0^f,45 le 1/2 Kg de vermicelle, combien 1^{Kg}8^{Dg}; 16^{Hg} 8^g?

1003. Un maréchal achète une enclume de 74^{Kg} 8^{Dg} à 0^f,75 le Kg. Il donne 60 fr. pour la payer; que doit-on lui rendre?

1004. Un cheval mange par jour 75^{Hg} de foin; combien de jours mettra-t-il pour consommer 20 quintaux métriques?

1005. A 1^f,50 le Kg de sucre, combien de g pour 0^f,30?

1006. On me vend 0^f,40 une côtelette de 23^{Dg}; combien le Kg?

1007. Une épicière donne 15^g de poivre pour 1 sou; que gagne-t-elle par Kg, s'il lui coûte 1^f,30 le 1/2 Kg?

1008. 1 Kg de farine rend 1^{Kg},25 de bon pain de ménage; combien d'Hg pour faire un pain de 6^{Kg}?

1009. La bougie stéarine se fait avec du suif; 100^{Kg} de suif peuvent en fournir 10^{Kg}; combien de suif pour faire une bougie de 5 au demi Kg?

1010. A 2^f,50 le Kg d'huile d'olive, que coûte à une marchande 1^l pesant 915^g? Que doit-elle vendre le dl pour gagner 0^f,22 par l?

1011. Le savon vert se compose de 8 p. 0/0 de potasse, 42 p. 0/0 de matières grasses et 50 p. 0/0 d'eau. Combien de gr de chaque matière dans 1^{Kg} de savon?

1012. Le savon marbré contient par Kg : 6Dg de soude, 6Hg,2 de matières grasses et 320g d'eau ; combien de Kg chaque matière dans 100Kg.

Problèmes.

1013. *De la bascule.* La bascule sert pour les grandes pesées ; elle est disposée de façon que l'objet pesé fait équilibre à un poids 10 fois moindre. Quels poids faut-il pour peser un veau de 67Kg,500 ?

1014. On pèse à la bascule un sac de plâtre en mettant les poids suivants : 5 Kg, 1 Kg, 2 Hg, 1 Dg, 5 gr. Quel est le poids du sac ?

1015. Une bonne femme tricote des bas de laine qu'elle vend 5f la paire. Elle emploie par paire 4 pelotes et demie de 0Kg,043 à 15f le Kg et 5 journées de travail. Que gagne-t-elle par jour ?

1016. J'achète pr 2f,20 de viande à 1f,20 le Kg. Que dois-je en avoir ? Je pèse cette viande en mettant dans la balance : 1 Kg, 1/2 Kg, 2 Hg, 1/2 Hg, 4 Dg, 1/2 Dg. Que me manque-t-il ? Qu'ai-je payé de trop ?

1017. Un boucher est sur le point d'acheter un bœuf qu'on lui fait 375f en tout, ou 0f,71 le Kg. (4Kg par pied déduits.) Il estime que le bœuf pèse 556Kg. Quel est pour lui le parti le plus avantageux ?

1018. Pour faire une tasse de café, une aubergiste emploie : 1 Dg de café à 1f,25 le demi-Kg ; 3 morceaux de sucre de 17gr chacun à 1f,40 le Kg, 2cl d'eau-de-vie à 1f,25 le l. Quel est son prix de revient ? Que gagnera-t-elle en vendant la tasse 0f,40 ?

1019. On estime que 1Kg de charbon de bois chauffe autant que 1Kg,02 de houille, 1Kg,13 de charbon de tourbe, 2Kg,3 de tourbe. Quand le charbon de bois vaut 5f,50 le sac de 50Kg, que devrait valoir le quintal métrique des autres charbons ?

1020. *Fabrication du beurre.* Le lait rend en moyenne 15 p. 0/0 de crème et cette crème 25 p. 0/0 de beurre. Que rend de beurre 1Dl de lait (Ex. 998) ? Combien de litres pour faire 1Kg de beurre ? Quand le beurre vaut 1f,10 les 5Hg, que vaut 1l de lait converti en beurre ?

1021. *Taxe du pain.* 1Kg de farine rend environ 1Kg,330 de pain de boulanger ; quel doit être le prix du Kg de pain quand la farine vaut 64f le sac de 159Kg, si on accorde au boulanger 5f par 100Kg de pain pour ses frais ?

1022. Dans 4 semaines de 6 jours, une famille de 5 personnes a consommé 7Kg 9Dg de bœuf à 1f,20 ...; 9Hg de veau à 1f,30 le Kg ...; 7Kg 80g de mouton à 0f,70 le 1/2 Kg ...; 8Hg de porc frais à 0f,65 le 1/2 Kg. Quelle est par personne et par jour : 1° la consommation en Kg, de chaque viande ; 2° la dépense ?

1023. Une barrique vide pèse 19Kg,6, et pleine d'eau 260Kg9Dg. Quelle est sa contenance en litres ? Combien faudra-t-il de barriques semblables pour vider une cuve contenant 3mc 7dme de vin ?

1024. *Compte d'un charron-forgeron.* Construction d'une paire de roues. Prix des roues en blanc 50^f ; cercles en fer laminé, 115^{Kg} à 68^f le cent ...; clous à boulons, 45^{Hg} à 0^f,35 le demi-Kg ...; essieux, 45^{Kg} 8^{Dg} à 44^f les 50 Kg ...; boîtes alésées, 16^{Kg} à 112^f le cent ...; cordons de moyeux, 85^{Dg} à 0^f,60 le 1/2 Kg ...; prix total ...?

1025. *Compte d'un marchand de céréales.* 12^{Hl} de froment pesant 76^{Kg},500 à 36^f les 120^{Kg} ...; 16^{Hl} d'avoine pesant 46^{Kg},800 à 1^f,70 le double Dl de 9^{Kg} ...; 28 sacs à 1^f,50 ...; total ...?

1026. *Rendement d'une vache.* J'ai fait tuer une vache blessée pesant en vie 230^{Kg}. Elle m'a donné: viande 119^{Kg},600 (ou » 0/0) à 1^f,05 ...; abats 24^{Kg},500 (ou » 0/0) à 0^f,60 ...; peau 11^{Kg},500 (ou » 0/0) à 1^f,20 ...; suif 13^{Kg},80 (ou » 0/0) à 1^f,10 ...; sang, intestins pour engrais » Kg (ou » 0/0) à 2^f,50 0/0 ...; produit total retiré ... Dites comme il est demandé le rendement pour cent de chaque article?

1027. *Compte d'un marchand de fourrages.* Vendu au comptant à M. Mons, aubergiste à Orléans : 314 bottes de foin de 10^{Kg} à 4^f,10 les 50^{Kg} ...; entrée en ville à 0^f,55 des 100^{Kg} ...; transport à 0^f,25 les 50^{Kg} ...; total ...?

1028. *Mouture du blé.* Un meunier achète 6^{Hl} de blé de 78^{Kg} à 23^f,50 l'Hl. Quelle est sa dépense ? Ce blé a rendu : 71 p. 0/0 de farine valant 65^f la culassse de 159^{Kg} ...; 12 p. 0/0 de son à 15^f les 100^{Kg} ...; 15 p. 0/0 de recoupes à 0^f,90 le Dl pesant 4^{Kg},8. Quelle est sa recette? (Disposez le compte par dépenses et recettes et cherchez le bénéfice.)

1029. *Compte d'un boucher.* Un boucher achète 29^f,50 un mouton de 35^{Kg}. Il dépense en outre : entrée en ville 3^f,25 par 100^{Kg} ...; abattoir public ... 0^f,35 ; autres frais ... 1^f,25. Ce mouton a donné : 16^{Kg},500 de viande à 0^f,70 le demi Kg ...; 13^{Hg} de suif à 1^f,10 le Kg ...; peau et laine 5^f,50 ; tête, pieds, intestins : 1^f,15. Faites son compte par dépenses et recettes?

1030. Les prés fournissent d'autant plus d'herbe qu'ils sont mieux arrosés et mieux entretenus. Deux frères se sont partagé un pré de 1^{Ha} 32^a. Le 1er, qui n'a aucun soin de sa part, a récolté 18 quintaux métriques de foin ordinaire valant 7^f,50 le quintal et 7 quintaux de regain valant 6^f,40 le quintal. Il a dépensé : 2 fauchages à 15^f l'Ha ...; fanage, 5 journées de femme à 1^f,25 ; bottelage, à 0^f,25 du quintal ...; rentrée, faux-frais 15^f ...

Le 2e, qui arrose et fume sa part, a récolté : 28 quintaux métriques de bon foin valant 8^f le quintal et 12 quintaux de regain estimé 7^f le quintal ; il a dépensé : 2 fauchages à 15^f l'Ha ...; fanage, 5 journées 1/2 de femme à 1^f,25 ...; bottelage à 0^f,25 le quintal ...; 3 journées d'homme à irriguer à 2^f,25 ...; cendres de lessive, etc., 12^f,50 ...; rentrée et faux frais 20^f. Faites le compte de chacun par recettes et dépenses et indiquez la différence des deux résultats?

MONNAIES.

CALCUL MENTAL.

1031. Combien de fr. dans 12^d; 140^c; combien de c dans 3^f; 7^d; 2^f4^d?

1032. Combien de d dans 2^f; $3^f,10$; 35^c; $2^f,05$; combien de sous ($1/2\,d$)?

1033. Dans 12 sous, 19^s, 27^s, 48^s, combien de fr. et de centimes?

1034. 1^c de monnaie de bronze pesant 1^g, combien 8^d, 17mes, $2^f,05$?

1035. Un enfant change 3^f en centimes. Ce qu'on lui donne pèse 297^g; a-t-il son compte?

1036. J'ai deux sacs de monnaie de bronze pesant l'un 128^g, l'autre $2^{Kg}20^g$. Combien de francs dans chacun?

1037. Combien faut-il de d pour peser un pain de beurre de 5^{Kg}?

1038. Pour peser $2^{Hg},50$ de cire, que faut-il de pièces de 2^f, de 5^f?

1039. Dites la valeur de 1^{Dg}; 1^{Hg}; 200^g de monnaie d'argent?

1040. Une lettre doit peser 10^g au plus. Avec quelles pièces d'argent ou de bronze peut-on faire ce poids?

1041. Dans $1/2$ Kg monnayé, combien de pièces de 1^f; 2^f; $0^f,20$; 5^f; 1^c; 2^c; 5^c; 1^d?

EXERCICES PRÉPARATOIRES ET PROBLÈMES.

1042. A poids égal l'or vaut 15 fois $\frac{1}{2}$ plus que l'argent, et l'argent 20 f. plus que le bronze. 1^c de bronze pesant 1^{gr}, que vaut 1^{gr} d'argent, puis 1^{gr} d'or?

1043. Quelle somme en bronze, en argent, en or, pèse 930^{gr}?

1044. Quelle somme en or, en argent, en bronze, peut porter un homme dont la force est de 80^{Kg}?

1045. Quel est en bronze, en argent, en or, le poids de 10^f; 15^f; 200^f?

1046. J'ai 120 pièces de 1^d, et 47 pièces de 5^c; quel est le poids de cette monnaie? que pèserait la même somme en argent, en or?

1047. Quel doit être le poids d'un rouleau d'or de 500^f? il ne pèse que $154^{gr},84$; quel poids et quelle somme manque-t-il?

1048. Un malade veut faire une tisane rafraîchissante en faisant bouillir 60^{gr} d'orge et 70^{gr} de chiendent dans 2 litres d'eau. Comme il n'a ni poids ni mesure, quelle somme en argent ou en bronze mettra-t-il dans la balance pour chaque pesée?

1049. J'achète pour $0^f,75$ de graine de carottes à 6^f le Kg. Combien de gr. dois-je avoir? Cette graine pesant autant que 11^f d'argent et $0^f,65$ de bronze, ai-je mon poids?

1050. Jules achète pour 1f,05 de sucre valant 0f,75 le 1/2 Kg. Ce sucre ne pesait que 6f,30 de bronze et 5f d'argent : pour quelle somme en a-t-il de moins ?

1051. Le poids des monnaies de bronze étant composé de 0gr,95 de cuivre, 0gr,04 d'étain et de 0gr,01 de zinc, quelle est la composition de 130gr; de 10f,50 de bronze ?

1052. La nouvelle monnaie d'argent contenant en poids 0gr,835 d'argent pur et 0gr,165 de cuivre, quelle est la composition de 5Kg, de 156gr; de 36Dg de cette monnaie; de 5f; de 3f,50 ?

1053. La monnaie d'or est formée de 0,9 d'or pur et de 0,1 de cuivre; quelle est la composition de 50gr, de 200f de monnaie d'or ?

1054. Un marchand échange contre de la monnaie d'argent un sac de monnaie de bronze pesant 8Kg 50gr; on lui retient 1 p. 0/0. Quelle somme et quel poids d'argent recevra-t-il ?

1055. Un marchand compte sa caisse le soir; il trouve 815f d'or; 124f,50 d'argent et de 2f,75 de bronze. Quelle somme possède-t-il ? Il vérifie en pesant chaque espèce de monnaie; quel poids doit-il trouver ?

Ouvrages d'or et d'argent.

1056. *Titres des ouvrages d'argent.* Les objets d'argent se font à 2 titres qui sont 0,950 et 0,800. Combien d'argent pur dans 500gr de bijoux au 1er titre, au 2e titre ?

1057. *Revente d'argenterie.* On veut revendre une timbale d'argent de 210gr au 2e titre et 6 cuillers de 64gr chacune au 1er titre. Combien d'argent pur contiennent ces objets? qu'en retirera-t-on, l'argent seul étant payé à 220f le Kg ?

1058. Un orfèvre offre 2f,85 d'un dé d'argent pesant 16gr2; à quel titre le suppose-t-il, l'argent pur valant 220f le Kg ?

1059. *Contrôle des bijoux.* Tous les ouvrages d'or et d'argent doivent être contrôlés et poinçonnés. Ceux d'argent payent 1f par Hg, plus 1 décime 1/2 en sus par fr. Combien a-t-on payé pour le contrôle d'une chaîne de montre de 214g ?

1060. Un bijoutier vend 8f un bracelet d'argent au 2e titre pesant 32g. Que lui coûte-t-il pour le contrôle et pour l'argent dont il est formé? Que lui reste-t-il pour son travail ?

1061. Un ouvrier ignorant achète 12f une chaîne de 121g non contrôlée pour de l'argent *au 1er titre*. Que vaudrait l'argent seul si on lui avait fait contrôler sa chaîne? Il est reconnu qu'elle contient à peine 15gr d'argent pur; que vaut-elle réellement et qu'a-t-il perdu à acheter un objet non poinçonné ?

1062. *Titre des ouvrages d'or.* La loi admet pour ces objets trois titres : le 1er de 0,920 ; le 2e de 0,840 ; le 3e de 0,750. Quel serait à ces divers titres le poids de l'or pur d'un bijou pesant 35^g ? Que vaut cet or pur à 3^f,437 le gr. ?

1063. Que vaut un boîtier de montre au 3e titre pesant 6^{gr},3 ?

1064. Les ouvrages d'or payent au contrôle 20^f par Hg plus 1^d ½ en sus par fr. Que coûte le poinçonnage d'une bague de 5^{gr},3 ?

1065. Une femme achète pour 38^f une croix d'or au 2e titre pesant 9^g,4. Qu'a-t-elle coûté au bijoutier pour la matière et le contrôle ? Que lui reste-t-il pour son travail ?

RÉSUMÉ

1066. *Comparaison des manières d'écrire et de lire les m linéaires, les mq, et les mc.* (Écrivez puis lisez chaque nombre suivant : 1° en *m* linéaires, 2° en *mq*, 3° en *mc*, d'après les règles n° 102 et 103, 113 et 114 de l'Arith. n° 3.)

1° 2^{m}7^{dm} de planches ; 14^{m}60^{cm} de pierres ; 12^{m}3^{cm} de mur ; 7^{m}3^{cm} de voliges, etc...

2° 9^m,77 de sable ; 6^m,08 de fossé ; 15^m,004 de bûches ; 3^m,0705 de terre ; 18^{dm},07 de marches.

3° De 1^{Dm} de rondin, ôtez 7^m ; 14^{dm} ; 3^{m}9^{dm} ; 17^{cm}.

4° A 6^f le *m* de fumier, combien 4^{m}5^{dm} ; 18^{dm} ; 4^{m}5^{cm}.

5° Dans 10 jours on a déblayé 12^{m}8^{dm} de tranchées ; 7^{m}4^{cm} de fossé ; 95^{dm} de roc ; quel est le travail journalier ?

1067. Le numéro d'une laine indique le nombre de Km de fil au Kg. Quelle longueur en *m* aurait une pelote de laine n° 9 pesant 1 Hg ?

1068. Il est reconnu que 200^{Kg} de guano et 20^{Mg} de plâtre semés ensemble sur 1^{Ha} de pré donnent des résultats magnifiques. Combien d'Hg d'engrais par are ?

1069. A 5^{Hl} de chènevis par Ha, combien de Dl pour semer une chènevière de 15 ares ?

1070. Le sulfate de fer (couperose verte) délayé dans l'eau et répandu ainsi à 8^{kg} par are sur les prairies donne de beaux résultats. Combien d'Hg pour 72^{mq}8^{dmq} ?

1071. A raison d'un Kg de clous pour 8^{mq} de voliges, combien pour 75^{dmq} ?

1072. On sale 1^{Kg} de beurre avec 65^g de sel ; combien de *dg* de sel pour saler 5^{Hg} de beurre ; de Dg pour saler 4^{Mg} ?

1073. L'eau en gelant augmente de 0,075 de son volume, et c'est ce qui fait casser les vases. Dites en *cmc* le nouveau volume d'un litre d'eau qui vient de geler, *id.* de 39^{dl}. Combien pèse 1^{dmc} de glace ?

1074. Le jus de raisin contient environ 70 p. 0/0 d'eau, 28 p. 0/0 de sucre et 2 p. 0/0 d'acide. Exprimez en *dl* ce que contient un *l* de jus.

1075. *Soufrage des vins.* Pour empêcher le vin de *pousser*, on fait brûler dans les tonneaux une mèche soufrée ou imbibée d'alcool. Pour avoir négligé ce moyen, un vigneron a 3 pièces de vin *poussé* de 2^{Hl},28 chacune valant pour cela 7^r,20 de moins par Hl. Que lui coûte sa paresse?

1076. *Ration journalière d'un poulain.* 7^{Kg},500 de foin à 4^r,50 les 50^g ; 6^l d'avoine à 1^r,05 le Dl...; 3^l de son à 0^r,70 le d. Dl...; Total... Dites en quintaux métriques et en Hl sa dépense de 6 mois?

1077. *Ration ordinaire des animaux.* Il faut environ par jour en foin : à un mouton 3,25 p^r 0/0 de son poids vif; à une vache, 3,50 p^r 0/0; à un bœuf de trait, 2,8 p^r 0/0; à un bœuf à l'engrais 5 p^r 0/0; à un cheval 4 p^r 0/0; combien d'Hg de foin cela fait-il par 50^{Kg} vivant? (Tableau).

1078. *Production du fumier animal.* On estime que par an:

Un bœuf à l'étable donne 35 fois son poids de fumier.
Une vache, un porc   —   30   d°
Un mouton   —   22   d°
Un cheval, un bœuf de travail —   15   d°

Combien chaque animal donne-t-il de fumier par 100^{Kg}, par mois, par jour à 1^g près? (Tableau.)

1079. Une famille de 3 personnes dépense au déjeuner : 7^{Hg},5 de pain à 0^r,32...; 75^{cl} de vin à 0^r,40 le l...; 12^{Dg},6 de fromage à 0^r,55 le demi-Kg...; Total... Refaites le compte pour une personne?

1080. *Création d'un pâturage.* On sème à l'Ha : ray-grass anglais, 40^{Kg} à 55^r le q^l...; trèfle blanc, 7^{Kg} à 90 fr. les 50^{Kg}...; lupuline ou minette, 7^{Kg} à 52^r le cent...; que coûtera la semence d'un terrain de 128^m sur 48^m?

1081. *Composition de l'encre.* On fait bouillir dans 6^l d'eau : 0^{Kg},750 de noix de galles à 2^r,10 le 1/2 Kg...; 44^{Dg} de couperose verte à 0^r,40 le Kg...; 2^{Hg},5 de gomme à 1^r,15 le 1/2 Kg...; 125^g de vitriol bleu à 0^r,15 l'Hg...; 75^g de sucre candi à 2^r,20 le 1/2 Kg. A quel prix revient: 1° le litre; 2° la bouteille de 12^{cl} (Compte en ordre.)?

1082. *Vente de vin au détail.* Un aubergiste achète 58^r une barrique de vin de 2^{Hl},40. Il paye en outre : droit de circulation, 0^r,80 par Hl...; droit de détail, 15 p. 100 sur le prix de vente...; transport du vin et autres frais, 3^r,25. A quel prix lui revient la barrique? Que gagne-t-il dessus en vendant son vin 0^r,20 le demi-litre?

1083. *Compte d'un commis-voyageur.* Un commis reçoit 10^r par jour pour frais de voyage et 5 p. 100 sur le montant des ventes qu'il fait. Il dépense en moyenne : 1° pour son cheval 15^l d'avoine à 15^r l'Hl, et 7^{Kg},500 de foin à 12^r le quintal métrique; 2° pour sa nourriture et son coucher, 6 fr.; 3° pour pièces aux domestiques, 0^r,75 :

EXERCICES D'ARITHMÉTIQUE.

4° frais divers, 1',50. Faites son compte par dépenses et recettes, en supposant qu'il vend pour 120' de marchandises par jour.

1084. *Construction d'un chemin.* Un propriétaire fait faire sur ses terres le chemin ci-contre. Ce chemin coûtera : 1° terrain à 950 fr. l'Ha ; 2° ouverture de fossés à 4',50 l'Hm ; 3° cailloux (une épaisseur de 0^m,20) à 4',50 le mc rendu ; 4° construction du chemin à 250 fr. le Km.

Faites le compte de la dépense totale. Quel est le prix moyen du m ?

1085. Le poids de l'air qui pèse sur nous est égal à celui d'une colonne d'eau de 10^m,33 de haut. Quel poids supporte chaque cmq de surface ?

1086. *Collage des vins.* Pour coller ou clarifier 1^{ht} de *vin rouge,* on délaye parfaitement 3 blancs d'œufs et 1^{kg},20 de sel dans 0',25 du même vin ; on mêle le tout dans le fût, et on l'agite fortement avec un bâton fendu. Huit jours après on soutire, et on peut le mettre en bouteilles. Que coûtera le collage de 228' de vin rouge, les œufs valant 0',90 la douzaine ; le sel, 18' les 100^{kg} ; le vin, 40 fr. l'Hl ?

RELATIONS DES MESURES ENTRE ELLES.

EXERCICES PRÉPARATOIRES.

1087. Convertissez en mesures agraires 1 mq ; 1 Dmq, 1 Hmq ?

1088. Quelles sont les mesures, poids et monnaies correspondant à

	1^{cmc}	10^{cm}	100^{cmc}	1^{dme}	10^{dmc}	100^{dme}	1^{mc}
stères.							
litres.							
grammes.							
monnaie d'argent							
— de bronze							

1089. Dites la longueur du fossé qui entoure un carré de 1ª ; 1Ha ?

1090. Que valent à 0',25 le m les plinthes qui entourent une chambre carrée de 100 mq ?

1091. Que faudra-t-il de boîtes de 100 oignons pour planter 2ª en les espaçant de 1dm en tous sens ?

1092. Deux cantons ont : l'un 384 habitants par Kmq, l'autre 5^{hab},6 par Ha ; quel est le plus peuplé ?

1093. Pour semer 2ª,4 de carottes, il a fallu 13^{Dg},4 de graine ; combien de g par mq ?

1094. A 12ᴷᵍ de trèfle par Ha, combien de g pour semer 2ᵃ,7?

1095. Un carré de jardin de 20ᵐ sur 10ᵐ a donné 5ᴰˡ12ˡ de lentilles; quel est en dl le rendement du mq, de l'a?

1096. Une pile de bois de 4ᵐ sur 1ᵐ,50 et 1ᵐ, a été vendue 10ᶠ le st; quel est son prix? Si on en brûle 1ᵈˢᵗ par j., que durera-t-elle?

1097. On vend 0ᶠ,20 le m linéaire du chevron de 1ᵈᵐ d'équarrissage; à quel prix revient le mc? Que vaut le dst?

1098. Un chaufournier vend sa chaux 2ᶠ,65 l'Hl, et son confrère voisin 25 fr. le mc. Lequel vend le moins cher?

1099. Quel espace faut-il pour loger 100ᴴˡ 7ᴰˡ de blé?

1100. On guérit les bêtes à cornes météorisées en leur faisant avaler 4ᵍ d'ammoniaque mélangés dans 125ᵍ d'eau. Indiquez ces quantités en l.

1101. On enlève aux fûts le goût de moisi en les rinçant fortement avec un mélange de 2ˡ d'eau, 75ᵍ de chlorure de chaux, et 80ᵍ de vitriol (acide sulfurique). Quelle somme en bronze pèse chaque quantité?

1102. On nettoie le cuivre poli avec un mélange de 2ᴷᵍ d'eau, 64ᵍ de terre pourrie, 2 ᵗ de sel d'oseille (acide oxalique), 16ᵍ de vitriol. Comment peser ces quantités si l'on n'a que de la monnaie d'argent?

1103. Un pot au lait contient 1ᴷᵍ,5 d'eau. Quel est son volume en dmc? Pour combien contient-il de lait à 0ᶠ,20 le l.?

1104. Un cultivateur a récolté 4ᴴᵍ,85 plantés en blé qui ont produit 227 gerbes par Ha. Trouver la valeur de la récolte à 3ᶠ,25 le d.Dl de blé et 4ᶠ,25 le Ql de paille, puis son poids, sachant que l'Hl de ce blé pèse 78ᴷᵍ, que 20 gerbes donnent 9ᴰˡ,6 de blé et 115 gerbes 5 qˣ de paille.

1105. L'eau d'un verre pesant 1ᶠ,25 de monnaie de bronze, combien de verres semblables contient 1 litre d'eau?

1106. Un coffre à avoine a 8ᵈᵐ de long, 5ᵈᵐ de large, 5ᵈᵐ de haut. Quelle est la surface du fond en dmq; combien d'Hl d'avoine peut-il contenir? que pèse et que vaut cette avoine à 45ᴷᵍ l'Hl et à 2ᶠ,25 le d.Dl? Dites le volume d'eau que pèse ce poids?

Problèmes.

1107. Dans un champ de pommes de terre de 2ᴴᵃ 4ᵃ, on a arraché une rangée de 49ᵐ sur 0ᵐ,80 et obtenu 5ᴰˡ 9ˡ. Que peut-on espérer d'Hl dans la récolte? quel volume occupera-t-elle?

1108. Un cultivateur veut fumer un champ de 1ᴴᵃ 6ᵃ avec 15ᴴˡ de poudrette. Il jette 2 poignées de 1ᵈˡ par chaque pas de 0ᵐ,85 sur 1ᵐ,70 de largeur; en aura-t-il assez?

1109. *Engrais humains.* Les excréments humains forment le meilleur des engrais. Pour les désinfecter et fixer les gaz, on emploie par Hl de matière: 40ᴴᵍ de poussier de charbon; 30ᴰᵍ de plâtre cru et 300ᵍ de couperose verte. Combien de Kg de chaque substance pour désinfecter 1ᵐᶜ,750; 78ᴰᵐᶜ?

1110. On fauche un pré de 184ª en andains de 1ᵐ,80. Un andain de 15ᵐ de long a donné 37ᵏᵍ,800 d'herbe verte qui ne rendra que le 5ᵉ en foin sec. On demande : 1° le rendement du pré en quintaux de foin; 2° la valeur de la récolte à 78 fr. les 100 bottes de 10ᵏᵍ; 3° l'espace nécessaire pour loger ce foin si un mc peut en recevoir 110ᵏᵍ foulés.

1111. *Aire des granges.* A défaut de terre franche, on emploie un mortier composé de 4 parties de chaux hydraulique et 3 de cendres tamisées de gravier; le tout bien mélangé avec du sang de bœuf et étendu à l'épaisseur de 8ᶜᵐ. Combien de Dl de chaque matière faudra-t-il pour faire une aire de grange de 8ᵐ,60 sur 6ᵐ,50?

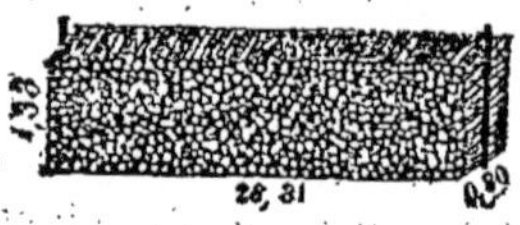

(Ex. 1112).

(Ex. 1113).

1112. Pour tarir la fosse suivante, 2 ouvriers se servent d'une pompe rejetant 43ᵈˡ d'eau par coup de piston. Combien d'heures leur faudra-t-il pour faire ce travail en donnant 20 coups de piston par minute. S'ils marchandent ce tarissage, que doivent-ils demander en tout pour gagner chacun 0ᶠ,25 par heure?

1113. *Fabrication du charbon.* Le bois rend en charbon le tiers de son volume et le 5ᵉ de son poids. Quel est le plus avantageux ou de vendre ce tas de bois 23ᶠ,50 la corde de 3ˢᵗ,54, ou de le convertir en charbon valant 2ᶠ,50 la pochée de 5 doubles Dl? (les frais de cuisage sont de 0ᶠ,75 par *st.*)

Que pèse l'Hl de ce charbon si le *st* de bois pèse 400ᵏᵍ?

TOISÉ ET ARPENTAGE.

Formules pour la mesure des surfaces.

Carré.	$S = L \times L$	L longueur.
Rectangle. . .	$S = L \times l$	L longueur, l largeur.
Trapèze. . . .	$S = \frac{1}{2}(B + b) \times H$	B, b bases H hautᵣ.
Triangle . . .	$S = \frac{1}{2} B \times H$	B base, H hauteur.
Hexagone rég.	$S = P^2 \times 2,598$	P contour.
Cercle.	$C = D \times 3,1416.$　$D = C \times 0,31831$	D diamètre.
»	1° $S = C \times \frac{1}{2} R$	C circonférence.
»	2° $S = R^2 \times 3,1416$	R rayon ou $\frac{1}{2}$ diam.
»	3° $S = \frac{1}{2} C^2 \times 0,31831$	

1114. Définissez et dessinez chacune de ces figures. Lisez et expliquez ces formules.

Quand on connaît la mesure d'un rectangle ou d'un triangle et une dimension, comment trouve-t-on l'autre dimension?

CALCUL MENTAL.

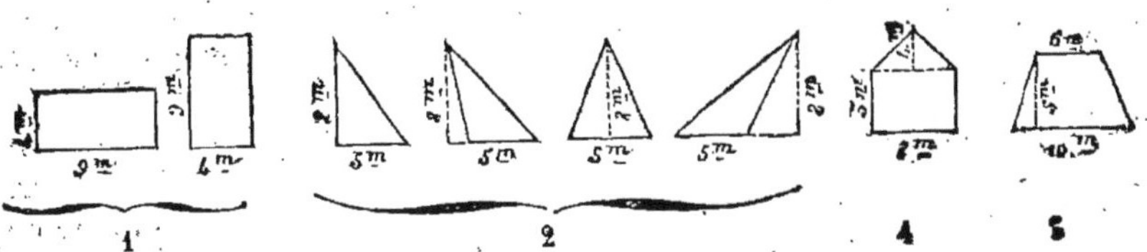

1115. Quelle est la surface des 2 rectangles n° 1 ; des 4 triangles n° 2; des 6 trapèzes n° 3 ci-dessous?

1116. Une planche d'oignons de 5ᵐ sur 2ᵐ en a donné 85ˡ. Qu'a produit chaque *mq* ? Qu'aurait donné 1 are?

1117. Que contient de *mq* le pignon de grange n° 4 ? Qu'a gagné l'ouvrier à 1ᶠ,10 le *mq*?

1118. On plante en choux la terre n° 5. Quelle en est la surface et combien de choux faudra-t il si on en met 4 par *mq*. Que coûterait le plant à 0ᶠ,50 le cent?

1119. On sème en blé le jardin n° 6. Quelle est sa surface? En mettant 2 grains par *dmq*, combien en faudra-t-il? On a obtenu 20ˡ de grains; qu'a rendu 1 *mq*?

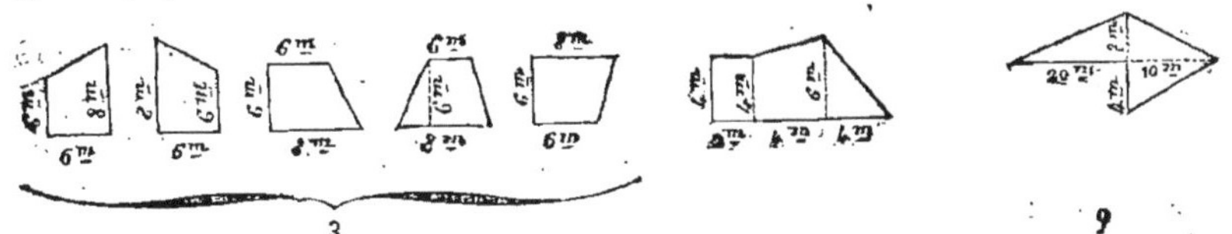

1120. Un journalier a mis 1 heure 40 minutes pour bêcher le terrain n° 7. Qu'a-t-il bêché en tout, par minute? Qu'a-t-il gagné à 0ᶠ,50 l'are?

1121. On donne dans les bergeries 1ᵐq par mouton ; quelle longueur donnera-t-on à une bergerie de 6ᵐ de largeur qui doit renfermer 72 moutons ?

1122. Je veux ensemencer 1 are de salade dans une planche de 20ᵐ de long. Quelle largeur lui donnerai-je?

1123. Un journalier défriche le terrain n° 8 (p. 96) à 1ᶠ,50 de l'are; que doit-il défricher d'ares, puis de *mq* pour gagner 3ᶠ,75? Quelle longueur devra-t-il bêcher?

1124. Un triangle a 8ᵐ de hauteur et 16ᵐq de surface. Quelle est sa base ?

1125. Quelle est la circonf. d'une table ronde de 0ᵐ,50 de rayon?

1126. On entoure une cuve de 2ᵐ de diamètre, d'un cercle de fer pesant 62ᵏᵍ,830, quelle est sa circonférence? Que pèse chaque mètre?

1127. Combien de *m* parcourt un cheval pour faire le tour du manège n° 10? Combien de Km fera-t-il dans 1000 tours?

1128. Quelle est la surface d'un couvercle rond de 2ᵐ de diamètre. (Calcul par la 2ᵉ méthode, *carré du rayon.*)

1129. Combien de *mq* dans une table ronde de 2ᵐ de tour. (Calcul par la 3ᵉ méthode, *carré de la 1/2 circonf.*)

1130. Le terrain n° 9 contient 6ᵐᵍ. Quelle est sa base? On le fait entourer d'une bordure coûtant 0ᶠ,10 le *m* linéaire; que doit-on?

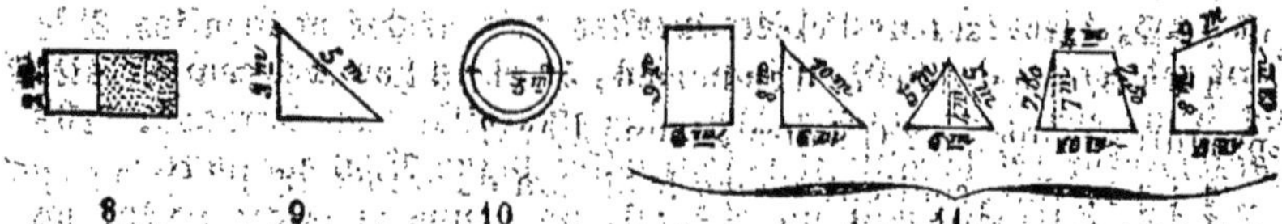

8   9   10   11

1131. Les plates-bandes n° 11 ont été bêchées, puis bordées de buis; que coûtent: 1° le bêchage à 1ᶠ,5 l'are; 2° la bordure à 0ᶠ,05 le *m*?

Problèmes.

Avis. L'unité de longueur pour toutes les figures suivantes est le *mètre.*

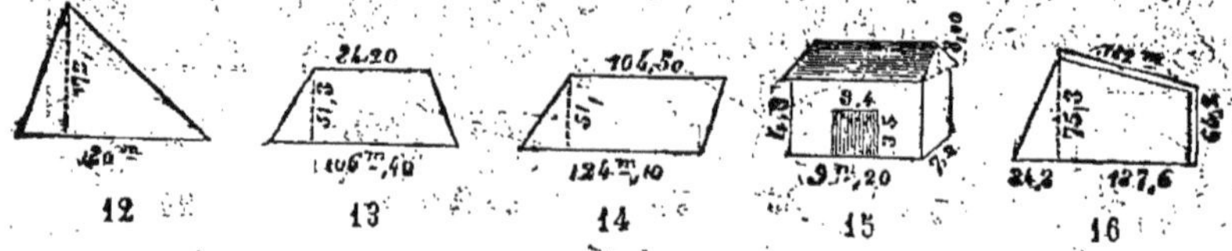

12   13   14   15   16

1132. Dans 1 journée et demie, 3 hommes ont fauché la luzerne n° 12, moyennant 8ᶠ,75 l'Ha. Qu'ont-ils gagné ensemble, puis séparément? A quel prix revient chaque journée?

1133. J'achète le pré n° 13, à 35ᶠ l'are; je paye en outre 34ᶠ,20 au notaire et 6ᶠ,32 p. 100 (compris décime 1/2) à l'enregistrement. Que me coûte-t-il en tout? A quel prix revient l'are?

1134. Un cultivateur laisse monter à graine le trèfle du champ n° 14. Il obtient 89ᵏᵍ,500 de graine valant 120ᶠ les 104ᵏᵍ. Quel est le revenu du terrain entier, puis de l'Ha?

1135. Que coûte à 0ᶠ,50 le *mq*, vides déduits, l'enduit extérieur de la grange n° 15 (haut. de la porte 3ᵐ,5).

1136. Achevez le compte des travaux faits par un journalier dans la terre n° 16 : fauché le blé « ares à 12ᶠ l'Ha...; 2 journées et demie à rentrer les gerbes à 2ᶠ,75...; réparé le fossé » *m* à 0ᶠ,075...; total...

1137. Que coûte à bêcher le jardin n° 17 à 0ᶠ,60 la chaînée de 66ᵐᵍ?

1138. Je fais entourer le même jardin d'un mur de 1ᵐ,90 de haut, fondations comprises. L'ouvrier prenant 0ᶠ,45 du *m* linéaire pour creuser les fondations et 6ᶠ du *mq* pour le mur, que coûtera ce travail?

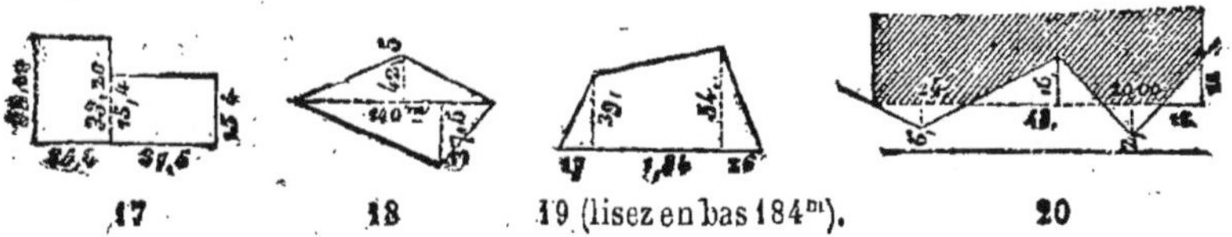

<table>
<tr><td>17</td><td>18</td><td>19 (lisez en bas 184^m).</td><td>20</td></tr>
</table>

1139. La terre n° 18 me coûte 28ᶠ l'are, plus 40ᶠ de pot de vin et 125ᶠ,50 d'autres frais. Elle contient 16 arbres valant en moyenne 10ᶠ,50 pièce et une récolte estimée 170ᶠ. A quel prix revient l'are?

1140. L'acacia réussit bien dans les sols arides et incultes. Si le plant est espacé de 0ᵐ,40 en tous sens, et si un homme peut planter 600 brins par jour, que coûtera la plantation du terrain n° 19? L'acacia vaut 12ᶠ le mille et le journalier gagne 2ᶠ,50 par jour.

1141. En redressant un chemin, on coupe le jardin n° 20; on paye au propriétaire 48ᶠ l'a du terrain qu'on lui prend et on lui cède au même prix ce qui reste de l'ancienne route. Combien d'a lui prend-on? que lui laisse-t-on; combien lui revient-il?

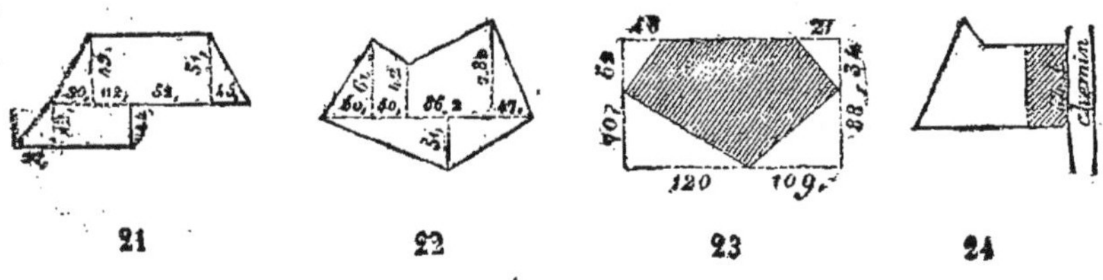

<table>
<tr><td>21</td><td>22</td><td>23</td><td>24</td></tr>
</table>

1142. Je fais convertir en pré la terre n° 21. Achevez le compte de mes dépenses : labours et hersages » a à 60ᶠ l'Ha ...; 32ᵐᶜ de fumier à 8ᶠ,50 ...; 48ᵏᵍ,500 de ray-grass d'Italie à 45ᶠ le cent...; 19ᵏᵍ,250 de trèfle blanc à 180ᶠ le cent...; 1 journée 1/2 de semeur à 2ᶠ,50. Total... Que me coûte l'Ha?

1143. J'afferme pour 70ᶠ l'Ha, la terre n° 22; que dois-je au propriétaire? Le terrain contient 15 arbres qui m'ont donné immédiatement 170ᴰˡ de pommes valant 0ᶠ,35 le Dl. A quel prix me revient net l'Ha, cette récolte déduite? (3ᵉ *haut.* : 78ᵐ,2, *au lieu de 7,82.*)

1144. On achète aux enchères publiques le bois n° 23 à 750ᶠ l'Ha plus 6 p. 0/0 pour frais de vente et 6,32 p. 0/0 pour enregistrement Que me coûte-t-il en tout? (*à droite de la fig. lisez 98, au lieu de 88.*)

1145. Je vends 40 ares à prendre dans la terre n° 24, le long du chemin. Quelle longueur dois-je donner?

1146. Un vigneron veut planter 66 ares de vigne dans le bout de la terre n° 25; quelle largeur lui faudra-t-il. Si on espaçait les ceps de 1ᵐ,20 sur 0ᵐ,60, qu'en coûterait l'achat à 5 fr. le cent?

25   26   27   28

1147. Les roues d'une voiture ont devant 0^m,74, derrière 1^m,16 de diamètre. Combien les premières feront-elles de tours de plus que les deuxièmes dans un parcours de 15^km ?

Nota. Pour le calcul des circonf. et des cercles voy. Ex. 642 et 643 la manière d'abréger la multiplication par 3,1416 ou 0,31831.

1148. Je fais faire des tuyaux de gouttières de 0^m,05 et de 0^m,03 de diamètre. Quelle largeur de fer-blanc faudra-t-il pour chacun ?

1149. Un maçon veut faire le cintre n° 26 avec 9 pierres. Quelle est, 1° la longueur de la 1/2 circonférence ; 2° la largeur à donner à chaque pierre ?

1150. Dans 15 minutes une roue de voiture de 1^m,50 de diamètre a fait 640 tours. Quelle est à l'heure la vitesse du cheval ?

1151. Quel est le diamètre d'une cuve de 4^m,60 de circonférence ?

1152. On veut faire une table ronde pour 8 personnes en donnant à chacune 0^m,40 d'espace. Quel en sera le diamètre ?

1153. Que vaut à 6^f le *mq*, un couvercle de puits de 0^m,80 de diamètre ?

1154. On bétonne le fond d'un bassin circulaire de 6^m,80 de tour. Que vaut ce travail à 2^f,70 le *mq* ?

1155. Qu'est-il dû au menuisier pour la porte de cave n° 27, à 7^f,50 le *mq* ? (*Mettez à gauche de la fig.* 1,^m40 *au lieu de* 140.)

1156. Achevez le compte de ce que me coûte le châssis n° 28 ; menuiserie du dessus » *mq* à 7^f,50 ... ; id. des côtés » *mq* à 5^f,50 ... ; 4 charnières à 0^f,15 ... ; 2 douzaines de vis à 1^f,50 le cent ... ; » carreaux ayant ens. » *mq* à 5^f,50 ... ; main en fer ... 0^f,80 ; peinture (dessus 1 face ; côtés 2 faces) » *mq* à 0^f,75 ... ; Total...

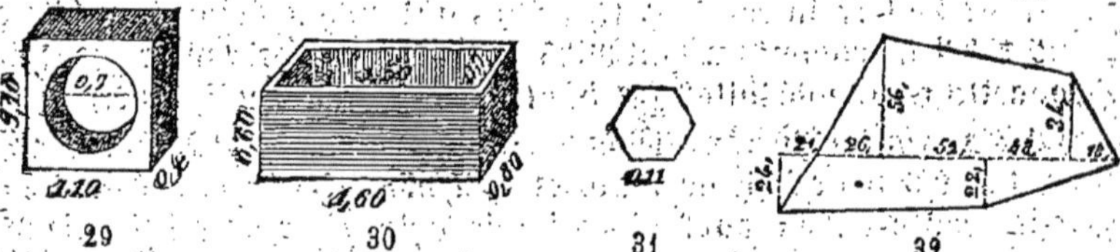

29   30   31   32

1157. Que coûte à 3^f,50 le *mq* la taille de la pierre n° 29 formant le dessus d'un puits. Que doit mettre de jours à faire ce travail un ouvrier qui veut gagner 3^f par jour ?

1158. Un propriétaire achète une pierre dure 30^f pour faire l'auge n° 30. Il donne 15^f pour la transporter et 5^f,50 du *mq* pour la creuser et la tailler. A quel prix lui reviendra-t-elle ?

1159. Que coûtera, à 75ᶠ le mille, l'achat des carreaux à six pans (hexagone régulier) (n° 31) nécessaires pour carreler une chambre de 5ᵐ,50 sur 6ᵐ,40.

1160. *Culture du trèfle.* Un cultivateur qui tient ses affaires avec ordre, vient de faire le compte de la culture du trèfle n° 32 (achevez-le). *Dépenses :* plâtre semé au printemps 180ᴷᵍ à 22ᶠ le mille; fauchage des 2 coupes à 12ᶠ l'Ha ...; fanage, 7 journées 1/2 de femme à 2ᶠ,25...; transport de 2 coupes, 2 journ. à 12ᶠ ...; bottelage de la 1ʳᵉ coupe 2720ᴷᵍ à 0ᶠ,25 le quintal ...; battage des graines de la 2ᵉ coupe 125ᴷᵍ à 28ᶠ le cent ...; impositions, faux frais 15ᶠ. *Recettes :* 1ʳᵉ coupe, 272 bottes de 10ᴷᵍ à 5ᶠ,25 le cent ...; 2ᵉ coupe 125ᴷᵍ graines à 54ᶠ les 50ᴷᵍ ... *Bénéfice.....*

1161. *Réduction des plans.* Quelle est la surface de chacune des chambres de la maison de journalier du n° 775?

1162. *Plans.* Le plan cadastral est fait à 1ᵐ pour 2500ᵐ. La cour n° 33 étant calquée sur le cadastre et les dimensions trouvées exprimées en *mm*, quelles en sont les dimensions réelles? Quelle surface doit-elle avoir? Quelle est en outre la surface des bâtiments?

1162 *bis.* Un chef d'atelier veut dessiner à l'échelle de 0,01 le chassis n° 28. Quelle longueur donnera-t-il à chaque ligne? Faites le dessin.

CUBAGE.

Formules pour la mesure des volumes.

Parallélipipède. . .	$V = S$ de $B \times H$	V volume.
Prisme droit. . . .	$V = S$ de $B \times H$	S de B, surface de base.
Cylindre droit . . .	$V = S$ de $B \times H$	H hauteur ou longueur.
Cône	$V = S$ de $B \times \frac{1}{3} H$	

1163. Définissez et dessinez chacune de ces figures. Quand on connaît le volume d'un de ces corps et la surface de sa base, comment trouve-t-on la hauteur?

CALCUL MENTAL.

1164. Le tas de fumier n° 1 (page 98) a été répandu sur 10 ares de terre. Quel est son volume? Combien de *mc* a-t-on mis par are, par *mq*?

1165. Un journalier a creusé 100ᵐ de rigoles n° 2 (p. 98) à 0ᶠ,015 le mètre linéaire. Quel lui est-il dû? Qu'a-t-il enlevé de *mc* de terre? A quel prix revient le *mc*?

1166. Un maçon a construit le pignon n° 3. Que contient de mc la partie carrée, la pointe du mur? Qu'a-t-il gagné à 3ᶠ le mc?

1167. Que contient de mc, puis d'Hl, le fossé n° 4, plein d'eau? Il a été creusé en 10 jours à 0ᶠ,50 le mc. Que gagnait l'ouvrier par j.?

1168. Combien de tomberées de 2ᵐᶜ dans le tas de sable n° 5?

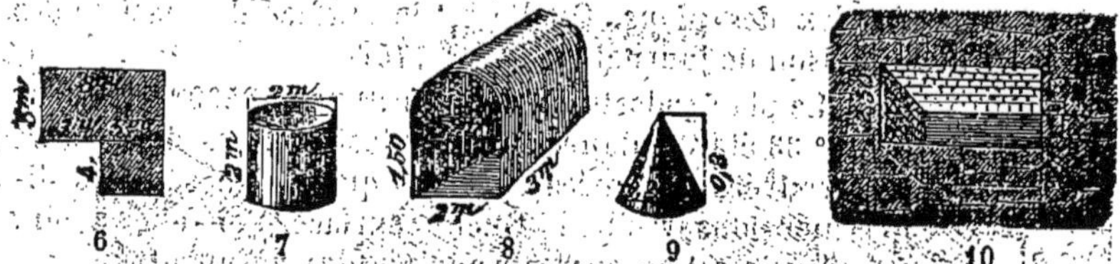

1169. Que vaut le carrelage de la chambre n° 6 à 1ᶠ,50 le mq? On a mis dans cette chambre une hauteur de 0ᵐ,50 de pierrailles, combien en coûtent l'achat et le transport à 2ᶠ,50 le mc?

1170. Que renferme de dmc ou de litres la cuve n° 7?

1171. Un carrier a creusé la cave n° 8 à 2ᶠ du mc. Qu'a-t-il extrait de mc? Que lui est redû s'il a déjà reçu 5ᶠ à compte?

1172. Combien de dmc dans le pain de sucre n° 9? Combien de morceaux de 2cmc pourra-t-il donner?

1173. Un tas de pierres a une surface de 6ᵐ�q. Quelle hauteur devra-t-on lui donner pour qu'il contienne 12ᵐᶜ? 3 toises cubes de 8ᵐᶜ?

1174. Quelle est la surface de la fosse n° 10? Quelle profondeur doit-elle avoir pour tenir 20ᵐᶜ d'eau; 100000ˡ; 100 barriques de 2ᴴˡ,5?

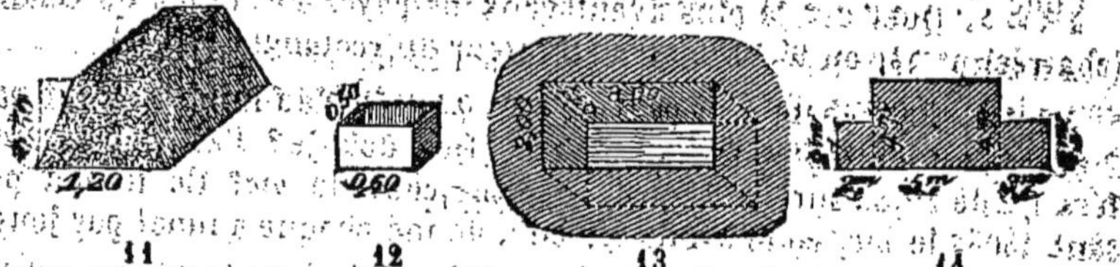

1175. Un prestataire doit fournir 2ᵐᶜ,000 de cailloux. Quelle longueur devra-t-il (pour s'acquitter) donner au tas n° 11?

1176. En plongeant dans l'eau du vase n° 12 un corps irrégulier l'eau monte de 2dm. Quel est le volume de cet objet?

1177. Que coûte à 0ᶠ,50 le mc le creusage du bassin n° 13? On enduit le fond et le tour en ciment romain. Que coûte ce travail à 2ᶠ le *mq*? On l'entoure d'un treillis coûtant 0ᶠ,75 le *m* courant. Que vaut ce treillis?

1178. Je fais mettre autour de la chambre nᵒ 14 des plinthes coûtant 0ᶠ,25 le m. linéaire, et je la fais recarreler à 0ᶠ,75 le *mq*. Que vaut chaque travail? Cette chambre ayant 3ᵐ de haut; combien contient-elle de *mc* d'air?

1179. Si, au lieu de plinthes, je fais mettre dans la chambre nᵒ 14 des stilobates de 0ᶠ,50 de haut, que coûtera ce travail à 4ᶠ le *mq*?

Problèmes.

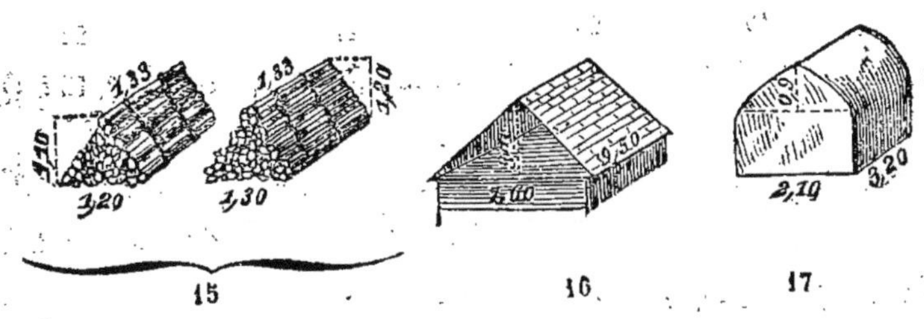

1180. Les bûcherons disposent leurs bourrées par tas de 10 (nᵒ 15). Quel est le volume de chaque tas et de chaque bourrée? Si ces bourrées valent 55ᶠ le cent, à quel prix revient le *mc* de ce bois?

1181. Le *mc* de bon foin, tassé en grandes meules ou dans les greniers, pèse environ 110ᴷᴳ; celui de foin médiocre, trèfle, sainfoin, vesce, entassé de la même manière, pèse 80ᴷᴳ. Combien le grenier nᵒ 16 contiendra-t-il, 1ᵒ de *mc*; 2ᵒ de qⁱ de chaque fourrage?

1182. Quel est le plus avantageux de payer 80ᶠ, le tas de cendre (charrée) nᵒ 17, ou 9ᶠ,50 le *mc*? (*Hauteur* du rectangle 1ᵐ,05.)

1183. J'ai acheté à 6ᶠ par mois et par tête le fumier produit par 2 chevaux du 8 septembre au 23 mai. Que dois-je? J'ai eu 8 charretées 1/2 de 2ᵐ,50 sur 1ᵐ et 0ᵐ,80; que me coûte le *mc*? Ce fumier pesant 450ᴷᴳ le *mc*, combien de Kg en a donné chaque animal par jour?

1184. Quelle profondeur donner à l'auge nᵒ 30 (p. 96) pour qu'elle puisse contenir 500 litres d'eau?

1185. Quelle hauteur de blé faut-il qu'il y ait dans un grenier de 6ᵐ,50 sur 5ᵐ,80 pour faire 600 doubles D*l*?

1186. Le poids d'un corps submergé diminuant du poids du liquide déplacé, que pèsera dans l'eau de moins que dans l'air une pierre de 0,8 sur 0,7 et 0,35?

1187. Quel serait le volume d'un animal qui, étant plongé dans le fossé n° 13, ferait monter l'eau de 0ᵐ,065?

1188. Pour cuber une poutre équarrie, un marchand de bois multiplie le carré du quart du tour de la poutre par la longueur. Il achète 70ᶠ le mc la pièce de bois n° 18. Que la payera-t-il en la mesurant ainsi? Que coûterait-elle si on la cubait par les moyens ordinaires?

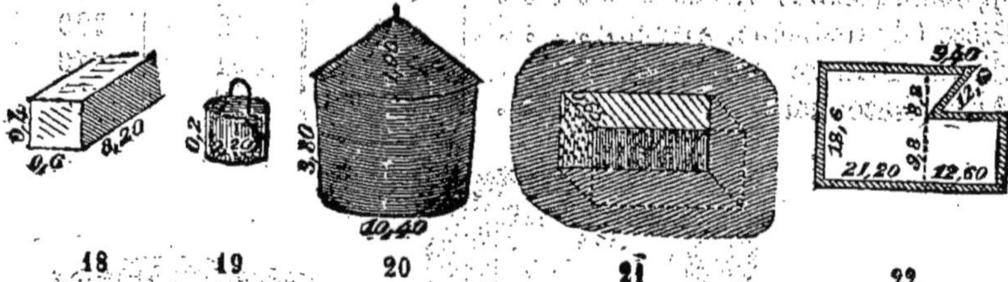

18   19   20   21   22

1189. Combien peut tenir de litres de lait de seau n° 19? Que vaut son contenu à 0ᶠ,20 le l.?

1190. La paille de froment bottelée en meules pèse environ 60ᴷᵍ le mc; celle d'avoine, d'orge, idem, 40ᴷᵍ. Quel sera le volume, puis le poids de la meule n° 20, si elle est faite avec chacun de ces fourrages?

1191. Que devra avoir de surface le bassin n° 21 pour renfermer 100 barriques de 2ᴴˡ,50? Il a 4ᵐ de long, quelle est la largeur?

1192. On fait entourer d'une douve de 1ᵐ,50 de large sur 1ᵐ,10 de profondeur le jardin n° 22 et répandre dessus la terre extraite du fossé. Que coûtera ce creusage à 0ᶠ,75 le mc, puis l'épandage à 0ᶠ,05 la brouettée de 100ᵈᵐᶜ? Quelle hauteur de terre recevra ce jardin?

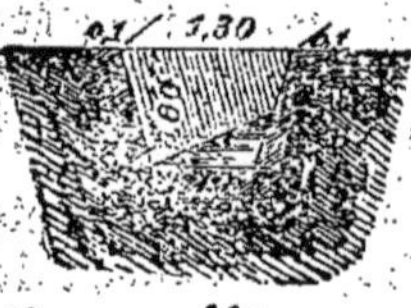

1193. *Curage des ruisseaux.* J'ai fait curer et élargir le fossé n° 23 qui a 125ᵐ de long. Que dois-je à 0ᶠ,65 du mc de déblais? L'ouvrier a mis 11 jours à faire ce travail. Que gagnait-il par jour? A quel prix revient le m. linéaire?

23

1194. Un spéculateur a acheté pour six mois le fumier d'une écurie de 130 chevaux à raison de 0ᶠ,125 par cheval et par jour. Il a obtenu un tas de 60ᵐ de longueur, autant de largeur et 1ᵐ,40 de hauteur. Mais ce tas s'affaisse et diminue de 1/4; il le vend alors à raison de 12ᶠ la voiture dd 1000ᴷᵍ. Combien a-t-il gagné ou perdu dans cette spéculation, le fumier ordinaire pesant 750ᴷᵍ le mc?

1195. On achète pour 62ᶠ un chêne de 6ᵐ,30 de longueur sur 0ᵐ,382 d'équarrissage, que l'on fait débiter en planches de 0ᵐ,03 d'épaisseur, à raison de 0ᶠ,075 le mètre linéaire; on suppose que chaque trait de scie prend une épaisseur de 0ᵐ,002, et on demande combien il faudra vendre le mq de planches pour gagner 25ᶠ.

1196. *Dimensions des futailles.* Cherchez la contenance des fûts suivants au moyen de la formule : Contenance $= D \times d \times L \times 0{,}82$.

	g^d diam. (D).	p^t diam. (d).	long. int (L)
Quart de bière de Paris.	445^{mm}	395^{mm}	520^{mm}
1/2 busse (cognac, Ardèche)	561	499	655
Pièce (Haute-Saône, Aisne).	618	548	720
Barrique (Indre-et-Loire)	665	591	776
Anée (Maconnais).	707	628	825

(Ex. 1197).

(Ex. 1198).

(Ex. 1199) (Diamètre : 4^m).

1197. On commande à un tonnelier une cuve de 2^m,20 de diamètre pouvant tenir 35 pièces de vin de 250^l. Quelle hauteur devra-t-il lui donner? Pour faire cette cuve il dépense : pour les douves » planches de cœur de chêne de 0^m,12 de largeur à 12^f le mq; pour fond et couvercle » mq de planches à 12^f le mq; 3 cercles en fer pesant 19^{kg} pièce à 72^f le 0/0 tout posés; quelle est sa dépense? Cette cuve lui ayant été payée 15^f la barrique de contenance, quelle somme lui reste-t-il net?

1198. Je veux faire monter un pressoir à vis. Achevez le compte de ce que me coûtera ce travail. Préparation de l'aire et bétonnage du fond, 1 j. 1/2 à 2^f,75 ...; cailloux et chaux hydraulique 5^f,50; » m linéaires de pierre dure pour faire le tour à 4^f,50 le m. ...; taille de la pierre » mq à 3^f,50 ...; fourniture d'une pierre pour appuyer la vis, 6^f; carrelage » mq à 0^f,65 ...; fourniture de » carreaux doubles de 0^m,22 à 250^f le mille ...; vis en fonte et accessoires 170^{kg} à 55^f le cent... Total...

1199. Quelle est en Hl, la contenance du bassin circulaire ci-dessus? Achevez le compte suivant de l'ouvrier : Creusage du bassin, » mc à 1^{f}50 ...; » maçonnerie en chaux hydraulique » mc à 20^f ...; bétonnage hydr. du fond » mc à 18^f ...; enduit des côtés en ciment romain » mq à 2^f ...; rebord en pierre dure » m linéaires à 8^f tout posé. Total...

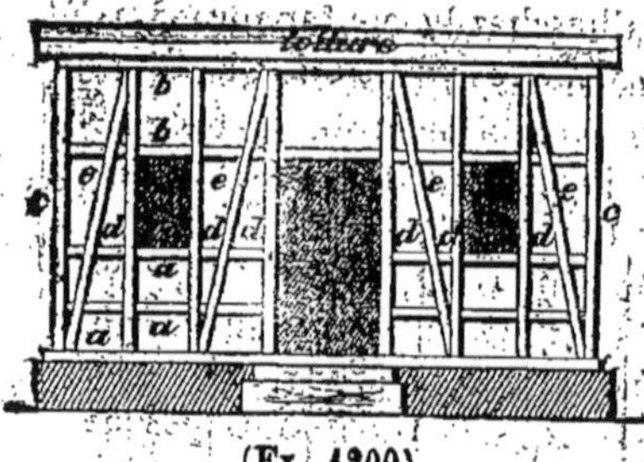

(Ex. 1200).   (Ex. 1201).

1200. *Pan de bois.* Un charpentier vient de faire la façade ci-dessus; cherchez ce qui lui est dû. Il a fourni : 3 sablières basses (*a*) de 5ᵐ,40 et 0,24/0,25; 2 sablières hautes (*b*) de 6ᵐ,40 et 0,24/0,25; » poteaux cornières (*c*) de 3ᵐ,50 et 0,28/0,30; » poteaux d'huisserie (*d*) de 3ᵐ,50 et 0,26/0,26; » guettes (*e*) de 3ᵐ,80 et 0,26/0,25; le tout à 90ᶠ le m. cube. (Nota : 0,24/0,25 se lit 0,24 sur 0,25).

1201. Un charpentier a fait le petit hangar ou appentis ci-dessus moyennant 80ᶠ du *mc* pour les poteaux (*a*), jambes de force (*b*), contre-fiches (*c*), faîtage (*e*), entraits (*d*); et 0ᶠ,45 le m. linéaire pour les chevrons (*f*) et les coyaux (*g*). Faites son compte. On lui fait un rabais de 2 p. 0/0. que recevra-t-il? Acquittez sa note.

1202. Un ouvrier doit faire une cave voûtée plein cintre. On lui remet un plan, non coté mais exactement fait à l'échelle de 5ᶜᵐ pour m. Le dessin ayant les dimensions ci-contre exprimées en *mm*, quelles sont les mesures réelles de la cave? Que coûtera la maçonnerie seule à 16ᶠ du mètre cube?

1203. *Silos.* Les racines et tubercules se conservent parfaitement dans un *silo* (espèce de fosse recouverte). Un cultivateur pressé

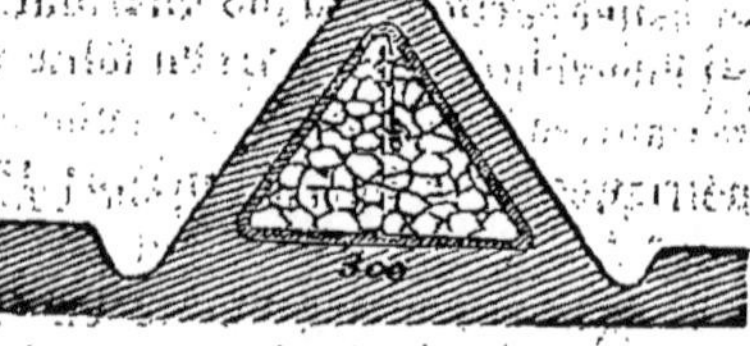

N° 1.   N° 2.

met en silo sur le bord du chemin la récolte d'un Ha de betteraves. Ce silo, n° 1, a 13ᵐ de long et les betteraves pèsent 55ᴷᵍ l'Hl. Voici la dépense : creusage de la fosse et des 2 fossés d'asséchement $0^f,25$ le mc; 10ᴷᵍ de paille par m. linéaire pour recouvrir, à $3^f,20$ les 100ᴷᵍ...; transport, ensilage, recouvrement du silo avec la terre de la fosse et des fossés; 2 journées d'attelage à 11ᶠ et 7 journées d'hommes à $1^f,75$. Total... Prix de revient de l'ensilage par 100ᴷᵍ.

1204. Un propriétaire a mis dans le silo n° 2, qui a $10^m,4$ de long, sa récolte de 1ᴴᵃ 15ᵃ de pommes de terre. Quel est le rendement de l'Ha en doubles Dl. Il en fait consommer dans sa ferme 120ᴷᵍ par jour; pour combien de temps en aura-t-il? Ces tubercules pèsent 65ᴷᵍ l'Hl.

1205. On veut établir auprès d'un puits, pour abreuvoir, une auge rectangulaire. Faite en chêne, elle durerait environ 10 ans, et aurait un fond de $5^m,30$ sur $0^m,40$ et des côtés de $0^m,35$ de hauteur; elle coûterait 10ᶠ le mq, plus 15ᶠ en tout pour les ferrements. Faite en plomb, elle durerait au moins un siècle, aurait les mêmes dimensions avec $0^m,15$ d'épaisseur, et coûterait $0^f,35$ le Kg; le dm de plomb pèse 11ᴷᵍ,35. Faite en pierre de taille, elle durerait 25 ans, et aurait $3^m,40$ de long, $1^m,10$ de large, $0^m,35$ de hauteur et $0^m,25$ d'épaisseur; la pierre se payerait 35ᶠ le mc et la taille 25ᶠ en tout. Quel serait le parti le plus avantageux?

1206. Les roues de devant d'une voiture ont $0^m,96$ de diamètre et celles de derrière $1^m,18$; les jantes ont une largeur de $0^m,045$. On veut faire ces roues avec des cercles de $0^m,007$ d'épaisseur. Quelle sera la dépense à raison de $0^f,75$ le kilog. de fer qui pèse 7ᴷᵍ,8?

1207. Une cuve de $2^m,50$ de haut et $2^m,10$ de largeur moyenne doit donc être faite avec des douves de $0^m,25$ de large. Combien cette cuve contiendra-t-elle de l de vin, et combien faut-il de douves pour la construire? On en emploie 8 pour le fond.

NOTIONS SUR LE CUBAGE DES BOIS DE CONSTRUCTION.

1208. Ce cubage n'ayant pas lieu en général d'après les règles ordinaires de la géométrie, nous croyons utile de placer ici quelques notions pratiques et de proposer un certain nombre d'exercices spéciaux sur ce sujet usuel partout, et très important pour les départements boisés.

L'unité de volume ne s'appelle *stère* que pour les bois de chauffage pour les autres, c'est le mètre cube ou le pied cube métrique. (Le pied métrique est le tiers du mètre; 1ᵐᶜ $= 3 \times 3 \times 3$ ou 27ᵖᶜ).

BOIS ÉQUARRIS.

1209. Une pièce de bois peut avoir la même largeur et la même épaisseur aux deux extrémités; alors on ne désigne qu'une largeur et qu'une épaisseur. *Le volume = longueur × largeur × épaisseur.*

Quand il n'en est pas ainsi, le vol. = long^r × larg^r moyenne × épaiss^r moy. La largeur moyenne est la demi-somme des largeurs extrêmes; l'épaisseur moyenne *idem*.

Si la largeur = l'épaisseur = 0^m,30 par ex., on dit que la pièce a 0^m,30 d'équarrissage.

1210. Bois ARRONDI (pour le charronnage). Si le contour ou le diamètre est le même aux deux bouts, le volume = long^r × surface du cercle extrême. Quand il n'en est pas ainsi, le vol. = long^r × surf. du cercle moyen qui est en général la demi-somme des cercles extrêmes.

EXERCICES.

1211. Trouvez à 51^f,80 le *mc*, le prix d'un sapin équarri de 15^m,60 de long, 0^m,31 de large, et 0^m,27 d'épaisseur.

1212. Combien coûte à 90^f le *mc* une pièce de bois qui a 9^m,30 de long, et 0^m,27 d'équarrissage?

1213. On doit employer dans une construction 128 poutrelles ayant chacune 5^m,70 de long, 0^m,25 de large et 0^m,12 d'épaisseur; neuf séries de pannes ayant chacune 18^m,90 de long, 0^m,21 de large et 0^m,19 d'épaisseur, et enfin 38 lignes de chevrons ayant chacune 48^m,70 de longueur, 0^m,08 de largeur et 0^m,07 d'épaisseur. Faites le compte en ordre pour trouver le prix d'acquisition à 58^f,50 le *mc*.

1214. Quel est à 62^f,75 le *mc* le prix d'un arbre équarri de 7^m,60 de long, dont les largeurs extrêmes sont 0^m,32 et 0^m,24 et les épaisseurs *idem* 0^m,21 et 0^m,19?

1215. Un arbre arrondi a 1^m,60 de circonférence et 9^m,40 de long. Combien vaut-il à 82^f,80 le *mc*?

1216. Trouvez le prix à 85^f,75 le *mc* d'un arbre arrondi pour le charronnage, long de 8^m,50, qui a 1^m,60 de circonf. à un bout et 1^m,31 à l'autre.

BOIS EN GRUME.

1217. Les bois *à ouvrer* se vendent le plus souvent en grume (simplement ébranchés). Le volume à payer ne s'évalue pas alors d'après les règles de la géométrie, mais d'après ce qu'on en veut faire et d'après les usages locaux. On ne tient compte que du bon bois, et on fait une réduction pour l'écorce et l'aubier qu'on suppose s'étendre tout autour jusqu'au 5e du rayon.

C'est pourquoi *le plus généralement, pour trouver le volume à payer, on détermine avec un ruban métrique le contour moyen (c'est-à-dire la circonférence au milieu ou la demi-somme des contours extrêmes); on en retranche le cinquième et on prend le quart du reste, on multiplie ce quart par lui-même et le produit par la longueur de l'arbre.*

Plus simplement, *on multiplie le cinquième du contour moyen par lui-même, et le produit par la longueur.*

Quand le bois est déjà écorcé, on ne diminue que le sixième, et même que le dixième du contour moyen ; on prend le quart du reste...; etc. Quelquefois on prend simplement le quart sans réduction. Mais, dans tous les cas, il est évident que le prix du mc dépend du bois utile et par suite de la réduction opérée.

CUBE DU PLUS GRAND ÉQUARRISSAGE.

1218. Le cubage au 5ᵉ déduit est le plus avantageux pour l'acheteur auquel on diminue en totalité l'écorce et l'aubier. Il est en usage dans beaucoup de contrées, et est employé par l'artillerie de la marine.

Beaucoup d'octrois emploient une méthode qui donne un cube plus grand et plus rapproché du volume géométrique, mais bien moins avantageux pour l'acheteur.

On multiplie le diamètre moyen par sa moitié et le produit par la longueur de l'arbre.

Plus simplement, on retranche le dixième du contour moyen, on prend le quart du reste, puis on multiplie, etc., comme précédemment. Ces deux dernières méthodes donnent à très-peu près le même résultat, on obtient ainsi le plus grand équarrissage possible de l'arbre à *vive arête* sans égard à la qualité du bois.

1219. On obtient approximativement la circonf. moy. d'un arbre en mesurant le contour à 1ᵐ,30 du sol, et en diminuant ensuite, *par chaque mètre*, de ce point au milieu de l'arbre, 0ᵐ,06 à 0ᵐ,13 et même au delà, selon que l'arbre diminue plus ou moins régulièrement de grosseur.

EXERCICES.

1220. Un arbre en grume a une longueur de 8ᵐ,40 et une circonf. moyenne de 2ᵐ,10. Quelle est la différence entre le cube géométrique de cet arbre (volume du cylindre) et le cube au cinquième déduit ?

1221. Deux marchands se présentent pour acheter un arbre en grume de 8ᵐ,70 de longueur et de 2ᵐ,50 de circonférence moyenne. L'un offre 176ᶠ à forfait et l'autre 3ᶠ le pied cube au 5ᵉ déduit. Auquel des deux le vendeur doit-il donner la préférence ?

1222. On vend à 4ᶠ,20 le pied cube métr. au 6ᵉ déduit la 1ʳᵉ bille d'un arbre, de 4ᵐ,30 de longueur sur 2ᵐ,70 de circonf. moyenne et le reste à 2ᶠ,25 le pied cube. Combien doit-on recevoir pour la 1ʳᵉ bille, puis pour le surplus de l'arbre qui a 7ᵐ,20 de longueur sur 1ᵐ,15 de circ. moyenne ?

1223. Sur une longueur de 3ᵐ,80, un arbre a une circonf. moyenne de 2ᵐ,90 ; ensuite sur une longueur de 4ᵐ,10, une circonf. de 2ᵐ, et, sur le reste de la longueur qui est de 4ᵐ,50, une circonf. moyenne de 0ᵐ,90. Quelle est la valeur de cette pièce de bois, cubée au 10ᵉ déduit, à 5ᶠ le pied cube pour la 1ʳᵉ partie, à 3ᶠ pour la 2ᵉ et à 1ᶠ,25 pour la 3ᵉ

1224. Un marchand s'est engagé à fournir 40^{mc} de bois pour la marine à 115^f l'un. Il achète 12 pièces ayant chacune en moyenne 9^m de longueur sur 1^m,40 de circonf., à 3^f.25 le p. c. mét., et 18 autres pièces de chacune 6^m,60 de longueur sur 1^m,80 de circ., à 2^f,75 le p. c. métr. On demande s'il a assez de bois pour sa fourniture, et comb. il a gagné?

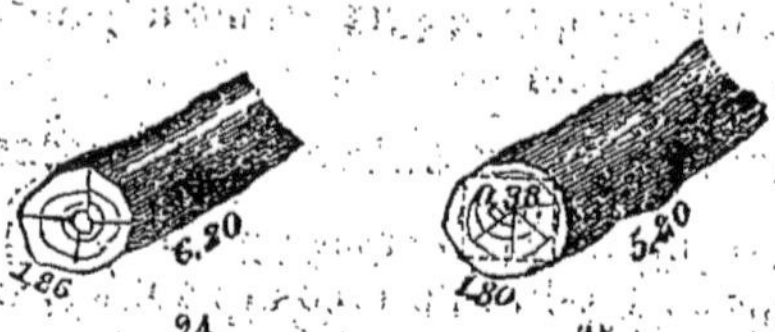

1225. Quel est le plus avantageux de vendre l'arbre en grume n° 24 :

1° 40^f le *mc*, cubé au quart, sans déduction (pour charronnage);
2° 50^f — d° , 1/10 déduit (pour bois écorcé);
3° 58^f — d° , 1/6 id. (pour bois ordinaire);
4° 62^f — d° , 1/5 id. (bois à vive arête);

1226. Un propriétaire refuse de l'arbre n° 25, 55^f du *mc* vendu au quart avec 1/6 déduit. Que lui offre-t-on de l'arbre entier? Il le fait équarrir à vive arête et débiter en planches de 0^m,025 d'épaisseur valant 2^f,20 le *mq*; qu'en retirera-t-il ainsi? Il paye à l'ouvrier 5^f du *mq* pour l'équarrissage et 0^f,50 du *mq* pour le sciage, quelle somme lui reste-t-il? A-t-il eu du bénéfice à ne pas vendre l'arbre en grume?

1227. On suppose généralement que 2/3 de mc. ou 0^{mc},667 de bois en grume donnent une demi-corde, ou un moule de bois de chauffage (1^m,33 en tous sens). Quelle sera donc la valeur, comme bois de chauffage, d'un tronc d'arbre ayant 7^m,70 de longueur sur une circonf. moyenne de 2^m,20, estimé 15^f la demi-corde ou le moule?

1228. On a payé 65^f un arbre destiné au chauffage qui a donné 80 bourrées estimées 4^f le cent; une corde et demie ou trois moules de branchages et un tronc de 4^m,50 de longueur sur 2^m,70 de circonf. moyenne; la façon coûte 19^f. A combien revient en moyenne la demi-corde ou le moule de bois?

1229. On désire remplir de bois de chauffage un bûcher de 4^m de longueur, autant de largeur, et 3^m,50 de hauteur; on achète, à 0^f,75 le pied cube métr., trois arbres, l'un de 7^m,20 de longueur et 1^m,80 de circonf. moy.; le 2e de 5^m,60 de longueur et 1^m,90 de circ. moy., et le 3e de 6^m,80 de longueur sur 2^m,10 de circ. moy. Combien a-t-on déjà déboursé, et combien faudra-t-il d'arbres de 7^m,80 de longueur sur 1^m,40 de circ. moy. pour compléter la provision?

1230. Combien doit-on payer un tronc de bois destiné au chauffage et ayant 8^m,20 de longueur sur 1^m,60 de circonf. moyenne, pour que la demi-corde ou le moule ne revienne qu'à 14^f?

1231. Un sabotier achète un noyer de 6^m,50 de longueur sur 1^m,90 de circonf. moyenne à raison de 1^f,40 le pied cube métr. En admettant que chaque pied cube donne deux paires de sabots, on demande combien le sabotier devra vendre la paire pour que la façon lui soit payée 0^f,65 par paire?

1232. Un arbre, d'une longueur de 6^m,30 et d'une circonf. moyenne de 1^m,65, a été payé 2^f,50 le pied cube métrique; on en fait 192 palis de chacun 2^m,10 de longueur, et on paye 0^f,02 par mètre linéaire de palis pour le sciage. Combien faut-il vendre chaque palis pour gagner 7^f,10 sur le tout ?

1233. On a acheté, à raison de 2^f,35 le pied cube, un arbre de 11^m,40 de longueur sur 2^m,15 de circonf. moyenne; on en fait deux billes d'une égale longueur que l'on fait débiter en planches à raison de 0^f,18 par mètre linéaire pour chaque planche; la 1re pièce produit 18 planches et la 2e 15. A combien revient chaque planche?

1234. Un arbre en grume a 7^m,80 de longueur sur 2^m,40 de circonf. moyenne. Quel sera le volume de cet arbre lorsqu'il aura supporté le plus grand équarrissage dont il est susceptible?

1235. Quel sera, à 3^f,20 le pied cube métr., après son plus grand équarrissage possible, le prix d'une pièce de bois en grume qui a 5^m,90 de longueur sur 1^m,90 de circonf. moyenne?

1236. On achète à 3^f le pied cube métr., mesuré au cinquième déduit, un bois en grume de 6^m,80 de longueur sur 2^m,15 de circonf. moyenne; on le revend 2^f,75 le pied cube métr. dans son plus grand équarrissage. Combien a-t-on gagné ou perdu?

BOIS EN OEUVRE.

1237. *Bois en œuvre.* Les garde-fous d'un pont sont en bois et se composent, pour chaque côté, de quatre colonnes cylindriques de chacune 1^m,10 de hauteur sur 0^m,40 de circonférence; de 8 fiches et contre-fiches formant des prismes triangulaires de 0^m,90 de longueur sur 0^m,12 pour une arête de la base et 0^m,16 pour la hauteur du triangle de cette base; enfin, d'un appui demi-cylindrique à sa partie supérieure, et ayant 7^m,30 de longueur sur 0^m,20 d'épaisseur et 0^m,20 de largeur jusqu'à la naissance du demi-cylindre. Quel est le prix des deux garde-fous à 90^f le mètre cube de bois?

1238. On se propose de vendre 450 arbres sur pied, estimés 0^f,85 le pied cube métrique. 230 arbres ont, en moyenne, 34^m de hauteur sur 2^m,50 de circonf. prise à 1^m,30 du sol; 145 autres ont 25^m de hauteur sur 1^m,90 de circonf. à 1^m,30 de terre; enfin, les arbres restants ont 18^m de hauteur sur 1^m,40 de circonf., aussi à 1^m,30 de terre. Calculer le cube au dixième déduit et la valeur de tous ces arbres, en diminuant pour avoir la circ. moyenne de chacun de 6^{cm} par mètre comme il est dit n° 1219, page 105.

1239. Pour l'axe d'une roue d'usine, il faut un arbre cylindrique en bois vif de 1ᵐ,80 de circonf. sur 7ᵐ,50 de longueur. Quelle devra être la circonférence moyenne de l'arbre en grume destiné à cet axe, et combien faut-il le payer le pied cube métrique en grume, pour que le bois en œuvre, cubé après le 5ⁱᵉᵐᵉ déduit *comme un cylindre*, ne revienne qu'à 75ᶠ le mètre cube?

1240. On veut établir une pompe avec tuyau d'ascension cylindrique en bois de 6ᵐ,10 de longueur et d'une capacité de 128ˡ; on achète à cet effet un arbre en grume de 1ᵐ,35 de circonf. Quelle sera l'épaisseur des parois de ce tuyau lorsque l'écorce et l'aubier de l'arbre seront enlevés?

1241. On a besoin, dans une construction, d'un arbre de 11ᵐ,50 de longueur pouvant donner 0ᵐ,42 d'équarrissage en bois dur et à vive arête. Quel sera son prix en grume à 3ᶠ,75 le pied cube métrique calculé au quart sans réduction.

1242. On veut acheter une pièce de bois en grume susceptible de fournir, après le plus grand équarrissage, six poutrelles de chacune 6ᵐ,50 de longueur sur 0ᵐ,18 de largeur et 0ᵐ,12 d'épaisseur. Quelle devra être la circonf. de ce bois en grume et combien doit-on payer le pied cube métrique, aussi en grume, au 6ᵉ déduit pour que chaque poutrelle ne revienne qu'à 4ᶠ,50, non compris la façon?

DES FRACTIONS.

I. PROPRIÉTÉS DES FRACTIONS.

(Dans les 3 problèmes suivants, opérez sur les numérateurs.)

1243. Un homme consomme par jour ³/₄ de *l*. de vin et ³/₂ Kg de pain. Combien par semaine, par mois, par an? Extrayez les unités.

1244. On fait un pantalon avec ⁶/₅ de *m* d'étoffe; combien de *m*. pour faire 8, 12, 20 pantalons? Extrayez les unités.

1245. 5 litres de lait contiennent en poids ⁴⁹⁰/₁₀₀₀ d'eau; ²²⁵/₁₀₀₀ de beurre; ¹⁸⁰/₁₀₀₀ de fromage; ²⁹⁰/₁₀₀₀ de sucre. Que contient 1 litre?

(Dans les 4 problèmes suivants, opérez sur les dénominateurs.)

1246. 1 once égale ¹/₁₆ de livre; que valent 4, 2, 8 onces?

1247. 1ᵏᵍ de farine rend ¹²/₁₀₀ de Kg de pain; combien 25ᵏᵍ, 5ᵏᵍ?

1248. Dans ¹/₅ de Kg il y a 20 pièces de 1ᵈ; 40 de 1ᶜ; 8 de 5ᶜ; 80 de 0ᶜ,50; que pèse chaque pièce?

1249. Un jardinier vend en boîtes: 6 carottes, ¹/₅ de fr.; 8 oignons, $1/4$ de fr.; 7 poireaux, $2/3$ de fr.; 25 asperges, $1^f 1/4$. Que coûte chaque légume?

1250. Le lin peigné se vend par 16 écheveaux pesant ensemble $1/2$Kg. Que pèsent 8, 4, 2 écheveaux, 1 écheveau?

(Dans les 3 problèmes suivants, opérez d'abord sur le numérateur puis sur le dénominateur). (Calcul mental.)

1251. 1 pouce vaut $1/72$ de toise; combien 6; 8; 18; 24; 36 pouces?

1252. Avec $20/2$ fr. on peut acheter 5^{Kg} de beurre; 4^{Kg} de café; 10^{Kg} de savon; que coûte le Kg de chaque denrée?

1253. Un litre d'air pèse $1/770$ de Kg, que pèsent 11^l; $0^{me},07$; 335^{dme}?

II. — *Simplifiez chacune des fractions suivantes, données ou trouvées, afin de vous en faire une idée plus nette et plus claire.*

1254. Une marchande vend 4 morceaux de savon pesant $5/20$; $15/24$; $12/48$; $30/75$ de Kg.

1255. Les $5/10$ d'un fromage pèsent $250/750$ de Kg et valent $25/100$ de fr. Combien pèse et combien vaut le fromage?

1256. Le maillechort imitant l'argent se compose de $35/70$ de cuivre, $21/70$ de zinc, $14/70$ de nickel. Combien de Dg de cuivre, etc., dans 1^{Kg} de maillechort?

1257. 24^l de lait ont donné 10^{Hg} de beurre; que rendent 4 litres?

1258. 243^l de vin ont rendu 27^l d'eau-de-vie; combien 1 litre?

1259. Un berger gagne 292^f par an de 365^j; combien par jour?

1260. 50^{Kg} de bon guano doivent contenir à l'état sec, 5^{Kg} d'azote, 12^{Kg} de phosphate, 2^{Kg} de potasse et soude, et le reste en humidité. Que doit renfermer chaque Kg? Combien d'Hg de chaque matière?

1261. Exprimez en fraction la plus simple de la circonf. (de 360°) chacun des arcs suivants : 24°; 45°; 48°; 84°; 135°; 19°; 3° 40'; 57° 48'; 1° 9' 20''; 47° 18' 42''. (Voy. l'Arithm. n° 3, Ex. 93.)

III. PREMIÈRES APPLICATIONS DES PROPRIÉTÉS DES FRACTIONS A LA RÉSOLUTION DES PROBLÈMES.

(Dans chacun des exercices suivants, mettez le résultat en fraction ordinaire; simplifiez celle-ci, et extrayez les entiers si elle en contient.

1262. 72^l de pommes ont produit 28^l de cidre; combien 1^{Dl}?

1263. Un journalier a mis $6^j 1/2$ à $2^f,50$ pour faucher 175 ares de chaume. A quel prix revient l'Ha?

1264. Une porte en chêne de $2^m,50$ sur $2^m,20$ a coûté 44^f. Que vaut le dmq?

7

1265. Une terre de 172ᵃ a donné 13760^{kg} de trèfle vert et seulement 344 bottes de 10 ^{Kg} de fourrage sec. Combien à l'are de kg de chaque fourrage? Combien 1^{kg} du 1ᵉʳ vaut-il de Kg du 2ᵉ?

1266. Un porc pesant vif 138^{kg} a donné 96^{kg} de viande, 15^{kg} d'abats, et 27^{kg} de débris pour engrais. Quel est le rendement de 100^{kg}?

1267. 960^m de fil de fer n° 14 pèsent 24^{Kg}; ce fil valant 0ᶠ,90 le Kg, trouvez le poids puis le prix du mètre?

1268. Pour carreler une chambre de 8^m,40 sur 7^m,50, il faut 1281 carreaux de 0^{m}22 ou 612 carreaux de 0^m,33. Combien de chaque sorte de carreaux par mq?

1269. Un cheval mange 8ˡ d'avoine par semaine; combien d'Hl par an de 365ʲ? Si un Ha de terre donne 30^{Hl} d'avoine, que doit-on ensemencer d'ares pour le nourrir?

1270. Un train fait 228^{km} en 9^h; combien en 15^h?

1271. Dans une terre de 200^m sur 62^m,50 on a répandu, outre le fumier, 250 ^{Kg} de guano valant 40ᶠ le cent. Combien de Kg à l'are? Quelle est la dépense par 100 mq?

Fractions rendues plus grandes (à simplifier).

1272. Le couvreur me fait payer 85 ardoises, 2ᶠ,55, et 48 tuiles, 1ᶠ,20; à quel prix compte-t-il le cent?

1273. Dans 68ᵃ on a semé 102^{Hg} de lupuline; combien de Kg à l'Ha?

1274. A 36ᶠ les 120^{Kg} de blé, combien 2^{Hl} de 75^{Kg} chacun?

1275. Pour semer 75ᵃ de chanvre, il a fallu 60^{Dl} de graine; combien de dl pour ensemencer une planche de jardin de 22^m,50 sur 2^m?

Fractions rendues plus petites (à simplifier).

1276. 5 barriques de vin de 228ˡ chacune ont coûté 285ᶠ. A quel prix revient la barrique, puis le litre?

1277. On a eu 135^{Dl} de maïs de 7^{kg} chacun pour 180ᶠ. Que vaut le Dl, puis le Kg?

1278. Dans 2 mois une famille de 4 personnes a consommé 180^{kg} de pain coûtant 51ᶠ,90; trouvez: 1° la consommation, puis la dépense moyenne d'une personne par jour; 2° le prix moyen du Kg de pain?

Fractions rendues successivement plus petites et plus grandes (à simplifier).

1279. Un ouvrier nourri a gagné 180ᶠ dans 8 mois de 24ʲ. Quel est son gain par semaine de 6 jours?

1280. Un coquetier a acheté 88 douz. d'œufs pour 63ᶠ,80. A quel prix lui revient le cent?

1281. Un fermier veut vendre 220 bottes de luzerne pesant 5^{kg},500 chacune pour 96ᶠ,80. Combien estime-t-il le quintal métrique?

V. Réduisez les fractions de chaque Exerc., données ou trouvées, au même dénominateur pour les comparer aisément, afin d'avoir une idée nette et claire des proportions indiquées.

1282. Un facteur fait 27^{Km} en 5^h, un autre 38^{Km} en 7^h; lequel marche le plus vite?

1283. Un ouvrier trouve à gagner dans un atelier 20^f par semaine de 6^j, dans un autre 85^f par mois de 25^j; quel est le plus avantageux?

1284. Le métal de Darcet est composé de $\frac{1}{2}$ de bismuth, $\frac{1}{3}$ de plomb et $\frac{1}{6}$ d'étain.

1285. Le chrysocale avec lequel on fait les bijoux faux se compose de $\frac{9}{10}$ de cuivre, $\frac{1}{25}$ de zinc et $\frac{3}{50}$ d'étain.

1286. Le mastic à greffer les arbres se compose de $\frac{2}{3}$ de poix de Bourgogne, $\frac{1}{6}$ de poix noire, $\frac{2}{15}$ de cire et résine et $\frac{1}{30}$ de suif.

1287. L'encaustique pour cirer les parquets s'obtient en faisant fondre $\frac{2}{15}^{Kg}$ de cire jaune, $\frac{1}{25}^{Kg}$ de savon et $\frac{2}{75}^{Kg}$ de potasse dans $\frac{4}{5}$ de l. d'eau.

1288. Pour avoir un cirage gras imperméable ramollissant les chaussures, on fond ensemble $\frac{2}{5}$ de suif, $\frac{1}{5}$ de graisse de porc, $\frac{1}{10}$ de térébenthine, $\frac{2}{15}$ de cire jaune et $\frac{1}{8}$ d'huile d'olive.

1289. Le laiton ou cuivre jaune est un alliage de $\frac{18}{27}$ de cuivre et de $\frac{16}{48}$ de zinc?

1290. La ration d'un bœuf à l'engrais de 650^{Kg} peut se composer de $\frac{1}{4}$ de foin, $\frac{15}{24}$ de pommes de terre et $\frac{1}{8}$ de paille.

1291. La poudre de chasse est un mélange de $\frac{39}{50}$ de salpêtre, $\frac{3}{25}$ de charbon léger en poudre, $\frac{1}{10}$ de soufre.

1292. La pâte de faïence cailloutée de Montereau se compose de $\frac{44}{50}$ d'argile et de $\frac{3}{25}$ de silex. On la vernit avec un mélange de $\frac{2}{5}$ de sable de feldspath, $\frac{1}{4}$ de minium, $\frac{2}{10}$ de borax, et $\frac{3}{20}$ de carbonate de soude.

Réduisez les fractions suivantes au dénominateur indiqué.

1293. En fondant ensemble $\frac{4}{12}$ d'étain avec $\frac{2}{3}$ de plomb, on obtient un alliage propre à souder ces 2 métaux. (Réduisez en 6ièmes.)

1294. L'eau sédative moyenne se fait en mélant dans $\frac{2}{3}$ de l. d'eau, $\frac{8}{15}^{Dg}$ d'ammoniaque, $\frac{2}{30}^{Dg}$ d'alcool, $\frac{2}{5}^{Dg}$ de sel. (Réd. en 15mes.)

1295. Le bon noir animal si employé pour les terres nouvellement défrichées, renferme $\frac{1}{50}$ d'azote, $\frac{11}{20}$ de phosphate, $\frac{1}{4}$ d'humidité, $\frac{9}{50}$ de matières inertes. (Réduisez en 100es.)

1296. Les métaux et surtout le cuivre se nettoient parfaitement avec la composition suivante: $\frac{5}{36}$ de savon noir, $\frac{1}{2}$ d'eau, $\frac{1}{9}$ de terre pourrie, $^1/_{15}$ d'alcool, $^4/_{30}$ d'essence de térébenthine, $^1/_{20}$ d'huile blanche. (Réduisez en 900°.)

1297. *Rendement en cendres des bois secs :* chêne $^1/_{40}$, son écorce $^3/_{50}$, son charbon $^1/_{30}$; sapin $^2/_{20}$; hêtre $^3/_{90}$. (Réduire en 600°.)

ADDITION.

CALCUL MENTAL.

Avis général. A la fin de chaque opération ou exercice suivant sur les fractions, on simplifiera le résultat et on extraira les entiers s'il en contient.

1298. Louis achète $^1/_4$ Kg de savon, $^1/_2$ Kg de chandelle, $^3/_4$ Kg de sucre. Combien de Kg a-t-il en tout?

1299. Charles a ramassé 4 pochées de glands contenant : la 1re, 3^{Dl} $^2/_5$; la 2e 2^{Dl} $^3/_{10}$; la 3e 4^{Dl} $^1/_{10}$; la 4e 5^{Dl} $^1/_5$. Qu'a-t-il ramassé de Dl en tout? Qu'a-t-il gagné à $^1/_4$ de fr. le Dl?

1300. Pierre doit rentrer 60 bourrées; il en rentre le tiers, puis le quart. Combien de bourrées à rentrer? Quelle fraction du tout?

1301. Le cristal vaut $^1/_2$ fr. le Kg et le sablon $^1/_5$ de fr. Que doit-on en fr. et en centimes pour 1^{Kg} de cristal et 2^{Kg} de sablon?

1302. Pour 1^f, on a 4 petites cravates ou 5 faux-cols. Que coûtent 1° en fr., 2° en centimes, 1 cravate et un faux-col?

1303. Un ouvrier qui gagne 3^f par jour de 12 heures, a perdu 2 h. $^3/_4$ le matin et 2 h. $^1/_4$ le soir? Combien lui doit-on?

Problèmes.

1304. Il faut pour faire un pantalon 1^m $^1/_4$ de drap, un gilet $^2/_5$, une redingote 2^m $^1/_{10}$. Combien de m. pour le vêtement complet?

1305. Un écolier a employé : à lire, $^3/_4$ d'heure; à écrire, $^3/_5$ d'h.; orthographe 1 h. $^1/_3$; récitation $^4/_9$ d'h. Combien d'h. a duré la classe?

1306. Un ouvrier peut faire 5^m en 7^j, un 2e 38^m en 5^j, un 3e 60^m en 9^j. Si on les emploie tous les trois, combien feront-ils de m. par j.?

1307. Le poids net d'un baril d'huile s'obtient en déduisant $^1/_6$ du poids brut, et ajoutant au reste $^1/_9$. Un baril d'huile pèse brut 67^{Kg},500; quel est son poids net? que vaut l'huile à 1^f,30 le Kg?

1308. Une compagnie d'ouvriers ferait 1000^m en 45 j., une autre 720^m dans 18 j., une 3e 840^m dans 36 j. On emploie la moitié de la 1re troupe, le tiers de la 2e, et le quart de la 3e. Combien obtiendra-t-on de m. par j.?

1309. Dans 1 mois les poules d'une fermière lui ont mangé 1^{Dl} d'orge coûtant 18^f les 15^{Dl}; 1^{Dl} de criblures à 2^f le $^1/_2$ Hl; et 1^{Kg} de pain à 2^f le pain de 6^{Kg}. Quelle est sa dépense totale?

SOUSTRACTION.

—

CALCUL MENTAL.

1310. Jules a bu $\frac{1}{2}$, puis $\frac{1}{4}$ d'un litre de boisson. Qu'en reste-t-il?

1311. D'un pain de $\frac{1}{2}$ Kg, Louis mange d'abord $\frac{1}{5}$ de Kg, puis $\frac{2}{10}$ de Kg. Dites ce qu'il en reste.

1312. J'ai 1^f $\frac{1}{2}$ et je dépense $\frac{3}{4}$ de franc. Que doit-il me rester?

1313. Un marchand revend $\frac{4}{5}$ de franc 2 fromages qui lui ont coûté 3 décimes. Que gagne-t-il par fromage 1° en fr., 2° en centimes?

1314. Un épicier donne 4 harengs pour 7 sous ou 2 pour 4 sous. Lequel est le plus avantageux pour l'acheteur?

1315. Je donne 4^f pour payer une chaise à 42^f la douzaine. Que doit-on me rendre?

Problèmes.

1316. Quelle est la différence de 2 bouteilles contenant l'une $\frac{3}{4}$ de l., l'autre $\frac{2}{3}$ de litre?

1317. Un train qui fait 284^{Km} en 8^h est parti après un autre qui fait 179^{Km} en 6^h. De combien de Km se rapprochent-ils à chaque heure?

1318. Le bon fumier normal renferme: gaz divers $\frac{1}{7}$; azote $\frac{1}{250}$; cendres $\frac{2}{33}$; humidité, le reste. Combien d'humidité?

1319. On fait moudre 100^{Kg} de seigle, et le meunier rend les $\frac{7}{10}$ en farine, les $\frac{3}{25}$ de son, les $\frac{3}{20}$ en recoupes. Que reste-t-il pour déchets?

1320. Un ouvrier paresseux perd 1 j. $\frac{1}{4}$ par semaine et un autre très-actif travaille $\frac{1}{5}$ de plus que lui dans chacun des 6 jours ouvrables de la semaine. Combien le 2° fait-il par semaine de journées de plus que le premier?

1321. Pour faire 1 douz. de torchons une femme a acheté 5^m de toile grise à 1^f,25 le m. Combien coûte un torchon s'il lui est resté $\frac{1}{5}$ de m.?

1322. Un marchand revend 4^f la demi-douz., des mouchoirs qui lui coûtent 13^f les 24. Que gagne-t-il sur chacun?

1323. Un boucher achète 8 moutons, de 35^{Kg} pour 196^f, et 9 de 28^{Kg} pour 192^f. Combien les 1ers ont-ils coûté de plus par Kg que les seconds?

1324. Deux pièces de vin de 250^l et de 225^l ont été vendues l'une 75^f, l'autre 72^f; quelle est la différence de prix par l.?

1325. Un boulanger habile retire 56 pains de 3^{Kg} de 120^{Kg} de farine; une ménagère n'obtient que 5 pains de 5^{Kg} de 20^{Kg} de farine. Combien de farine dans le Kg de chaque pain? Combien le boulanger fait-il entrer d'eau dans son pain de plus que la ménagère par Kg de farine?

1326. Quelle différence entre $\frac{1}{5}$ d'un n. et 5 p. 0/0; $\frac{1}{15}$ et 15 p. 0/0?

1327. Quelle différence y a-t-il entre donner $\frac{7}{5}$ (7 volumes pour 5), sans autre remise, et $\frac{7}{6}$ et 15 p. 0/0 de remise sur le prix fort?

MULTIPLICATION.

CALCUL MENTAL.

1328. Un marchand vend les $\frac{3}{4}$ d'un coupon de toile de 12ᵐ à 6ᶠ le m. Combien reçoit-il?

1329. J'achète les $\frac{2}{3}$ de 6ᴷᵍ de sucre à 1ᶠ $\frac{1}{4}$ le Kg, et de $\frac{1}{2}$ Kg de café à 1ᶠ,8 le Kg; que doit-on me donner et qu'ai-je à payer?

1330. Que valent $\frac{3}{4}$ de jour à 2ᶠ par jour?

1331. A 30ᶜ le l. de cidre, combien la bouteille de $\frac{2}{3}$ de litre?

1332. Un sabotier a creusé 10 paires de sabots dans 8 heures. Combien dans une journée de 12 heures?

1333. J'achète 3ˡ de pois à 2ᶠ le $\frac{1}{2}$ Dl; que dois-je en f.? en centim.?

1334. Je donne 1ᶠ pour payer 2ᴷᵍ de pain valant 2ᶠ les 5ᴷᵍ. Combien doit-on me rendre de centimes?

1335. Je bois les 2 tiers d'un litre de vin. Que dois-je à 60ᶜ le l?

Problèmes.

1336. Les contributions se payent par douzièmes. Je suis imposé à 126ᶠ et je paye 5 douzièmes en février. Que dois-je donner?

1337. On retient à un employé $\frac{39}{780}$ de son traitement pour sa pension de retraite. Combien dans 10 ans s'il gagne 1250ᶠ par an?

1338. *Dessiccation des fourrages*. 1ᴷᵍ de fourrage vert rend en fourrage sec; luzerne $\frac{3}{13}$; trèfle $\frac{5}{24}$; foin $\frac{4}{17}$; navets $\frac{1}{10}$; carottes $\frac{1}{9}$; betteraves $\frac{1}{8}$. Quel est, en quintaux de fourrage sec, le rendement de 1000ᴷᵍ de fourrage vert de chaque espèce?

1339. *Rendement en paille*. 1ᴷᵍ de grain rend en paille dans les bonnes récoltes : froment $\frac{21}{10}$; seigle $\frac{9}{4}$; orge $\frac{8}{5}$; avoine $\frac{17}{10}$; maïs $\frac{13}{5}$. Que donne 1ᴴˡ de ces céréales? (Voy. l'Ex. 942.)

1340. Un domestique infidèle va en route avec 3 chevaux; il perd $\frac{1}{4}$ de jour à s'amuser. Quel tort fait-il à son maître s'il gagne 438ᶠ par an, et si la journée d'un cheval vaut 6ᶠ?

1341. La betterave rend environ $\frac{1}{25}$ de son poids d'alcool, ou $\frac{1}{20}$ de sucre brut, et les $\frac{2}{3}$ de pulpe après la distillation. Quel est en quintaux le rendement de 1000ᴷᵍ?

1342. La pomme de terre donne les $^4/_{25}$ de son poids en fécule, et celle-ci ses $^{13}/_{20}$ en alcool. Que rendront 20^{Dl} de 6^{Kg},500?

1343. Sur 400 grains de blé, $^1/_5$ ne lève pas; $^1/_4$ de ceux levés meurt et le reste donne par grain 3 épis contenant chacun 0^{gr},96 de blé ou 26 grains. Quel est le rendement en poids et en grains d'un décal. de blé semé, s'il renferme 200000 grains.

1344. Un journalier vit avec 1^{Kg},800 de pain de seigle à 0^f,25. S'il mangeait du bon pain de froment à 0^f,30 le Kg, il lui en faudrait $^1/_4$ de moins. Que perd-il à mal se nourrir?

1345. Un cultivateur donne par cheval 12^l d'avoine à 11^f l'Hl, et 7$^{Kg}1/_2$ de foin à 8^f,50 le cent. Il diminue la ration d'avoine de $^1/_6$ et augmente celle de foin de $^1/_5$. Que contient et que coûte chaque nouvelle ration?

1346. 3 héritiers ont à se partager une terre de 72^{ares} valant 12^f l'a. Quelle somme revient à chacun? Le 1er en prend $^1/_5$; le 2^e $^3/_{10}$ et le 3e le reste. Combien le dernier doit-il remettre d'argent à chacun des 2 autres pour égaliser les parts?

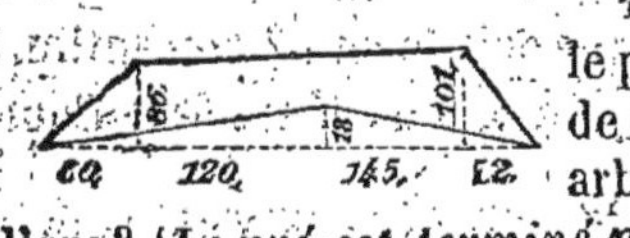

1347. Un marchand de biens estime ainsi le pré ci-contre : $^1/_6$ de mauvais à 6^f,50 l'a; $^3/_8$ de passable à 8^f l'a; le reste bon à 1.000^f l'Ha; arbres fruitiers 120^f; quel prix peut-il payer l'are? (Le pré est terminé par les lignes pleines).

1348. A 1^f,20 le $^1/_2$ Dl de blé, combien $^4/_5$ d'Hl?

1349. Combien de centimes valent $^2/_3$ de l. d'huile à $^3/_5$ def. le $^1/_2$ lit.?

1350. Un moissonneur prépare sa boisson en mêlant dans 2^l d'eau le tiers d'une $^1/_2$ bouteille de $^3/_4$ de l. d'eau-de-vie. Que coûte ce breuvage à 1^f,50 le l. d'eau-de-vie?

1351. Pour boulanger 20^{Kg} de farine, on a employé $^1/_3$ d'eau et obtenu 4 pains de 5^{Kg},9. Combien la pâte a-t-elle perdu en cuisant?

1352. La fouille et le jet sur la berge de 1^{mc} de terre ordinaire exigent 1^{h}44^m qui se décomposent ainsi : piochage, $^5/_8$ du temps; pelletage, $^3/_8$. On compte d'ailleurs pour faux frais, $^1/_{20}$; et p^r bénéfice, $^1/_{16}$ du tout. Établissez le compte de la dépense par article, l'heure valant 0^f,25.

1353. Pour faire 1 mq de treillis, il faut :

en mailles de 0^m,16 : 11$^m 3/_4$ de tringles, 31^{gr} de fil de fer, 1^h 1$/_4$ de façon

| — | 0 ,24 : 8 | — | , 16 | — | 0 ,$^3/_4$ | — |
| — | 0 ,32 : 5$^m 8/_5$ | — | 8 | — | 0, $^1/_3$ | — |

Établissez le prix de revient du mq. de chaque treillis, sachant : 1° qu'une botte de 50 tringles vaut 2^f,50 et fait 70^m; 2° que le fil de fer de Limoges vaut 2^f le Kg; 3° que l'ouvrier gagne 0^f,30 par heure.

EXERCICES D'ARITHMÉTIQUE.

1354. *Comptabilité rurale. Feuille de paye à remplir* (juin 1866).

JOURNALIERS.	L 11	M 12	M 13	J 14	V 15	S 16	TOTAUX.	PRIX de la journée.	SOMMES dues.
Louis	1	3/5	1/2	1	4/5	2/4	»	2f,00	»
Charles	3/5	4/5	3/4	1	1	1	»	2 ,00	»
Paul	1/2	3/4	1	2/5	2/3	1	»	1 ,80	»
Lucien	1	1	1	3/4	1	3/5	»	2 ,20	»
Totaux	»	«	»	»	»	»	»		»

Calculez les totaux dans les deux sens et cherchez la somme due à chacun.

1355. *Emploi des journées précédentes* (juin 1866).

TRAVAUX.	11	12	13	14	15	16	TOTAUX.	PRIX de la journée.	TOTAUX par comptes.
Luzerne, (faucher.)	1	4/5	1	1 1/2	4/5	»	»	2f,00	»
Sainfoin, (id.)	1/2	3/4	1	2/5	2/3	1	»	1 ,80	»
Betteraves, (biner.)	1	»	3/4	»	1	3/5	»	2 ,20	»
Vigne, (id.)	»	3/5	»	1/2	»	3/4	»	2 ,00	»
Foin, (rentrer)	3/5	»	1/4	»	1	3/4	»	2 ,00	»
Fossés, (réparer)	»	1	1/4	3/4	»	»	»	2 ,20	»
Totaux	»	»	»	»	»	»	»		»

Mettez les totaux. Les totaux du bas doivent reproduire exactement ceux de la feuille de paye précédente.

1356. Un marchand achète 8 saladiers à 5f la douzaine; 9 pots à bouillon à 5f,50 id., et 20 verres à 21f,60 la grosse de 144. Il vend le tout à un restaurateur avec 15 p. 0/0 de bénéfice. Faites la facture d'achat du marchand puis celle du restaurateur en fr. et en centimes.

1357. Un fermier échange à un vigneron 12DI de blé à 32f les 15DI contre un tonneau de vin de 90l, estimé 75f les 275l. Que gagne-t-il à ce marché?

DIVISION.

1358. 7 liv. de chandelles ont coûté 5^{f}1/4. Combien la liv. en f. et c.?

1359. 20^m de fil de fer n° 8 pèsent 1/5 de Kg. Quel est le poids du m.?

1360. 6 chandelles pèsent $^{24}/_{50}$ de Kg. Combien de gr. une seule?

1361. Les $^3/_4$ d'un l. de noix valent 0^f,15. Combien le l.; l'Hl?

1362. Les $^3/_4$ d'une pochée de pois contiennent 9^{Dl}. Que vaut la pochée entière à 15^f l'Hl?

1363. Une toison de 2^{Kg} 1/2 a coûté 5^f. Que valent les 100^{Kg} de laine?

1364. A 0^f,60 la 1/2 douz., combien d'œufs pour 1^f,50?

1365. Dans certains pays, le blé se vend au setier (1^{Hl} 1/2). Combien de setiers dans 24^{Hl}; dans 210^{Dl}?

Problèmes (*sur les quatre opérations*).

1366. 25 bottes de foin fraîchement botté pèsent 287^{Kg} 1/2. Quel poids a-t-on mis en plus par botte de 10^{Kg} pour la dessiccation?

1367. La laine en suint perd 1/7 par le lavage. Combien faut-il de laine en suint pour faire 30^{Kg} de laine lavée?

1368. Le topinambour rendant en moyenne 1/6 de sucre incristallisable, combien de Dl de 6^{Kg} 1/5 pour faire 400^{Kg} de ce sucre?

1369. Un journalier, doit creuser 132 trous d'arbres. Il en fait 5 1/2 par heure; combien mettra-t-il d'h.? Que gagnera-t-il à 1/4 fr. l'h.?

1370. Dans 3 jours 1/2 un tailleur a fait une redingote pour 15^f. Il dépense 1/3 de son gain. Combien lui reste-t-il par jour?

1371. Deux ouvriers ont peint une voiture pour 20^f. Le 1er a travaillé 2 jours 1/4; le 2e 1^j $^2/_5$. Qu'ont-ils gagné par jour? Que revient-il à chacun?

1372. Le coucou détruit en moyenne 150 insectes par jour; $^8/_{25}$ des insectes détruits, se changeant en papillons femelles, auraient pondu à peu près 300 œufs chacun. De combien d'œufs un oiseau empêchera-t-il la naissance dans 1^{mois} $^3/_5$?

1373. Les tiges de sorgho contiennent $^2/_3$ de leur poids en jus, et celui-ci rend $^3/_{24}$ d'alcool pur. Que contiennent d'alcool les 5550^{Kg} de feuilles épluchées que produit 1^{Ha} en moyenne?

1374. La corde sèche en se mouillant perd 1/25 de sa longueur et $^2/_3$ de sa force. Qu'arrivera-t-il si on mouille un gros trait de charroi de 6^m de long et de 1020^{Kg} de résistance?

1375. *Logement des animaux.* On compte par cheval, $8^{mq}, 4$; par vache, $1/4$ en moins; par porc, $1/2$ d'une vache; par mouton, $1/3$ d'un porc, mangeoires et râteliers compris. Évaluez ces espaces en *dmq.*

1376. *Honoraires des architectes.* Ils prennent ordinairement $1/10$ sur les 500 premiers francs; puis $1/20$ sur le reste. Établissez ces honoraires sur un devis montant à 12400ᶠ.

1377. Une carpe, de 125^{gr} à un an décuple la 2e année; quadruple la 3e; augmente de $1/2$ la 4e, puis de $1/10$ chaque année suivante. Que pourra peser à 8 ans une carpe semblable?

1378. En filant le coton, on en perd environ $1/9$, et le nᵒ du fil indique le nombre d'écheveaux au $1/2$ Kg. Combien dans une balle de coton de 160^{kg}, pourra-t-on faire d'écheveaux de fil nᵒ 72?

1379. ROUES DENTÉES. Trois roues dentées qui engrènent ont respectivement 8, 12 et 20 dents. Pendant que la 1re fait un tour, quelle fraction de tour fait chacune des deux autres? Pendant que la 1re fait 48 tours, combien chacune des autres?

1380. Trois roues qui engrènent font respectivement par minute 32, 60 et 40 tours; la 1re a 15 dents. Combien chacune des autres?

1381. Les grandes et les petites roues d'une voiture ont respectivement des diamètres de $1^m,5$ et $1^m,2$. Pendant qu'une grande roue fait 100 tours, combien en fait une petite?

1382. *Partage de succession.* Une personne meurt laissant 21000ᶠ, et pour héritiers, son père, ses 3 frères et 2 neveux fils d'une sœur morte. Selon la loi, le père prendra d'abord $1/4$ de la succession, puis le reste sera partagé également entre les frères et la sœur du décédé. Quelle sera: 1ᵒ la part du père; 2ᵒ celle de chacun des 3 frères; 3ᵒ celle de chaque neveu?

1383. 5^{kg} d'écorce de chêne valent autant que 6^{kg} d'écorce de châtaignier. Quand la 1re vaut 5ᶠ,70 le fagot de 40^{kg}, que vaut la 2e?

1384. Un ouvrier fait $7^m,8$ de travail en $2^h 1/4$. Il a $37^m 1/2$ à faire à $6^h 36^m$ du matin. Que lui restera-t-il à faire à midi?

1385. On emplit un verre de vin et on en boit la moitié. On le remplit avec de l'eau et on en boit le tiers. On le remplit de même une 2e fois, et on en boit les $3/4$. Enfin on le remplit encore d'eau et on en boit la moitié. Combien reste-t-il finalement de vin dans le verre?

1386. Un joueur perd les $2/3$ de son argent dans une 1re partie, et regagne ensuite les $2/5$ de ce qu'il a perdu. Il quitte le jeu avec 27ᶠ; combien avait-il en commençant?

1387. Deux voitures éloignées de 48^{km} partent à 8^h du matin à la rencontre l'une de l'autre. La 1re fait 15^{km} en $2^h 1/2$, la 2e, 14^{km} en 3^h; à quelle heure et à quelles distances des points de départ aura lieu la rencontre?

1388. Un train de marchandises fait 40^{km} dans $1^h 40^m$ et part à

5ʰ 3/4 du matin ; un train de voyageurs, qui fait 162ᴷᵐ en 3ʰ 36ᵐ part de la même gare à 8ʰ 1/2 du matin. A quelle heure et à quelle distance du point de départ, le 2ᵉ train atteindra-t-il le premier ?

1389. On fond ensemble 5ᵍ 3/4 de cuivre et 5ᵍ 3/8 de zinc. Combien y a-t-il de g. de chaque métal dans 4ᵍ,45 de l'alliage ?

1390. Trouvez en gr. le rendement en cendres de 18ᴴᵍ de chacune des matières de l'Ex. 1297 ; 2° combien de Kg de bois donneront 100ᴷᵍ de cendres ?

1391. Deux ouvriers creusent ensemble un fossé de 1750ᵐ à 0ᶠ,40 le m. Ils commencent aux deux extrémités, et le 1ᵉʳ creuse 7ᵐ 6/15 tandis que le 2ᵉ creuse 5ᵐ 3/8. Combien chacun d'eux recevra-t-il à la fin du travail ?

1392. Un train qui fait 100ᴷᵐ en 3ʰ et un autre qui fait 212ᴷᵐ en 5ʰ 20ᵐ partent de Paris, le 1ᵉʳ à 8ʰ du matin, le 2ᵉ à 9ʰ 25ᵐ. A quelle heure et à quelle distance de Paris se rencontreront-ils ?

1393. Un train qui fait en moyenne 140ᴷᵐ en 3ʰ et un train qui fait 262ᴷᵐ en 5ʰ partent le 1ᵉʳ de Paris, à 8ʰ le 2ᵉ de Marseille à 9ʰ 12ᵐ du matin. A quelle heure et à quelle distance de Paris aura lieu la rencontre des deux trains ? La distance de Paris à Marseille est de 833ᴷᵐ.

1394. Un parisien dont la cote mobilière a été fixée d'après son loyer exact comme il est expliqué dans l'Ex. 677, paye 3 douzièmes le 15 mars, et 4 le 17 juin. Il redoit encore 48ᶠ. Quel est son loyer ?

1395. Combien de g. et cg de chacune des matières composantes dans un Kg, 1° de métal de Darcet (Ex. 1284) ; 2° de chrysocale (Ex. 1285) ; 3° de mastic à greffer (1283) ; dans 4ᴴᵍ,5 de cirage (Ex. 1288) ?

1396. Dans quel poids d'encaustique entre-t-il 3ˡ d'eau (Ex. 1287) ?

1397. Pour faire de l'eau sédative, on a employé 1ᴴᵍ de sel. Combien a-t-on employé d'eau, d'ammoniaque et d'alcool (Ex. 1294) ?

1398. Pour faire de l'eau de cuivre (Ex. 1296), on a employé 40ᵍ d'essence de térébenthine. Comb. de g. de chacune des autres matières ?

Simplification et abréviation des calculs.

1399. Pour faire une règle de trois, d'après notre arithmétique on indique par des signes les opérations à faire, à mesure que le raisonnement les prescrit ; on ne les effectue qu'après le raisonnement terminé. On agit ainsi dans la résolution de toute question un peu complexe donnant lieu à une série d'opérations successives. Ayant sous les yeux le tableau des opérations à faire, on peut souvent simplifier en appliquant les propriétés des fractions et aussi les principes suivants :

1° *Un produit ne change pas quand on intervertit l'ordre de ses facteurs.* Ex. : 7 × 9 × 10 = 7 × 10 × 9 = 10 × 7 × 9.

2° *On peut remplacer plusieurs facteurs par leur produit effectué.*

$$8 \times 379 \times 25 = 379 \times 25 \times 8 = 379 \times 200;$$
$$4 \times 5 \times 2376 \times 3 = 2376 \times (4 \times 5 \times 3) = 2376 \times 60.$$

3° *On divise un produit par un n en divisant un de ses facteurs par ce n.* Ex. : $6 \times 4 \times 5 = 120$; $(6:3) \times 4 \times 5$ ou $2 \times 4 \times 5 = 120:3$.

1400. Profitant de ces propriétés des n., on emploie les facteurs, après examen préalable, dans l'ordre le plus avantageux pour la simplicité et la facilité du calcul (les plus petits les premiers généralement). *Exemple* : Je puis effectuer mentalement 25×8 et $4 \times 5 \times 3$. Cela fait, les produits 379×200, 2376×60 sont très-faciles à effectuer.

Toute expression fractionnaire doit d'abord être simplifiée autant que possible. Ex. $\dfrac{4 \times 8 \times 15 \times 30 \times 175}{45 \times 20 \times 24 \times 4 \times 21}$

4 est facteur commun ; je le supprime. Je barre le zéro de 20 et de 30. 24 est divisible par 8. Je barre 8 en haut, et divisant 24 par 8, je le remplace en bas par 3. 3 se trouvant alors en haut et en bas, je le supprime. Il me reste $\dfrac{15 \times 175}{2 \times 45 \times 21}$. Je divise 15 et 45 par 3 ; puis 5 et 15 par 5. Enfin comme $21 = 7 \times 3$, j'essaye la division de 175 par 3 et par 7 ; il peut être divisé par 7. Je divise, et il me reste $\dfrac{25}{2 \times 3 \times 3} = \dfrac{25}{18}$.

On expliquera ainsi avec détail la marche suivie pour obtenir le nombre unique le plus simple égal à chacune des expressions suivantes.

1401. $2487 \times 4 \times 25$; $15 \times 39 \times 4 \times 5$; $2769 \times 3 \times 4 \times 75$; $8 \times 645 \times 125$.

1402. $\dfrac{6 \times 214 \times 50}{8 \times 39 \times 250}$; $\dfrac{24 \times 35 \times 225 \times 7}{2 \times 21 \times 8 \times 500 \times 12}$; $\dfrac{32 \times 5 \times 400}{250 \times 48 \times 4}$

1403. $\dfrac{5 \times 6 \times 42}{18 \times 14}$; $\dfrac{21 \times 36 \times 84}{7 \times 2 \times 3 \times 18 \times 32}$; $\dfrac{125 \times 320 \times 100}{25 \times 1000 \times 480}$

1404. $\dfrac{600 \times 35 \times 2,14 \times 16}{500 \times 28 \times 1284 \times 3,2}$; $\dfrac{1,5 \times 2,25 \times 40}{2,5 \times 0,03 \times 60}$; $\dfrac{0,08 \times 45 \times 0,25}{1,44 \times 0,40 \times 50}$

RÈGLES DE TROIS.

CALCUL MENTAL.

1405. A $0^f,25$ le cent, combien aura-t-on d'épingles pour $0^f,40$?

1406. A $1^f,25$ le $^1/_2$ Kg de 5 bougies, combien de bougies pour 2^f ?

1407. J'ai acheté 14^{gr} de camphre pour $0^f,20$; que gagne le marchand qui a payé 3^f les 500^{gr} ?

1408. Une marchande paye le savon 0ᶠ,40 le ½ Kg; que doit-elle vendre un morceau de 200ᵍʳ pour gagner 4 centimes.

1409. On donne 7 volumes pour 6 à 1ᶠ le volume. Combien m'en donnera-t-on pour 30ᶠ?

1410. On donne ⁷/₅ (7 volumes pour 5) à 2ᶠ le volume. Combien en aurai-je pour 20ᶠ? Quelle est la remise pour 100?

1411. Un épicier vend un reste de 8 harengs pour 0ᶠ,75 en perdant 5ᶜ; combien avait-il payé le ½ cent?

1412. Une fruitière achète des poires 0ᶠ,75 les 25 et les revend à 5 pour 0ᶠ,20. Que gagne-t-elle par douzaine?

1413. Qu'est-ce que 3; 4; 6; 8; 9 objets par rapport à 12?

1414. A 0ᶠ,60 la douz. de crayons, que valent 3, 4, 6, 8, 9 crayons?

1415. Que sont de même 15; 16; 18; 20 objets par rapport à 12?

1416. A 4ᶠ,80 la douzaine, combien 15, 16, 18; 20 mouchoirs?

1417. Si pour 1ᶠ,20 on a 4 couteaux, ou 6 fromages, ou 8 oranges, ou 15 poires, que coûte la douzaine de chacun des objets?

Problèmes.

1418. Un vigneron a mis 4 h. ½ pour piquer en terre 300 échalas. Combien en plantera-t-il dans 12ʰ? Que gagnera-t-il à 4ᶠ du mille?

1419. La force de l'eau-de-vie s'exprime en degrés (°), et le nombre de degrés indique la quantité d'alcool pur qu'elle contient. A 65ᶠ l'Hl d'eau-de-vie à 90°, que vaut l'Hl à 75°? (On paye d'après la force.)

1420. L'eau-de-vie payé 90ᶠ de droit par Hl à 100°; or, dans le commerce, l'eau-de-vie de Cognac se vend à 60°; celle d'Armagnac à 52°; les ³/₆ du Languedoc à 86°; l'esprit de betteraves à 90°; que doit-on payer de droit par Hl de chaque eau-de-vie précédente?

1421. A 54ᶠ les ²/₃ d'Hl d'eau-de-vie à 52°, combien ⁵/₉ Hl à 83°?

1422. *Rendement des grains en eau-de-vie à 50° centésimaux.*

PRODUITS.	RENDEMENT.	POIDS DE L'Hl.	RENDEMENT du d.Dl.
100 Kg froment	55 l.	75 Kg	»
— seigle	45	70	»
— avoine	44	45	»
— orge	43	65	»
— sarrasin	50	60	»
— maïs	50	70	»

Cherchez aussi 1° le rendement de l'Hl, 2° du setier (1Hl1/2) (*tableau*). Convertissez les résultats trouvés en eau-de-vie à 90° (*tableau*).

1422 bis. *Commerce des blés.* Quand le blé se vend à Clermont 30ʳ,60 les 180ˡ, que doit valoir à proportion à Meaux le *muid* de 13Hl, à Marseille la *charge* de 8 doubles Dl, à Rouen et à Lyon le *boisseau* de 25ˡ, à Tours le *setier* de 15Dl?

1423. Un fagoteur fait en 2 heures, 7 bourrées à 4ʳ,50 le cent; combien doit-il travailler d'h. par j. pour gagner 15ʳ par semaine de 6ʲ?

1424. Quel est le plus avantageux d'acheter par 100Kg : 42ʳ la farine de 1ʳᵉ qualité ou 40ʳ,50 celle de 2ᵉ qualité, la 1ʳᵉ rendant en pain de ménage 1/4 en plus, et la 2ᵉ, 1/5 seulement.

1425. Une fermière vend son beurre 1ʳ,10 le 1/2 Kg et une autre 1ʳ seulement; mais le 1ᵉʳ beurre pèse 65ᵍʳ de plus que le poids et le 2ᵉ 10ᵍʳ de plus. Quelle est en réalité celle qui vend le moins cher?

1426. *Vente de vin au détail.* La régie fait payer aux débitants, outre la licence, 15 p. 0/0 de droits sur le prix du vin vendu, plus 1 décime 1/2 en sus par franc perçu; quels droits seront prélevés sur une barrique de 250 l. vendue au détail 0ʳ,50 le litre?

1427. Un chaufournier vend 45ʳ le cent des briques ayant 0ᵐ,22 sur 0ᵐ,11 et 0ᵐ,055; que vendra-t-il à proportion d'autres briques de même qualité ayant 0ᵐ,21 sur 0ᵐ,10 et 0ᵐ,06?

1428. Un libraire fait venir 100 volumes vendus à 7/6 et 20 p. 0/0 de remise sur le prix fort qui est de 2ʳ le vol.; que doit-il? Quelle est la remise totale pour 100ʳ?

1429. Un autre libraire achète à 13/12 et 25 p. 0/0 de remise des volumes cotés 1ʳ,50. Il paye 54ʳ. Combien reçoit-il de volumes?

1430. 2 ménages achètent en commun pour 133ʳ,45 un porc de 120Kg,95. Ils en cèdent 4Kg,500 à 1ʳ,30 et se partagent le reste. Le premier ménage prenant 64Kg, qu'aura chacun à payer?

1431. Un homme de 1ᵐ,65 donne 0ᵐ,64 d'ombre; quelle est la hauteur d'un clocher qui en donne alors 14ᵐ,08?

1432. Un bâton de 1ᵐ,30 donne 0ᵐ,72 d'ombre; quelle est la hauteur d'un arbre qui en donne 4ᵐ,20 au même moment?

1433. Un faucheur et un aide ont coupé dans 2 journées de 12 h. la portion de blé ci-contre. Combien de temps leur faudra-t-il pour couper le reste? Que leur est-il dû à 12ʳ l'Ha? A quel prix revient chaque heure de travail?

1434. Pour empêcher les huiles à manger de rancir, on triture 100ᵍ de sucre dans 60ᵍ de la même huile, et on mêle dans 25ˡ. Combien pour traiter ainsi 45ˡ d'huile?

1435. Avant de semer l'avoine on la praline avec du guano. 12Kg de cet engrais praliné avec 1^{Hl} de ce grain produisent autant d'effet que le double semé seul. Qu'économiserait par ce moyen un cultivateur qui doit ensemencer 4^{Ha}8^a d'avoine en mettant 1^{Hl} à l'Ha, si le guano vaut 38^f les 100^{Kg}, et l'avoine 12^f,50 l'Hl?

1436. Un propriétaire ne possède que 5400^{Kg} de fourrages pour nourrir 6 vaches pendant l'hiver, en donnant à chacune 9^{Kg},500 par j.; ne pouvant pas en acheter il préfère vendre 2 bêtes au bout de 1 mois $^1/_2$. Combien de temps durera alors le reste de son fourrage?

1437. On paye 6^f,50 pour $^5/_7$ de m. d'étoffe et 21^f pour $^4/_5$ d'^{Hl} de de vin. Combien donnerait-on de l. de vin pour 25^{m}2$/_3$ d'étoffe?

1438. On donne 3^d ^{Dl} de blé pour 1^m 2$/_3$ d'étoffe. Combien d'Hl pour 14^{m}1$/_4$?

1439. *Vin aigre.* On enlève l'acidité de 250 l. de vin avec, 1° 50 noix (les noyaux), ou 2° avec 140 grammes de blé fortement grillé et employé chaud; ou 3° avec 300^{gr} de tartrate neutre de potasse; ou 4° avec 8^{Kg} de mélasse. Combien emploiera-t-on de chaque matière pour un baril de 175^l de vin un peu aigre.

1440. Statistique. Pour faciliter certaines comparaisons utiles ou intéressantes il suffit de savoir résoudre cette question usuelle : *Deux nombres étant donnés, trouver combien l'un contient d'unités par centaine d'unités ou par mille de l'autre.* Voici des exemples.

Superficie de la France 54239679 hectares; population en 1861, 37386313 habitants; id. en 1866, 38067094 hab. Combien d'habitants aux deux époques par 100^{Ha} ou par Kmq (à 0,01 près).

1441. Calculez d'après le tableau de l'Ex. 74, le n. d'habitants par 100^{Ha}; 1° en 1856, 2° en 1866 de chacun des départements de la Bretagne et de la Bretagne elle-même (à 0,01 près). (Tableau).

1442. Trouver d'après le tableau de l'Ex. 155, à 0,01 près l'accroissement p. 0/0 des recettes de chaque grande compagnie de chemins de fer. (Tableau.)

1443. *Comparaison des thermomètres.* Le thermomètre centigrade marque 0° dans la glace fondante et 100° (100 degrés) dans l'eau bouillante; le thermomètre de Réaumur marque 0° dans la 1re et 80° dans la 2e. Autrement dit : 100° centigrades = 80° Réaumur.

Combien 10°; 15°; 35°; 18°,7 centigrades valent-ils de degrés Réaumur?

1444. Combien 8°, 12°, 18°, 25°3$/_4$ Réaumur valent-ils de degrés centigrades? La température ordinaire des bains chauds est de 26 à 27° Réaumur; combien de degrés centigrades?

1445. Le thermomètre Fahrenheit (employé en Angleterre) marque 32° dans la glace fondante et 212° dans la vapeur d'eau bouillante. Par suite, 212° − 32° ou 180° Fahrenheit = 100° centigrades = 80° R, et 32° Fahrenheit correspondent à 0° des deux autres thermomètres.

Le thermomètre Fahrenheit marquant 50°, 41°, 78°,5, 18°, combien marque le thermom. 1° centig., 2° de Réaumur.

1446. Quand le thermomètre centigrade marque 20°; 35°; 27°,8; 10° sous zéro, 7°,8 idem ; que marque le thermom. Fahrenheit ?

1447. Quand le therm. de Réaumur marque 12°, 20°, 27°, 7° sous zéro, 15° 1/2 idem, que marque le therm. de Fahrenheit ?

1448. Un boulanger a retiré 95 pains de 3^{kg} de 19$^{d.Dl}$ de blé de 2e qualité. Combien retira-t-il de pains de 2^{kg} 1/2 de 20^{Hl} de 3e qualité, sachant que le rendement de la 2e qualité est à celui de la 3e comme 7 1/2 est à 6 ?

1449. Le gros son contient 5 p. 0/0 de principes gras et le seigle 1,9 p. 0/0. Le son pesant 56^{kg} la pochée de 7$^{d.Dl}$ et le seigle 74^{kg} l'Hl, combien faut-il de Dl de seigle pour donner autant de ces principes que 1^{Hl} 4/5 de son ?

1449 bis. Dans une terre de 3 ^{Ha} 8^a cultivée à la profondeur de 0^m,25 et contenant 0,5 p. 0/0 de calcaire; on a mis 90^{mc} de marne renfermant 40 p. 0/0 de calcaire. Combien devra-t-on mettre de cette même marne dans un champ de 75^a dépourvu de calcaire et labouré à la profondeur de 0^m,20 pour qu'il contienne à proportion autant de calcaire que le 1er ?

1450. On admet que 5^{kg} de foin nourrissent aussi bien que 22^{kg} de trèfle vert ; que 5^{kg} de ce dernier équivalent à 8^{kg} 1/2 de navets et que 20^{kg} 4/5 de ces racines valent 2^{kg} d'avoine. Quand le foin se vend 9^f les 100^{kg}, quel devrait être le prix équivalent du setier d'avoine (1^{Hl} 1/2) pesant 45^{kg} l'Hl ?

1451. Deux vignerons ont bêché dans 3 jours 18 rangs de vigne de chacun 125^m de long. Ils doivent façonner une 2e vigne renfermant 30 rangs de 225^m. Combien de jours mettront-ils pour ce dernier travail, s'ils sont 3 de plus ?

1452. *Boisson.* On fait une boisson très-saine avec : 1^{kg} de raisins secs à 0^f,25 ; 1/2^{kg} de sucre brut, à 115^f le cent; 1 l. de son de froment à 1^f,20 le d.Dl ; 1/2 l. de vinaigre à 0^f,40 le l. On jette 12 litres d'eau bouillante sur ces substances; on remue de temps en temps, et on met ces 12^l de boisson en bouteilles au bout de quelques jours. A quel prix revient le l. ? Dites la recette pour en faire 250 l. ?

1453. 15 ouvriers travaillant 7^h 1/2 par j. ont mis 18^j 5^h pour transporter à la brouette 1296^{mc} de terre à 48^m de distance. Combien de jours et d'heures mettront 12 de ces ouvriers travaillant 8^h par j. pour transporter 1080^{mc} à 36^m. Les difficultés du 1er et du 2e transport étant, à cause de la pente, dans le rapport de 3 à 5.

1454. 5^a de terre donnent en moyenne 80^{Dl} de pommes de terre jaunes ou 12^{Hl} de pommes de terre chardon. En admettant que la 1re espèce rende 18 p. 0/0 de fécule sèche et la 2e 16 p. 0/0, combien faudra-t-il ensemencer d'ares de la seconde pour obtenir autant de fécule que de 2^{Ha} 1/2 ensemencés de la 1re ?

1455. L'urine est un précieux engrais pour les prairies artificielles sur lesquelles on l'emploie étendue d'eau. Une vache en produit environ 8ᵏᵍ,200 par jour renfermant 120 p. 0/00 (pʳ mille) de matières organiques lesquelles contiennent environ 12 p. 0/0 d'azote. Combien de mc de fumier pesant 750ᵏᵍ à l'état normal et contenant 5 p. 0/00 d'azote, faudrait-il pour remplacer l'azote donné par 3 vaches par an?

Règles d'intérêt.

CALCUL MENTAL.

1456. A 4 pʳ 0/0, que rapportent 30ᶠ dans 1ᵃⁿ, dans 6ᵐᵒⁱˢ, 3ᵐ, 18ᵐ? 20ᶠ ont rapporté 3ᶠ,20 en 4 ans; combien 100ᶠ, 1ᶠ, 15ᶠ par an?

1457. Un garçon de ferme touche 5ᶠ par mois pour une somme placée à 6 p. 0/0 par an; quelle est cette somme?

1458. La marraine de Jules lui a placé 600ᶠ qui lui rapportent 7ᶠ,50 par trimestre; quel est le taux annuel?

Problèmes.

1459. Combien 2160ᶠ placés à 5 p. 0/0 produisent-ils d'intérêt par an, par semestre, par trimestre, par mois, par jour?

1460. Un employé, qui gagne 140ᶠ par mois, dépense tout sans nécessité. S'il économisait 40ᶠ par mois pour les placer à 3 ½ p. 0/0 par an, combien aurait-il de rente au bout de 20 ans, quand même il dépenserait le revenu de ces placements?

1461. Une cuisinière a économisé 320ᶠ dans une année. Elle place cet argent à 4 ½ p. 0/0. Qu'en retire-t-elle d'intérêt par trimestre?

1462. Un vieillard prévoyant est parvenu, à force de travail, à se faire 2ᶠ,50 de rente par jour. Quel est le montant de ses économies placées à 4 ½ p. 0/0?

1463. Faites un tableau indiquant (avec 4 décimales) quelle somme il faut placer à 3; 4; 4 ½; 5; 5 ½; 6 p. 0/0 par an pʳ se faire 10ᶠ de rente par an, par semestre, par trimestre, par mois, par jour?

1464. A quel taux sont placés les 900ᶠ d'une vieille femme qui touche 4ᶠ,50 d'intérêt par mois?

1465. Un domestique, qui a placé 221ᶠ,50 par an pendant 6 ans, a 1ᶠ,40 de rente par semaine. A quel taux est placé son argent?

1466. Un militaire a placé à son départ 780ᶠ à 5 p. 0/0. Dans combien de temps pourra-t-il toucher 52ᶠ d'intérêt?

1467. Un propriétaire loue 60ᶠ un pré de 34ᵃ,20 valant 2500ᶠ l'Ha. Combien ce pré rapporte-t-il net pour 0/0, s'il paye 4ᶠ,35 d'impôt?

1468. Que doit-on payer le pré ci-dessus (Ex. 1467) pour placer son argent à 3 ½ p. 0/0?

1469. Le blé perd en séchant environ 4 p. 0/0 par an. L'Hl de blé valant 22ᶠ aussitôt après la récolte, à quel prix revient-il 9 mois après si l'on tient compte de l'intérêt du capital à 6 p. 0/0 par an et des frais d'entretien du blé estimé 0ᶠ,25 par Hl?

1470. *Quittance d'intérêts.* (Achevez-la.) Reçu de M. Jouan la somme de ..... (mettre la somme en lettres) pour trois mois, échus ce jour, des intérêts à 5 p. 0/0 par an de la somme de quatre cent vingt francs que je lui ai prêtée le premier janvier dernier.

Fait à Paris, le 15 avril 1867.

(Signature.)

1471. M. Jean Bardet me paye aujourd'hui, 17 avril 1867, les intérêts de la somme de 784ᶠ que je lui ai prêtée, le 1ᵉʳ juillet dernier, à 4ᶠ,50 p. 0/0 par an.   *(Faites la quittance.)*

1472. *Quittance de capital et d'intérêts.* (Achevez-la.) Reçu de M. Louis Painparé la somme de (somme totale en lettres) pour :

1° Remboursement des 650 fr. à lui prêtés le 15 septembre dernier, ci. 650ᶠ,00

2° Intérêts à 5 p. 0/0 par an de cette somme à ce jour. . . .

Total égal. . . . .

Fait à Rouen, le 4 mars 1867.   *(Signature.)*

1473. M. Leclerc a prêté le 25 mars au sieur Charles Neveu la somme de 845ᶠ, que ce dernier lui rembourse le 8 août suivant avec les intérêts échus à 4,50 p. 0/0 par an. (Faites la quittance.)

1474. *Billet à ordre.* J'emprunte à M. Mariau 550ᶠ pour 9ᵐ 18ʲ à 5 p. 0/0 par an et je lui fais le billet à ordre suivant (la somme à payer se compose de 550ᶠ et des intérêts). Remplissez-le :

Le 4 mars 1867.   *B. P. F.* (Somme en chiffres.)

Au..... (date en chiffres), je payerai à M..... ou à son ordre la somme de..... (somme totale en lettres), valeur prêtée ce jour.

(Signature.)

1475. Vous achetez au comptant de M. Bourgeois le 12 avril 1867 pour 460ᶠ de marchandises. Faute d'argent, vous lui faites un billet à ordre payable à 2 mois 20ʲ de date, moyennant 6 p. 0/0 d'intérêts par an. (Faites ce billet en ajoutant l'intérêt.)

1476. Jean Ragot vend le 23 mai 1867 cette terre à crédit au sieur Lallier Antoine 12ᶠ,50 l'are. Afin d'éviter plus tard les frais d'une quittance notariée, Lallier fait mettre sur l'acte qu'il a payé comptant et fait un billet payable à 2ᵐ 25ʲ de ce qu'il doit augmenté des intérêts à 5ᶠ,50 p. 0/0 par an. (Faites ce billet.)

1477. Une personne refuse de prêter 3700ᶠ pour un an à 4¹/₂

p. 0/0.   70 jours après, elle prête cette somme pour le reste de l'année à 5',25 p. 0/0. Combien a-t-elle perdu en attendant?

1478. Un homme emprunte 780', et 8 mois après encore 950'. Six mois plus tard, il rembourse 170'; 5 mois après, 700', et 3 mois ensuite, 300'. Établir son compte 4 mois après ce 3e payement en calculant l'intérêt à 5 p. 0/0.

1479. A quel taux place-t-on son argent en achetant à 0',45 le mq un pré triangulaire ayant 135m de base et 89m,80 de hauteur, qui rapporte en moyenne chaque année 13qx de fourrage, estimé 48',80 les 8qx?

1480. Un propriétaire a une mauvaise créance de 680' dont on ne lui paye aucun intérêt depuis 5 ans. Il poursuit le débiteur et fait pour 150' de frais. Le débiteur offre alors 65 p. 0/0 du tout. Le créancier doit-il accepter cette offre ou faire vendre le mobilier évalué 820', en supposant que les frais de saisie et de vente se montent à 90'?

1481. Un individu a acheté une maison qu'il devait payer le 11 novembre. Mais il ne se libère que le 16 janvier suivant, et on lui compte 42' d'intérêt à 5 p. 0/0 par an. Quel est le prix de la maison?

1482. Un fermier qui paye 420' par an reste 5 ans sans rien payer. Établissez clairement le compte de ce qu'il doit à la fin de la 5me année, en calculant l'intérêt à 5 p. 0/0 et les intérêts des intérêts.

Règles d'escompte.

CALCUL MENTAL.

1482 bis. Sur 40' de marchandises, Paul obtient une remise de 4 p. 0/0. Combien paye-t-il?

1483. Un ouvrier payant comptant un vêtement de 60' ne donne que 57'; quelle est la remise p. 0/0?

1484. Combien dois-je pour un billet de 80' que je rembourse 6 mois avant le terme, moyennant 5 p. 0/0 d'escompte annuel?

1485. Un marchand a un billet de 800' payable dans 2 mois; il le porte chez un banquier qui le lui paye aussitôt, mais en retenant : 1° l'intérêt du billet à 6 p. 0/0 par an; 2° 1/2 p. 0/0 du montant du billet pour commission. Que garde le banquier pour lui? que remettra-t-il au marchand?

Problèmes.

1486. Un marchand en gros vend l'huile épurée 115' les 100kg au comptant avec 3 p. 0/0 d'escompte; un 2e vend la même qualité d'huile 55' les 50kg au comptant sans escompte; quel est celui qui vend le meilleur marché?

1487. Un fabricant achète un baril de résine d'Amérique de 70^{kg},500 à 25^f les 100^{kg}. On lui accorde 16 p. 0/0 de tare, et comme il paye comptant, il obtient 3^f,50 p. 0/0 de remise. Faites son compte.

1488. Un épicier achète en gros 84^{kg} de sucre à 132^f les 100^{kg}, et 45^{kg} de chandelle à 67^f les 50^{kg}. Il paye comptant et ne donne que 162^f,70. Quelle remise lui fait-on p. 0/0? Faites son compte.

1489. Le vieux plomb se vend avec 4 p. 0/0 de tare, et 0^f,30 par Kg de moins que le neuf. Si ce dernier vaut 52^f,50 les 100^{kg}, que retira-t-on de la vente de 125^{kg} de vieux plomb?

1490. Je vends 240 toisons de laine pesant 528^{kg} à »^{f} le Kg. Je fais à l'acheteur 2^f,50 p. 0/0 de remise, et il ne me donne que 1081^f pour solde. Faites le compte en indiquant le prix du Kg de laine.

1491. Faites un tableau indiquant la somme à payer pour 1^f escompté à 5; 5 $^1/_2$; 6; 6 $^1/_2$; 7 p. 0/0, et payable dans 1 an; 3 mois; 2 mois; 1 mois; 15 jours; 5 jours; 1 jour (l'année de 360 j.).

1492. On m'a retenu 27^f,50 sur un billet de 760^f payable dans 145 jours. Quel est le taux de l'escompte?

1493. Je dois 2352^f payables dans 18 mois et sans intérêts jusqu'à cette époque; combien de temps dois-je payer avant l'échéance pour ne donner que 2215^f, au taux de 5 p. 0/0 par an?

1494. *Bordereau d'escompte d'un billet payé par un banquier le 4 juillet :*

Valeur au 15 septembre . . . . 214^f
Escompte à 6 p. 0/0 par an pendant » j. . . »^{f} }
Commission $^3/_4$ p. 0/0 . . . . »^{f} }

Reste payé net . . . . »^{f}

1495. Billet à escompter le 12 décembre 1866 à 6 p. 0/0 par an, plus $^1/_2$ p. 0/0 de commission et $^1/_3$ p. 0/0 de change de place. (Faites le bordereau.)

Paris, 18 novembre 1866.   B. P. F. 450^f

Au cinq janvier prochain, je payerai à M. Brossard ou à son ordre la somme de quatre cent cinquante francs, valeur reçue en marchandises.

LÉONARD (rue Vivienne, n° 17).

1496. Combien le banquier retire-t-il d'intérêt p. 0/0 par an de l'argent qu'il donne pour chacun des billets précédents (Ex. 1494 et 1495)?

1497. J'expédie à M. Vincent Bon (de Lille) le 12 juin, 4 pièces de vin de 250 l. à 32^f l'H^l. Je lui accorde 2 p. 0/0 d'escompte, et je fais sur lui une *traite* à vue de ce qu'il doit. (Achevez-la.)

A vue, veuillez payer à l'ordre de M. Toinon, la somme de …. valeur fournie en marchandises.   (*Signature*).

A M. Vincent Bon,   à Lille.

1498. M. Legros, marchand de bois achète à M. Jeanson, propriétaire le 26 mai 1867, la coupe de ce taillis à 800ᶠ l'Ha. Il donne en payement un billet payable à 8ᵐ 24ʲ de date. (Faites ce billet).

M. Legros rembourse le billet 2 mois ½ avant son échéance moyennant escompte de 5ᶠ,50 p. 0/0 par an. Que payera-t-il net?

1499. *Protêt d'un billet*. Les traites ou billets non payés au jour de l'échéance donnent lieu le lendemain à un acte d'huissier nommé protêt et exposent le commerçant à perdre sa réputation. Voici le compte d'un billet de 425ᶠ, protesté et renvoyé à un commerçant un mois après :

Montant du billet.	425ᶠ,00
Protêt.	4 ,75
Change et commission, ½ p. 0/0. .	» , »
Intérêt à 6 p. 0/0 pendant 1 mois .	» , »
Timbre du billet et ports de lettres.	1 ,50
Total.	»

1500. Un entrepreneur se charge, moyennant 3 ½ p. 0/0 de rabais, de la construction d'une mairie de 12500ᶠ. Il sous-marchande aussitôt ainsi les divers travaux : les 5270ᶠ de maçonnerie avec un nouveau rabais de 2 ½ p. 0/0 ; les 2306ᶠ de charpente et de couverture moyennant 4 p. 0/0 de rabais total ; les 2641ᶠ de menuiserie et serrurerie avec 3 p. 0/0 de bénéfice ; et le reste avec 4 ½ p. 0/0 de bénéfice. Quel est le bénéfice net de l'entrepreneur? Que recevra chacun des sous-traitants ?

1501. Un marchand achète le 1ᵉʳ janvier pour 700ᶠ de marchandises payables par quarts de 3 mois en 3 mois. Il préfère payer 700ᶠ à une époque moyenne. Quelle doit être cette époque pour que son billet de 700ᶠ équivaille aux 4 billets de 175ᶠ.

1502. Mon cousin Legrand a acheté à M. Leroux, le 3 septembre, un pré de 1350ᶠ qu'il doit payer par tiers avec les intérêts acquis à 4 ½ p. 0/0, le 1ᵉʳ tiers au bout de 3 mois, le 2ᵉ six mois après et le 3ᵉ un an après le 2ᵉ. Au lieu de 3 billets qu'il faudrait faire en conséquence, il demande à n'en faire qu'un équivalent à échéance moyenne, ce qui lui est accordé. Faites ce billet.

1503. Un cultivateur a acheté un champ pour 750ᶠ à un an de crédit. Il paye 250ᶠ au bout de 4 mois et 100ᶠ 2 mois après. Combien de temps peut-il ensuite garder le reste sans payer d'intérêts?

Partages proportionnels. Règles de société.

CALCUL MENTAL.

1504. Trois jeunes gens achètent 30ᶫ de marrons pour 6ᶠ, le 1ᵉʳ donne 1ᶠ,60; le 2ᵉ 2ᶠ,40 et le 3ᵉ 2ᶠ. Combien chacun aura-t-il de l.?

1505. Une société de 12 personnes a dépensé 3ᶠ. L'une d'elles doit payer pour 3, une 2ᵉ pour 5 et une 3ᵉ pour 4. Que payera chacune de ces 3 personnes?

1506. 2 voisins font du cidre en commun; l'un met 16ᴰᶫ de pommes et l'autre 24ᴰᶫ. Ils ont 200ᶫ de cidre; faites-en le partage.

1507. Une veillée de 4 fileuses a eu lieu 3 fois chez la 1ʳᵉ, 4 fois chez la 2ᵉ, 7 f. chez la 3ᵉ et 6 f. chez la 4ᵉ. On a brûlé en tout 3ᵏᵍ d'huile à 1ᶠ,50 le Kg. Que devront donner les deux 1ʳᵉˢ fileuses et que recevront les deux dernières en huile ou en argent?

1508. 4 ouvrières se partagent une pièce de ruban que la 1ʳᵉ a payée 5ᶠ. La 1ʳᵉ en prend 4ᵐ, la 2ᵉ, 7ᵐ ½; la 3ᵉ, 5ᵐ ½, et la 4ᵉ, 8ᵐ. Que doit rembourser chacune des 4 dernières personnes?

1509. 4 voisins achètent pour 300ᶠ le jardin nº 1 et se le partagent de la manière indiquée. Qu'en a chacun et que doit-il. (*Faire remarquer la relation existant entre les surfaces et les largeurs prises.*)

1510. 3 héritiers se partagent de la manière indiquée le bois nº 2, contenant 150ᵃ. Quelle est la hauteur? Combien d'ares prend chacun? L'impôt est de 6ᶠ; que donnera chacun?

1511. 2 personnes achètent en commun pour 800ᶠ le pré nº 3, contenant 80ᵃ. La 1ʳᵉ paye 500ᶠ et la 2ᵉ le reste; combien d'ares aura chacune pour son argent? Faites le partage de ce bien en indiquant la largeur à prendre par chacune sur la base.

1512. Un fermier voulant cultiver par tiers la pièce de terre nº 4, la partage de la manière indiquée. Est-elle partagée également et que contient chaque portion? (*Montrez que dans ces trapèzes les surfaces sont proportionnelles à la somme des bases parallèles.*)

1513. Un cultivateur veut ensemencer le champ nº 5 en trèfle et en navets. Il mettra 2ᵃ de trèfle contre 1ᵃ de navets; combien d'a aura-t-il de chaque culture. Faites le partage demandé en indiquant la largeur à prendre sur chacune des lignes parallèles?

EXERCICES NUMÉRIQUES.

1514. Définition. Trois nombres *proportionnels* à 3, 4, et 9 sont des produits de 3, 4 et 9 par le même nombre.

Le 1er n. étant 1° 21; 2° 2,25; 3° 7 1/2, quels sont les 2 autres (3 probl.)

La somme des 3 n. étant 1° 80; 2° 10, quels sont les 3 n. (2 probl.)

1515. Trois n. sont proportionnels à 3/4, 2/5, 1/2. Le 1er étant 1° 60; 2° 7/8, quels sont les 2 autres (2 probl.).

1516. Définition. Trois n. sont *inversement proportionnels* à 3, 4 et 9 quand ils sont proportionnels à 1/3, 1/4 et 1/9.

Le 1er de ces n. étant 1° 48; 2° 2 2/5, quels sont les 2 autres (2 pr.).

La somme des 3 nombres est 75; trouvez ces 3 nombres.

1517. Partagez 138f entre trois enfants de 9 ans, 8 ans et 12 ans parties inversement proportionnelles aux trois âges.

Problèmes.

1518. Un patron paye 55f, pour 100 paires de sabots. Un 1er ouvrier a passé 70 heures à les tailler, 71h à les creuser; un autre 5h 1/2 à les polir, et 46h 1/2 à les noircir et vernir. Combien revient-il à chaque ouvrier?

1519. 3 voisins mêlent ensemble des lies de vin pour faire de l'eau-de-vie; le 1er met 45l; le 2e 54l; le 3e 111l. Ils obtiennent 14l d'eau-de-vie et payent au distillateur 0f,40 du l. pour la fabrication. Faites-en le partage et indiquez les frais dus par chacun.

1520. 4 petits ménages mettent leurs noix en commun pour faire de l'huile; le 1er met 9kg de noyaux et obtient 4l 6dl; le 2e en met 7kg; le 3e 6kg; le 4e 8kg. Combien ces 3 derniers auront-ils d'huile? Il y a eu aussi pour 1f,50 de tourteau; faites-en le partage.

1521. Un mc de cailloux coûte 1f pour ramassage; 0f,50 pour sortie des champs à la brouette; 0f,25 pour chargement; 1f,15 pour cassage; 0f,40 pour épandage sur le chemin. Le travail entier exigeant 2 j. de 11h, combien de temps pour faire chaque partie de l'ouvrage?

1522. Contingent. La répartition des conscrits à fournir chaque année se fait proportionnellement au nombre d'inscrits de chaque canton. En 1866 on a pris 100000 soldats, sur 326565 inscrits; qu'en ont fourni 3 cantons ayant 124; 86; 129 inscrits?

1523. La liqueur de cassis se prépare en faisant infuser ensemble 1kg de baies de cassis; 2g de girofle; 25 amandes de noyaux de pêches; 3l d'eau-de-vie et 75g de sucre; au bout de 15 jours, on écrase le cassis et on en pressure le jus. Que mettra-t-on de chaque substance si l'on ne peut disposer que de 225g de baies de cassis?

1524. Pendant qu'un ouvrier fait 3m, un autre fait 7m, un 3e, 5m.

Le 1er faisant 100m, combien chacun des autres.　　Sur 100m faits par les trois, combien en fait chacun?

1525. Le 1er ouvrier précédent (Ex. 1524) fait un certain n. de mèt. en 8 jours; dans combien de j. le ferait chacun des autres? Dans combien de j. les trois ensemble?

1526. Trois ouvriers peuvent faire un certain n. de mèt. le 1er en 5j, le 2e en 8j, le 3e en 12j; pendant que le 1er fait 60m, combien en fait chacun des 2 autres?　　Sur 150m faits par les trois ensemble, combien en a fait chacun?

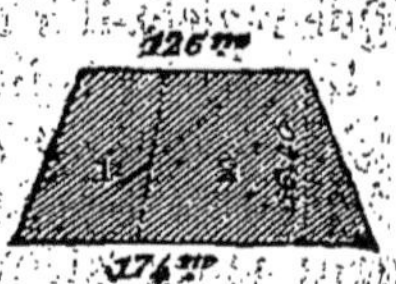

(Ex. 1527.)　　　　　(Ex. 1528.)　　　　　(Ex. 1529.)

1527. Un cultivateur veut répartir également une motte de fumier de 12m,20 sur 8m,30 et 1m,33 entre les 2 champs ci-dessus. Que mettra-t-il de mc à l'Ha? Combien de tomberées de 2mc,10 devra-t-il mettre dans chaque champ?

1528. 3 personnes achètent le pré ci-dessus avec sa récolte pour 2200f. La 1re prend 46a; la 2e 39a; la 3e le reste. Elles ont eu 62 q de foin et ont dépensé 67f,50 pour impôts et frais de culture. Quelle est la part de chacune: dans 1o l'achat du terrain; 2o dans la récolte; 3o dans les frais? Le partage devant avoir lieu dans le sens indiqué, où seront plantées les bornes?

1529. 2 frères se partagent la terre ci-dessus; le 1er en prend le tiers; le 2e le reste. Quel est le revenu cadastral de la portion de chacun si cette terre est classée à 8f,50 de revenu par Ha? A quel endroit seront plantées les bornes?

1530. 2 héritiers ont partagé de la manière indiquée le bois ci-contre. Ils ont à payer 9f,80 d'impôts et ont fait entourer ce bois d'un fossé coûtant 0f,075 le m linéaire. Cherchez ce que chacun devra pour les impôts et le fossé?

1531. Deux bûcherons s'associent pour l'exploitation d'une coupe affouagère adjugée 1740f. Le 1er a fourni 9 ouvriers pendant 63 jours et a déboursé en outre 75f. Le 2e a fourni 11 ouvriers pendant 80 j. et a déboursé en outre 30f. Partagez les 1740f?

1532. Un individu commence une entreprise avec 8700f. Huit mois après il s'associe une personne qui verse 19500f. L'entreprise dure 2 ans et rapporte 7500f. Partagez ce bénéfice en tenant compte de ce que le 1er associé doit recevoir 2000f par an à titre de gérant?

1533. Trois voituriers associés ont gagné 480ᶠ. Le 1ᵉʳ a conduit 8 voitures à 60ᴷᵐ; le 2ᵉ 11 voitures chargées de même à 40ᴷᵐ; le 3ᵉ 6 voitures id, à 75ᴷᵐ. Les chemins parcourus par le 2ᵉ étaient un tiers plus mauvais que ceux du 1ᵉʳ et la route du 3ᵉ 2 fois plus mauvaise encore que celle du 2ᵉ. Calculez d'après cela ce qui revient à chacun?

1534. 4 faucheurs se sont associés pour faire la moisson. Ils ont coupé 21ᴴᵃ9ᵃ de blé à 12ᶠ,50 l'Ha dans 23 jours, pendant lesquels ils ont eu à payer 3 enfants à 1ᶠ,50 chacun par jour pour ramasser le blé. Que revient-il à chacun, le 1ᵉʳ ayant perdu 2 j. $\frac{1}{2}$ et le 2ᵉ 1 j. $\frac{1}{2}$?

1535. 3 cultivateurs ont loué une prairie de 2ᴴᵃ,40 à 150ᶠ l'Ha, le 1ᵉʳ y a fait paître 12 bœufs pendant 2 mois; le 2ᵉ, 7 vaches pendant 2 mois $\frac{1}{2}$; le 3ᵉ 150 moutons pendant 3 mois. Que doit chacun (10 moutons ne comptent que pour 1 bœuf ou 1 vache)?

1536. On emploie dans une fabrique 12 hommes à 2ᶠ,50 par jour, 7 femmes à 1ᶠ,60 et 6 enfants à 0ᶠ,60. Le propriétaire voulant former une société de secours mutuels donne un 1ᵉʳ fond de 500ᶠ, sur lequel on imputera à chaque homme, femme, ou enfant, une part proportionnelle à son gain journalier. Faites cette répartition.

1537. Un oncle laisse à ses 3 neveux 30000ᶠ destinés à leur instruction. Trouvez les parts qui doivent être inversement proportionnelles aux âges qui sont respectivement 10 ans, 12 ans $\frac{1}{2}$ et 15 ans.

RÈGLES DE MÉLANGES. CALCUL DES MOYENNES.

CALCUL MENTAL.

1538. Une fruitière a acheté un lot d'abricots, à 0ᶠ,05 la pièce et les a revendus ainsi : 10 à 0ᶠ,06; 20 à 0ᶠ,07; 70 à 0ᶠ,10. Combien a-t-elle gagné en moyenne par abricot?

1539. La soudure des ferblantiers se composant de 7 parties de plomb et 1 d'étain; que mettra-t-on de Dg d'étain avec 21ᴴᵍ de plomb?

1540. Une marchande achète 2 douz. d'œufs à 0ᶠ,80; 4 douz. à 1ᶠ à douz. à 1ᶠ,10; quel est le prix moyen de la douzaine?

1541. Une épicière vend de gros harengs 0ᶠ,125 pièce, et de petits 0ᶠ,05; que doit-elle en donner de chaque espèce dans une douzaine pour les vendre 0ᶠ,10 en moyenne?

1542. Une fermière a des poulets à 1ᶠ,25 et de plus gros à 2ᶠ,25 la pièce; on veut lui en acheter 8 pour 12ᶠ. Combien devra-t-elle en donner de chaque espèce?

Problèmes.

1543. Un fermier a 260 bottes de foin de différents poids. On pèse 5 de ces bottes et on trouve $10^{Kg}4^{Dg}$; $10^{Kg}50^g$; $9^{Kg}89^g$; $10^{Kg}5^{Hg}$; $10^{Kg}260^g$. Quel est le poids moyen d'une botte? Que vaut la charrette entière à $8^f,25$ les 100^{Kg}?

1544. Un boucher achète dans un marché 3 vaches pour 622^f. La 1re pèse $310^{Kg},5$; la 2^e $280^{Kg},8$; la 3^e $320^{Kg},4$. Quel est le prix moyen des 100^{Kg}?

1545. Le bon café s'obtient en mélangeant 250^g café Moka à $2^f,70$ le Kg, avec 25^{Dg}, café Bourbon à $1^f,25$ le $\frac{1}{2}$ Kg et 5^{Hg} café Martinique à 250^f les 100^{Kg}. A quel prix revient l'Hg de ce café?

1546. On estime la richesse d'une propriété par le bétail qu'elle peut entretenir. Une ferme de 42^{Ha} nourrit 3 chevaux de 550^{Kg}, 15 vaches de 450^{Kg}, 120 moutons de 35^{Kg}, 4 porcs de 90^{Kg}. Quel est en q^x le poids brut moyen entretenu par Ha?

1547. Le méteil est un mélange de blé et de seigle semés ensemble. Le *gros méteil* contient 3 parties de blé et 1 de seigle; le *petit méteil* renferme 3 parties de seigle et 1 de blé. Que faudrait-il de Dl de chaque céréale pour ensemencer soit en petit soit en gros méteil, 40 ares de terre en mettant 15^{Dl} de grains à l'Ha?

1548. L'étamage se compose de 8 parties d'étain et 2 de plomb. L'étain valant $2^f,20$ le Kg et le plomb 95^f les 100 Kg, à quel prix revient l'étamage d'un vase de fer-blanc qui en exige 1^{Hg}?

1549. En faisant fondre sur un feu doux, 25^{Dg} de poix de Bourgogne à $0^f,75$ le Kg, 60^g de cire jaune à $4^f,80$ le Kg, $\frac{1}{8}$ de Kg de graisse de porc à $1^f,60$, on obtient un très-bon onguent pour guérir rapidement les brûlures. Quelles quantités de ces substances faut-il mélanger pour avoir 1° $1^{Kg},5$; 2° pour 1^f de cet onguent?

1550. Un liquoriste a besoin d'eau-de-vie à 45°; il en a à 65° et à 30°; dans quelle proportion doit-il les mélanger?

1551. Un pâtissier vend 10 douz. de gâteaux assortis à $0^f,50$ la douz., il doit en mettre de 2 espèces valant $0^f,60$ $0^f,45$ la douz. Que doit-il mettre de chaque sorte pour ne point y perdre?

1552. Un tonneau de $337^l,5$ de vin a été payé $67^f,50$; combien faut-il y ajouter d'eau pour faire une boisson qui revienne à $13^c\frac{1}{2}$ le litre?

1553. Combien faut-il mélanger d'eau avec du vin à $37^l,50$ l'Hl pour faire 180^l d'une boisson qui revienne à 14^c le l?

1554. Un cultivateur a du blé qui vaut $3^f,15$ le dDl et du seigle estimé $11^f,50$ l'Hl. Combien doit-il mettre de seigle avec $45^{d.Dl}$ de blé pour faire un mélange qui revienne à $2^f,65$ le $d.Dl$?

1555. On veut faire 140^l de boisson revenant à 30^c le litre avec

40ˡ de vin à 0ᶠ,20ᶜ le litre, 25ˡ de vin à 28ᶜ, du vin à 40ᶜ et de l'eau. Combien doit-on mettre de litres d'eau ?

1556. *Marnage des terres.* Une bonne terre doit contenir 2 p. 0/0 de calcaire. Combien faut-il mettre de mc de marne pesant 1500ᴷᵍ et renfermant 40 p. 0/0 de calcaire, dans un Ha de terre labourée à 0ᵐ,30 de profondeur pour que cette terre qui pèse 1400ᴷᵍ le mc et contient déjà ½ p. 0/0 de calcaire, en ait une quantité suffisante.

1457. Un serrurier a fourni 500 boulons, une partie avec écrou simple à 0ᶠ,45 pièce et le reste égal au tiers de la 1ʳᵉ partie plus 20, avec rondelles à 0ᶠ,70 pièce. Quel est le prix moyen de chacun ?

RENTES SUR L'ÉTAT.

CALCUL MENTAL.

1558. Pour placer son argent à 5 p. 0/0, que faut-il payer le 3 p. 0/0 ; le 4 p. 0/0 ; le 4 ½ p. 0/0 ?

1559. Un père achète pour les étrennes de son fils 4ᶠ,50 de rente 3 p. 0/0 au cours de 66ᶠ ; quelle somme place-t-il ?

1560. Combien faut-il à un ouvrier pour pouvoir acheter 10ᶠ de rente 4 p. 0/0 au cours de 92ᶠ ?

1561. La rente 3 p. 0/0 se paye par trimestre, le 4 ½ par semestre ; que devra-t-on placer aux deux cours précédents (Ex. 1559 et 1560) pour toucher 27ᶠ de chaque rente à chaque payement ?

1562. Les titres de rente sont *nominatifs* ou *au porteur*. Les premiers ne peuvent être inférieurs à 5ᶠ et sont toujours d'un nombre entier de francs ; les seconds sont des multiples de 10 fr. Quand le 3 p. 0/0 vaut 69ᶠ, quelle rente de chaque espèce de titres pourra avoir un domestique pour les 260ᶠ qu'il a économisés dans son année. Que lui restera-t-il ?

1563. Les agents de change prenant ⅛ p. 0/0 pour le courtage, e 0ᶠ,50 pour timbre du bordereau, quels seront les frais d'achat de 20ᶠ de rente 4 p. 0/0 au cours de 80ᶠ ?

Problèmes.

On tiendra compte pour chaque question suivante marquée de * du courtage de l'agent de change et du timbre. On fera le bordereau.

1564. * Que coûtent 500ᶠ de rente 3 p. 0/0 au cours de 69ᶠ,75 ?

1565. * Un ouvrier veut se faire 2ᶠ de rente par semaine ; pour quelle somme lui faut-il acheter du 4 ½ p. 0/0 au cours de 98ᶠ ?

1566. Un ouvrier, qui dépensait chaque jour 0ᶠ,50 inutilement, se corrige de cette funeste habitude et place au bout de l'année cette économie en rente 4 1/2 p. 0/0 au cours de 97^f,25. Combien en aura-t-il ? En continuant ainsi combien de rente s'amassera-t-il dans 20 ans ?

1567. En achetant les 2 rentes précédentes, le 15 novembre, que gagne-t-on sur les coupons courants (Ex. 1565, 1566) (Le dernier coupon du 3 p. 0/0 a été payé le 1er octobre ; celui du 4 1/2 le 22 septembre).

1568. A quel taux place-t-on son argent en achetant du 3 p. 0/0 au cours de 69^f,80 ; du 4 au cours de 86^f ; du 4 1/2 au cours de 98^f. Laquelle des trois rentes précédentes est la plus avantageuse ?

1569. * J'ai acheté pour 120^f de rente 3 p. 0/0 au cours de 64^f,50 ; 40 jours après cette rente est au cours de 69^f,80. Quelle est l'augmentation de mon capital ? Si je vends alors, quel est mon bénéfice, eu égard aux frais de vente et aux intérêts gagnés ?

1570. * Si la rente 3 p. 0/0 précédente, au lieu de monter, était descendue à 60^f,50, de combien mon capital aurait-il été diminué ? Combien aurais-je perdu en vendant dans ce cas, tout compensé ?

1571. * Un cultivateur a 2500^f d'épargnes qu'il veut placer en rentes 3 p. 0/0. Le cours étant de 70^f,50, combien pourra-t-il avoir de rente nominative ou de rente au porteur ?

1572. * Si ce cultivateur voulait acheter de la rente 4 1/2 p. 0/0 au cours de 99^f, qu'aurait-il de chaque espèce de rente ?

1573. On a acheté à diverses époques 54^f de rente 3 p. 0/0 au cours de 67^f,50 ; 85^f au cours de 68^f,10 ; 180^f au cours de 69^f,40. Quel est le cours moyen de ces trois achats ?

1574. * On voudrait acheter pour 540^f de rente ; le cours du 3 p. 0/0 est 68^f,60, celui du 4 1/2, 98^f,50. Quel est le cours le plus avantageux et quelle serait la différence des sommes à payer ? (2 bordereaux.)

ACTIONS ET OBLIGATIONS.

CALCUL MENTAL.

1575. Le revenu et le prix d'une action sont variables et en rapport avec la prospérité de l'établissement qui l'a émise. Combien a perdu de son capital celui qui a acheté au cours de 500^f quatre actions du crédit mobilier espagnol qui ne valent plus que 240^f.

1576. De combien a augmenté son capital celui qui a acheté, 750^f l'une, 5 actions du chemin de fer du Nord, valant aujourd'hui 1185^f ?

1577. Une action payée 600^f a donné 25^f d'intérêt annuel et 11^f de dividende ; combien ce placement a-t-il rapporté p. 0/0 ?

1578. Les obligations des chemins de fer français varient peu, et la plupart donnent 15ᶠ de revenu payables par semestre. Que touche à chaque payement celui qui a 8 obligations nominatives?

Problèmes.

1579. *Cours de quelques actions au 3 décembre 1866.*

Dernier revenu.		Valeur.
52ᶠ,50	Crédit foncier de France.	1380ᶠ
33 ,00	Chemins de fer de l'Est	535
71 ,50	— du Nord.	1185
56 ,00	— d'Orléans.	880
37 ,50	— de l'Ouest. . . .	570
60 ,60	— Paris-Lyon.	901

Quel est d'après cela le revenu p. 0/0 de chacune de ces valeurs?

1580. Que payerait-on pour chacune des actions précédentes courtage et droits compris?

1581. Ne placez votre argent qu'avec prudence et défiez-vous surtout des placements à gros intérêts. Un domestique voulant se faire beaucoup de rente a acheté à 215ᶠ (frais compris) 4 obligations *mexicaines* donnant 30ᶠ d'intérêt annuel. 18 mois après ces obligations ne valaient plus que 154ᶠ,50 chacune. Qu'a-t-il perdu de son capital (intérêts excédant 5 p. 0/0 déduits) en voulant trop gagner?

1582. Une compagnie offre à 310ᶠ des actions d'une mine, non encore en exploitation, devant rapporter au moins 18 p. 0/0 d'intérêts. Un cultivateur naïf achète 2 de ces actions. La 1ʳᵉ année, il reçoit 7ᶠ,50 p. 0/0 d'intérêt; mais, dès la 2ᵉ, la société fait banqueroute et il ne retire que 175ᶠ en tout de ses titres. Qu'a perdu ce cultivateur en agissant ainsi sans discernement? Qu'aurait-il gagné en plaçant sûrement son argent à 5 p. 0/0 seulement?

1583. Un ouvrier prudent a acheté à 294ᶠ,50 (frais compris) 4 obligations Orléans. Son frère a pris le même jour 9 obligations des chemins de fer Romains, donnant aussi 15ᶠ d'intérêts, mais ne valant que 130ᶠ. Quel est le taux p. 0/0 de chaque placement?

Un an après les obligations d'Orléans valaient 305ᶠ et les romaines 104ᶠ seulement. Quel est alors en tout et p. 100 le gain ou la perte de chacun depuis le placement?

1584. Inventaire des fonds publics possédés par un rentier. Les cours et les revenus des fonds publics (des actions surtout) étant très-variables suivant les circonstances, il est bon, pour savoir où on en est, de faire de temps en temps l'inventaire des titres que l'on possède pour évaluer son capital d'après les cours du jour, et son revenu d'après les derniers revenus annuels.

Faites l'inventaire d'un rentier qui possède (au 13 avril 1867) les valeurs suivantes.   (Les chiffres entre parenthèses sont le cours de ce jour et le dernier revenu annuel.   J. janv. signifie *jouissance des intérêts acquis par le titre depuis le 1er janv. précédent ; ainsi de suite*).

RENTE : 540^f en 3 p. 0/0 (66^f,90 et 3^f) j. avr. ; 750^f en 4 ½ (96^f,50 et 4^f,50) j. 22 mars.   ACTIONS : 8 Banque de France (3420^f et 156^f) j. janv. ; 12 Comptoir d'escompte (730^f et 63^f,50) j. fév ; 6 Crédit foncier (1345^f et 52^f,50) j. janv. ; 15 Nord (1,135^f et 71^f,50) j. janv. ; 8 Orléans (840^f et 56^f) j. avr. ; 10 Ouest (535^f et 35^f) j. avr. ; 25 Midi (545^f et 40^f) ; 20 Est (527^f et 33^f) j. nov.   OBLIGATIONS : 15 ville de Paris 1865 (517^f,50 et 20^f) j. fév. ; 18 Crédit foncier 500^f 3 p. 0/0 (500^f et 20^f) j. nov. ; 20 Est (302^f et 15^f) j. déc. ; 15 Orléans (305^f et 15^f) j. janv. ; 10 Nord (310^f,75 et 15^f) j. janv. ; 25 Paris à Lyon (305^f et 15^f) j. avr. ; 12 Midi (305^f et 15^f) j. janv. ; 18 Charente (265^f et 15^f) j. janv. ; 8 omnibus (480^f et 25^f) j. janvier.

Faites un tableau en colonnes intitulées : nombre de titres, désignation des titres, cours du 13 avril, dernier revenu annuel, valeur totale (capital), revenu total des titres (au porteur), revenu pour 0/0.

Pour évaluer le revenu total au porteur, on diminuera le revenu nominal des 0,12 pour 100^f du capital actuel (faute de connaître la moyenne de l'année précédente) et du décime. ½ (0,15 du droit).

1585. Évaluez les intérêts acquis depuis la dernière échéance par les titres de l'Ex. 1584, pour les ajouter au capital.

1586. Trouver le revenu moyen p. 0/0 de toutes les actions de chemin de fer de l'Ex. 1584 ; 2° *id.*, de tous les titres sans exception.

1586 *bis.* On a acheté, le 20 avril 1867, 19 actions du Midi à 540^f,25 ; 12 à 538^f,50 ; 14 à 539^f,75. Faites le bordereau et dites quel est le cours moyen ? Trouvez le taux p. 0/0 des placements, en tenant compte des intérêts acquis depuis le 1er janvier à 20^f par action et par semestre.

CAISSE D'ÉPARGNE.

Problèmes.   *(Comptes détaillés.)*

Les caisses d'épargne donnent en moy. 3 ½ p. 0/0 d'intérêt annuel.

1587. * Un journalier a 525^f cachés depuis 8 ans pour acheter un coin de terre. S'il avait placé cet argent à la caisse d'épargne où il aurait été autant en sûreté, qu'aurait-il maintenant ?

1588. Un ouvrier gagnant 90^f par mois a la bonne habitude d'en porter 15 à la caisse d'épargne en touchant sa paye. Voulant s'établir, il retire son argent au bout de 5 ans ; que reçoit-il ?

1589. Un ouvrier fait le lundi et perd ainsi 2^f,50 pour sa journée et 3^f en dépenses inutiles ; qu'aurait-il au bout d'une année s'il se conduisait bien et portait chaque semaine à la caisse d'épargne ce qu'il perdait auparavant ?

RÉCAPITULATION GÉNÉRALE.

Problèmes divers.

1590. *Fêtes mobiles. Pâques* est toujours le dimanche qui suit la pleine lune de mars ; la Septuagésime 63 jours avant Pâques ; le dimanche gras 49 jours avant ; la Passion, 14 jours avant ; l'Ascension 40 jours après ; la Pentecôte, 50 après. En 1867 cette pleine lune tombant le 18 avril (un samedi), quelle est la date de chacune de ces fêtes ?

1591. *La suie est un très-bon engrais.* On peut l'employer à la dose de $^1/_8$ d'Hl par are, mélangée avec 2 ou 3 fois autant de terre. Que coûterait à fumer un champ de 61^a,50, la suie coûtant sur place 4^f,50 l'Hl, le transport 0^f,25 les 100^{kg} et le mc pesant 1205^{kg} ?

1592. *Semaille des grains.* Quand on sème les grains à la volée, la semence ne peut être répandue que d'une manière inégale, et il s'en perd beaucoup. Quand on fait usage d'un semoir, la semence est espacée régulièrement, et il en faut 1/4 en moins environ.

Un cultivateur qui semait auparavant à la volée 2^{Hl} de blé par Ha à 25^f, achète un semoir mécanique pour 130^f ; combien devra-t-il ensemencer d'Ha pour payer le semoir avec l'économie qui résultera de son emploi ?

1593. *Battage mécanique.* Un manége à battre les grains a coûté 450^f. Voici le prix de revient d'une journée de battage avec cette machine :

Intérêts à 5 p. %$_0$ du prix d'achat, réparti entre 40 j. de battage.   »
Amortissement du prix en 10 ans, réparti de même.. . . . .   »
Entretien et réparations, 2 p. %$_0$ du prix d'achat, idem.. . . . .   »
5 hommes à 2^f,75 et 2 chevaux à 3^f,50 . . . .   »
                                                              ____
                    Prix de revient de la journée. . . . . .   »

La machine bat par jour 600^{Dl} de blé ou 900^{Dl} d'avoine ou 530^{Dl} de seigle, ou 90^{Hl} d'orge ; que coûte le battage de l'Hl de chaque grain ?

1594. *Battage au fléau.* 2 bons ouvriers payés 2^f,50 par jour, battent ensemble 110 gerbes de blé de 7^l ; 130 gerbes de seigle de 6^l, 160 d'avoine ou d'orge de 5^l $^1/_2$. A quel prix revient l'Hl de chaque battage ? Comparez le prix de revient au fléau et à la mécanique.

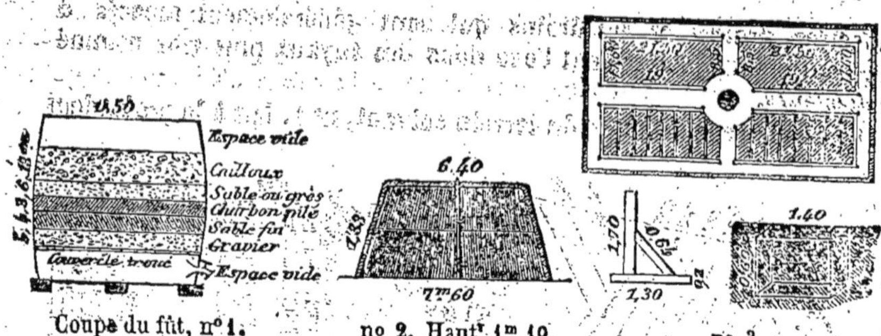

Coupe du fût, n° 1.   no 2. Haut¹ 1ᵐ,19.   n° 3.

1595. *Filtre.* On rend parfaitement pures les eaux stagnantes et sales en les faisant passer à travers un filtre. Un fermier obligé faute de puits de se servir d'eau bourbeuse de mare, a fait lui-même avec un fût le filtre n° 1 qui lui fournit de l'eau très-propre et fort saine. Combien de Dl de chaque matière a-t-il employé? (Il faut avoir soin de tenir la barrique toujours pleine afin qu'elle ne moisisse pas).

1596. *Fourneaux à charbon.* Pour réduire le bois en charbon on le dispose ordinairement en tas circulaires que l'on recouvre de terre glaise et au centre duquel on ménage un conduit pour l'air. On allume le fourneau ou tas, et au bout de quelques jours de combustion lente on en retire le charbon. Quel devrait être en Hl le rendement du fourneau n° 2, le bois dont il est composé devant donner 30 p. 0/0 en charbon? ce charbon pesant 50ᴷᵍ le sac de 25ᴰˡ, combien vaudront les 100ᴷᵍ à 2ᶠ,40 l'Hl? (Appliquez la formule des volumes des troncs de cône, page 158.)

1597. *Création d'un jardin (3 figures, n° 3).* Une personne fait entourer les allées de son jardin d'un double rang de fils de fer pour pouvoir cultiver des arbustes en cordons.

Compte de la dépense :

20 poteaux de chêne, avec assemblage, bois de 0ᵐ,2, ens. » mc à 72ᶠ ...; » Kg fil de fer galvanisé n° 18 (1ᵐ pèse 111ᵍ) à 70ᶠ le cent ...; 16 tendeurs à 1ᶠ,25 ...; goudronnage et peinture des poteaux » mq à 0ᶠ,50 le mq ...; » fosses pour planter les poteaux, ayant ens. » mc à 1ᶠ,50 le mc ...; 28 crochets pour retenir les fils de fer à 0ᶠ,25 pièce ...; 5 journées ¹/₂ à placer les poteaux et fils de fer à 2ᶠ,25 ... Total.....

1598. *Drainage.* On draine en général les terrains bas et argileux. Un drainage bien pratiqué facilite l'écoulement des eaux surabondantes, permet à l'air de pénétrer dans la terre et change l'aspect et la qualité du terrain. Pour en favoriser l'emploi, le Gouvernement se charge gratuitement des études préparatoires et de la direction des travaux.

Les eaux s'écoulent par des tuyaux placés au fond de petites tranchées

appelées *drains*, et ces drains qui sont généralement espacés d
12ᵐ entre eux, conduisent l'eau dans des tuyaux plus gros nommé
collecteurs.

Que coûtera le drainage du terrain suivant, nº 1, fait à la profondeur

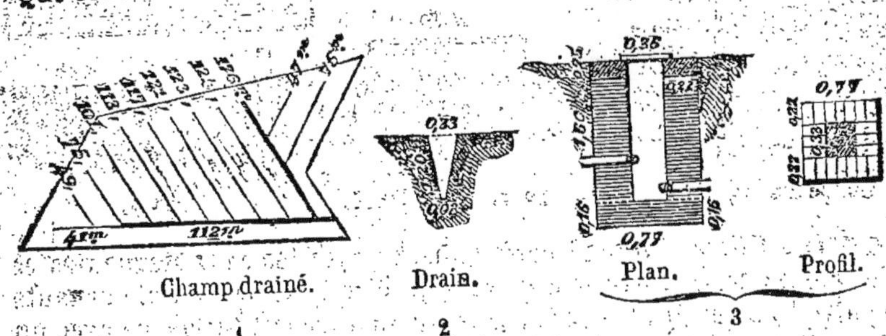

Champ drainé.   Drain.   Plan.   Profil.

1   2   3

moyenne de 1ᵐ,20. Les petits tuyaux de 0ᵐ,31 valent rendus 18ᶠ,50 le
mille; les collecteurs de 0ᵐ,32 valent 22ᶠ le mille; la main-d'œuvre est
payée 0ᶠ,18 le *m.* linéaire?

1599. Les drains ayant la forme et les dimensions nº 2, combien
de mc de terrassement exigera le drainage précédent. A quel prix revient le *mc* d'ouverture des tranchées si ce travail seul est payé 0ᶠ,11
le *m.* linéaire?

1600. On appelle *regards* (nº 3) des espèces de petits puits en
maçonnerie rassemblant les eaux de longs collecteurs et les faisant
écouler par d'autres plus gros.

Prix de revient du *regard* nº 3 construit en briques :

Terrassement du trou » mc à 1ᶠ,20. . . . .   »
Fournitures de » briques doubles de 0ᵐ,22 sur 0ᵐ,11
  et 0ᵐ,08 à 55ᶠ le mille . . . .   »
Mortier et main-d'œuvre.   6,50
Fourniture et taille des 4 pierres du dessus à 1ᶠ50.   »
Couvercle, en bois de chêne » mq, à 7ᶠ,50. . . . . .   »
Ferrure du couvercle, 2ᴷᵍ,600 à 1ᶠ,50. . . . .   »
____
Prix total. . . . .   »

1601. Un jardinier veut faire placer une palissade de 0ᵐ,16 de mailles contre un mur de 24ᵐ de
long. Cette palissade sera de la hauteur du treillis.
Compte de la dépense (achevez-le).

» bottes de treillis de 1ᵐ,40 à 2ᶠ,50 la botte de 50 . . .; » Kg de
pointes à 1ᶠ,20 le Kg (100 pointes pèsent 50ᵍ et il en faut une par croi-
sement) . . .; 1ᴷᵍ,500 fil de fer recuit à 0ᶠ,80 le demi-Kg . . .; façon   »

journée de 10 heures (1^h $1/4$ par *mq*) à 3^f ....; » crochets en fer (2 par m. linéaire) à $0^f,15$ ....; pose de la palissade, 2 hommes pendant une journée $1/2$ à $2^f,75$ ....; total..... Prix de revient du *mq* .....

1602. *Charpente.* Achevez le mémoire du charpentier qui a construit le hangar ci-contre de 5^m de long sur 10^m de large. 4 poteaux (*a*) de $4^m,20$ et $22/_{23}$; 4 arbalétriers (*b*) de 8^m et $12/_{22}$; 4 jambes de force (*c*) de 3^m et $14/_{20}$; 4 entraits moisés (*d*) de 5^m et $13/_{28}$; 2 poinçon (*g*) de $1^m,50$ et $16/_{16}$; 4 contre-fiches (*f*) de 3^m et $9/_{25}$; 1 faîtage (*h*) et 4 cours de pannes (*i*) de chacun 5^m et $9/_{17}$; 8 tasseaux (*k*) de $0^m,40$ et $9/_{17}$; 2 moises pour sablières (*j*) de 5^m et $8/_{15}$; 6 liens de faîtage et sablières (*l*) de 2^m et $8/_{14}$; total des *mc* » à 90^f ....; 24 chevrons (*e*) de $8^m,75$ à $0^f,70$ le *m* linéaire ....; 6 boulons avec rondelle ens, $1^{kg},6$ à 105^f les 100^{kg} .....; total.....

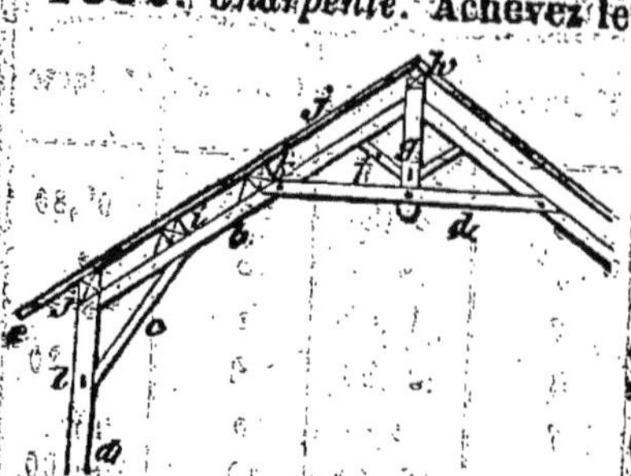

1603. *Grillages.*

Le fil de fer n° 10 fait 85^m au *Kg* et s'emploie pour mailles de 54 mm.

— n° 7 — 143^m		27
Le fil de laiton n° 4 — 740^m		2
— n° 7 — 445^m		13

Quelle longueur et quel poids de fil pour faire un *mq* de chaque grillage? Que coûtera ce fil, le laiton valant 6^f et le fer 2^f le *Kg*?

CONTRIBUTIONS DIRECTES.

1604. Il y a en France 4 contributions directes, dites 1° *foncière*, 2° *personnelle et mobilière*, 3° *des portes et fenêtres* 4° *des patentes*. Les rôles ou états de ces impôts sont publiés au commencement de chaque année et les contribuables qui se trouvent illégalement imposés doivent adresser dans les trois mois suivants leur réclamation au préfet du département.

Contribution foncière. Elle est payée proportionnellement au revenu de chaque propriété. Tous les biens ont été arpentés puis répartis par nature et classés selon leur qualité; le revenu net qu'ils peuvent rapporter a été estimé, et c'est sur ce dernier chiffre que sont payés les centimes ou impôts votés chaque année par la Chambre des députés, le Conseil général et le Conseil municipal pour subvenir aux dépenses de l'État, du département, et de la commune.

CADASTRE. On nomme *cadastre* les registres et le plan contenant cette classification du sol; il y en a un par commune sur lequel chaque propriétaire a un compte où sont désignés les biens qu'il possède.

1805. *Tableau de la classification du sol d'une commune.*

NATURE DES BIENS.	CLASSIFICATION, REVENU DE L'Ha.				
	1re classe	2e classe.	3e classe.	4e classe.	5e classe.
Terres labourables	7f	5	3f,50	2f	0f,80
Propriétés bâties	7	»	»	»	»
Vignes.	10	7	4 ,00	»	»
Bois	8	5	3 ,50	2	0 ,80
Jardins	9	7	»	»	»
Prés	25	20	15 ,00	10	5 ,00

Cherchez : 1° le revenu d'une terre de 67ª,5 de chaque classe.

    2° —   vigne de 71ª; 1/2 en 2e et 1/2 en 3e classe.
    3° —   bois de 124ª; 1/4 en 1re et 3/4 en 3e classe.
    4° l'impôt que payerait chacun de ces biens? le centime le franc (l'impôt à payer par fr. de revenu) étant de 0f,675?

1806. *Mutations.* Chaque fois qu'un immeuble est vendu, échangé ou recueilli dans une succession, le changement doit être fait sur les registres du cadastre. Une personne vend le 1er mars un jardin de 10ª,20 en 1re classe et un pré de 1Ha 8ª en 3e classe avec la condition d'en payer aussitôt les impôts. Quel est le revenu, puis l'impôt annuel du bien vendu? Ce bien ne pouvant être mis sous le nom de l'acquéreur que l'année suivante, que devra-t-il rembourser au vendeur pour l'impôt du reste de l'année? Le centime le fr. est de 0f,63.

1807. *Contribution personnelle et mobilière.* Elle est due par toute personne jouissant de ses droits et non réputée indigente. La taxe personnelle qui devrait égaler 3 journées de travail est généralement de 1f,50.

La *taxe ou cote mobilière* est due pour toute habitation meublée et dépend de la valeur locative de la partie consacrée à l'habitation. Elle se répartit par commune et est en outre d'autant plus élevée que les centimes votés sont plus considérables.

Dans une commune où *le centime le franc* est de 1f,20 pour le mobilier, que payeront pour les 2 impôts réunis 3 habitants ayant une côte mobilière, le 1er de 4f, le 2e de 7f, le 3e de 15f.

1808. *Contribution des portes et fenêtres.* Elle est répartie par commune entre les maisons d'habitation *personnelle* suivant le nombre des ouvertures. Elle est d'autant plus élevée que la commune est plus populeuse; de plus elle varie chaque année avec les centimes imposés.

Tarif de la loi du 21 avril 1833, auquel s'ajoutent les centimes votés.

POPULATION DES COMMUNES.	MAISONS A OUVERTURES.					Portes cochères de magasin.	Maisons de plus de 5 ouvertures par chacune.
	1	2	3	4	5		
De 5000 âmes au plus	0f,30	0f,45	0f,90	1f,60	2f,50	1f,60	0f,60
De 5001 à 10 000.	0 ,40	0 ,60	1 ,35	2 ,20	3 ,25	3 ,50	0 ,75
De 10 001 à 25 000.	0 ,50	0 ,80	1 ,80	2 ,80	4 ,00	7 ,40	0 ,90
De 25 001 à 50 000.	0 ,60	1 ,00	2 ,70	4 ,00	5 ,50	11 ,20	1 ,20
De 50 001 à 100 000.	0 ,80	1 ,20	3 ,60	5 ,20	7 ,00	15 ,00	1 ,50
De 100 001 et plus.	1 ,00	1 ,50	4 ,50	6 ,40	8 ,50	18 ,80	4 ,80

Calculez, en prenant ces chiffres pour base et en supposant qu'il n'y ait point de centimes à ajouter, ce que doit payer un propriétaire possédant trois maisons à 2 ouv., 2 maisons à 4 ouv., 1 maison à 7 ouv., et 1 porte cochère, si ces biens sont situés dans une ville de chacune des 6 classes indiquées?

1609. *Avertissement.* Il est remis au commencement de l'année à chaque contribuable une feuille indiquant ce qu'il doit pour chacun des 3 impôts précédents.

Complétez l'avertissement suivant remis à un propriétaire habitant une commune de 1560 âmes où le centime le franc est de 0,79 pour le foncier et de 1,34 pour le mobilier.

foncier	pour un bien ayant 66f,40 de revenu.	»	
personnel- {	1 côte personnelle.	»	} »
mobilier {	côte mobilière sur un loyer de 14f..	»	
portes, {	1 maison à 4 ouvertures.	»	
fenêtres. {	2 maisons à 5 ouv.	»	} »
	8 portes et fenêt. d'une autre maison.	»	

Frais d'avertissement.　0,05

Total. .　——
　　　　　　　　　　　　　　　　　　　　　　　»

Dont le douzième est de. . . .　»

1610. Patentes. La contribution des *patentes* est due par toute personne exerçant une profession, une industrie, ou un commerce quelconque. Les professions ont été classées selon leur importance, et la contribution à payer est calculée sur le chiffre de la *classe* sans. savoir égard au bénéfice que peut faire le patenté.

L'impôt des patentes se compose généralement :

1° d'un droit *fixe* suivant la classe et la population ;
2° d'un droit *proportionnel* basé sur le loyer d'habitation ;
3° des centimes à payer sur ces deux droits.

Tarif général des professions imposées d'après la population.

(Tableau A.)

CLASSES	DROIT FIXE POUR UNE POPULATION DE								Droit proportionnel.
	0 à 2 000	2 000 à 5 000	5 à 10 000	10 à 20 000	20 à 30 000	30 à 50 000	50 à 100000	au-dessus.	
3 (**)	18f	22f	25f	30f	40f	60f	80f	100f	1/20
4	12	18	20	25	30	45	60	75	1/20
5	7	9	12	15	20	30	40	50	1/20
6	4	6	8	10	16	24	32	40	1/20
7	3 *	4 *	5 *	8 *	8	12	16	20	1/40
8	2 *	3 *	4 *	5 *	6	8	10	12	1/40

(Le signe * signifie exempté du droit proportionnel.)

2611. Avertissement de patente (achevez-le).

PATENTE DE MARÉCHAL-FERRANT.

Tableau A, 6ᵉ classe.

Commune de 1800 h., 1 centime le franc 0,85.

1° Droit fixe. . . . . »
2° Droit proportionnel 1/20 sur un loyer de 85ᶠ. . . . . »
3° Centimes additionnels. . . . . . »
Frais d'avertissement. 0,05

Total. . . . . . . »
dont le 12ᵉ est de. . . . . ▪

(**) Les deux premières classes ne concernant que le grand commerce, ont été omises ici.

9

1612. Cherchez de même le montant de la patente à payer par :

1 cafetier . . 4e classe, ayant 160^f de loyer dans une ville de   3000 h.
1 épicier en détail. . . . } 5e —   —   210^f —   —   17 000 h.
1 serrurier . 5e —   —   120^f —   —   1 500 h.
1 bourrelier . 6e —   —   150^f —   —   45 000 h.
1 tailleur à façon. . . . } 7e —   —   70^f —   —   800 h.

En supposant pour chaque ville le centime le franc de 0^f,68.

1613. *Vérification des poids et mesures.* On ne doit se servir en France que des poids et mesures du système métrique. On en doit employer uniquement les dénominations, sous peine d'*amende*, sur les livres et dans les actes de commerce. Afin de s'assurer qu'il n'est fait usage que de mesures légales et justes, un préposé procède à des vérifications périodiques, et chaque objet vérifié est *poinçonné.*

Voici le coût de la vérification des poids et mesures possédés par un épicier en détail, 3e classe (achevez-le).

1° *Poids en fer.* Mg, 0^f,25 ;   5^{Kg}, 0^f,25 ;   2^{Kg}, 1^{Kg}, 1/2^{Kg}, 0^f,10 pièce ;   2^{Hg}, 1^{Hg}, 1/2^{Hg}, 0^f,05 pièce.   *Poids en cuivre.* 1^{Kg}, 0^f,15 ; 1/2^{Kg}, 0^f,15 ;   2^{Hg}, 1^{Hg}, 1/2^{Hg}, 2^{Dg}, 1^{Dg}, 1/2^{Dg}, 2^g, 1^g, 0^f,075 pièce.   *Mesures en bois.* 2^{Dl}, 0^f,15 ;   1^{Dl}, 0^f,10 ;   1/2^{Dl}, 0^f,07 ;   2^l, 1^l, 1/2^l, 0^f,05 pièce.   *Mesures en étain.* 2^l, 0^f,20 ;   1^l, 0^f,15 ;   1/2^l, 2^{dl}, 1^{dl}, 1/2^{dl}, 2^{cl}, 1^{cl}, 0^f,10 pièce.   *Instruments de pesage.* Petite bascule, 1^f,00 ; balance de magasin, 0^f,25 ; balance de comptoir, 0^f,13.........
Total à payer...

ENREGISTREMENT.

1614. Tous les actes sont soumis à l'enregistrement qui leur donne une date certaine : les actes sous seings privés concernant les ventes, les baux et les engagements de biens de toute nature doivent être enregistrés dans les 3 mois, sous peine de payer double droit. Les déclarations de succession se font dans les six mois du décès sous les mêmes peines.

Tarif de quelques droits d'enregistrement.

1   p^r 0/0 pour obligations ;
0,50 p^r 0/0 —   quittances ;
5,50 p^r 0/0 —   ventes d'immeubles ;
2   p^r 0/0 —   ventes de meubles ;
0,20 p^r 0/0 —   bail, calculé sur le prix total des années de fermage et le montant des charges imposées au fermier ;
0,20 p^r 0/0 —   résiliation de bail, calculé sur le prix total des années restant à faire ;

2,50 p^r 0/0 — échange d'immeubles, calculé sur 20 fois le revenu d'une part.

5,50 p^r 0/0 en plus pour ÉCHANGE D'IMMEUBLE avec soulte (retour) calculé sur le montant de cette soulte.

NOTA. Outre ces droits, il est perçu actuellement, à titre d'impôt de guerre, 1 décime 1/2 (0^f,15) en sus par franc de droit.

Applications.

1615. Un ouvrier achète à terme une maison de 3760 fr. Que payera-t-il d'enregistrement d'abord pour l'acte de vente, puis pour la quittance quand il remboursera sa dette ?

1616. Quels droits payera un fermier pour un bail de 12 ans fait moyennant 850 fr. par an et 2 charrois de 15 fr. pièce ?

1617. Qu'a payé d'enregistrement un fermier pour 27^{Ha} de terre affermés 45^f l'Ha pour 8, 12, ou 16 ans. (Calculer les droits sur 16 ans.) Comme il n'est resté que 8 ans, de combien les frais ont-ils augmenté le fermage annuel de l'Ha ?

1618. Quels sont les droits à payer pour l'échange de 2 propriétés valant chacune 1850 fr., et pouvant rapporter 3 1/2 0/0 de revenu ?

1619. Combien coûtera de droits l'échange de 2 maisons valant l'une 2500 fr., l'autre 3700 fr., et dont la moins chère donne 4,50 p. 0/0 de revenu ?

BUREAU DES HYPOTHÈQUES.

1620. Les actes de vente, d'échange d'immeubles, ne sont rendus parfaits qu'après avoir été transcrits au bureau des hypothèques de l'arrondissement dans lequel les biens sont situés. (Loi du 26 mars 1857.)

Les actes qui confèrent hypothèque doivent être déposés au même bureau où inscription est prise sur les biens du débiteur au profit du créancier. Les incriptions se renouvellent tous les 10 ans.

Les frais occasionnés par cette formalité sont nombreux, mais peu élevés. Voici le tarif de quelques-uns :

	Droits.	Salaire du conservateur.
Transcription des actes de vente.	1,50 p. 0/00	0,50 par rôle (2 pages).
Inscription.	1 p. 0/00	1^f chaque.
Radiation d'inscription.	(p^r mille.)	1^f id.

Application.

1621. Achevez le compte suivant des frais payés au bureau des hypothèques pour l'achat à terme d'une terre de 2480 fr.

Transcription de l'acte et inscription hypothécaire : droits de transcriptions, 1,50 p. 0/00...; 1 déc 1/2...; salaire du conservateur, 4 rôles 1/2 à 0^f,50...; timbre du registre, 3^f,47; inscription d'office; salaire du conservateur, 1^f; timbre du registre, 0^f,25; dépôt, 0^f,45; bulletin, 0^f,05...;

Radiation (*) *après payement.* Salaire du conservateur, 1ᶠ; dépôt, 0,25. Total…

HONORAIRES DES NOTAIRES.

1622. Les honoraires des notaires sont réglés par un tarif adopté dans chaque arrondissement; en cas de contestation, la taxe des actes est faite par le président du tribunal civil.

Pour la copie ou expédition des actes, la loi accorde 1ᶠ,50 par rôle d'écriture (2 pages) aux notaires résidant dans un ressort de justice de paix.

1623. Achevez le compte suivant des frais dus au notaire pour l'achat à terme d'une maison valant 2400 fr.

1624. *Acte de vente :* Timbre de la minute, 3 feuilles de 0ᶠ,50…; honoraires, 23 fr. ; expédition de l'acte, 7 rôles à 1ᶠ,50…; timbre de 4 feuilles de 1ᶠ,50…; dépôt de l'acte au bureau des hypothèques et retrait, 4ᶠ,50… *Quittance du prix de vente :* Timbre de la minute, 1 feuille de 0ᶠ,50 ; honoraires, 6 fr.; mention de la quittance sur l'expédition, 2ᶠ; copie pour radiation (**) 1 rôle sur timbre de 1ᶠ,50…Total…

EMPRUNTS SUR HYPOTHÈQUES.

1625. Ne faites pas de dettes : celui qui doit est esclave. Les emprunts sur hypothèques et les achats de biens à terme entraînent à des frais considérables et appauvrissent le plus souvent ceux qui y ont recours.

Voici un compte approximatif et minimum des dépenses occasionnées par un emprunt de 500 fr. pour 3 ans. (Achevez-le.)

Frais d'obligation.	
Honoraires du notaire et timbre …	10ᶠ,50
Enreg' de l'obligation 1 p. 0/0.	»
d° décime 1/2 en sus.	»
Expédition, 1 feuille timbrée.	1,50
Expédition, 2 rôles à 1ᶠ,50.	»
Frais d'inscription.	
Droit proportionnel, 1 p. 0/00	»
Décime 1/2 en sus.	»
Timbre et bulletin de dépôt.	1,25
Salaire du conservateur.	1,25
Coût de 2 états à 2ᶠ.	»
A reporter.	»

Report.	»
Frais de quittance.	
Honoraires du notaire, timbre.	5ᶠ,50
Enregistrement, 0,50 p. 0/0.	»
d° décime 1/2.	»
Copie pour hypothèque.	3,00
Certificat de radiation.	1,50
Total.	»
Ajoutons à ces frais les intérêts à 5 0/0 de l'emprunt pendant 3 ans.	»
Cet emprunt coûtera.	»

(*) De l'inscription hypothécaire.   (**) *Idem.*

DES PROCÈS.

Les procès sont la ruine des familles et une source d'ennuis. Soyez loyaux et francs et évitez avec soin tout ce qui pourrait vous entraîner à plaider.

1626. *Coût d'un procès.* Antoine dispute injustement à Louis une parcelle de terre de 120ᵐ sur 0ᵐ,80 valant 8ᶠ l'are. Ils vont devant le *juge de paix* et le 1ᵉʳ perd. Il doit payer les frais suivants : citation des parties, visite des lieux par le juge, citation et taxe de 6 témoins, procès-verbal, expédition et signification du jugement : 60ᶠ,50. De plus, chaque plaideur a perdu 3 journées à 3ᶠ,50 et donné 5ᶠ à un avoué pour consultation. Combien chacun a-t-il perdu dans ce procès?

Antoine ne voulant pas céder, appelle du jugement au *tribunal civil* et gagne. Les frais taxés à la charge du perdant sont alors de 125ᶠ pour chaque partie, et les frais d'avocat et autres de 35ᶠ pour chacun. Quelle est après cela la perte de chaque plaideur?

Mais Louis, croyant avoir raison, va en *cour d'appel* et gagne. Les frais taxés sont de 510 fr. pour chacun, et les dépenses particulières de 70ᶠ aussi pour chacun.

Qu'a perdu Antoine à vouloir commettre une injustice?

Qu'a dépensé Louis pour n'avoir pas pu empêcher ce procès?

ASSURANCES.

1627. Les assurances préservent souvent de préjudices considérables au moyen d'un léger sacrifice. Un homme prudent doit donc assurer sa maison, son mobilier, ses produits contre l'*incendie;* ses récoltes sur pied contre la *grêle,* l'*inondation,* etc.; ses bestiaux même contre la *mortalité.*

Il y a deux sortes d'assurances : 1º l'assurance à *prime fixe* que l'on ne paye jamais que d'après le tarif porté sur la *police* ou contrat d'assurance; 2º l'assurance *mutuelle,* d'après laquelle les assurés se garantissent eux-mêmes les sinistres et les payent proportionnellement au montant de leur assurance.

Applications.

1628. Un mobilier estimé 4150ᶠ est assuré à raison de 0ᶠ,65 par mille et les récoltes évaluées à 2780ᶠ à raison de 0ᶠ,40 pour 100. Que doit-on pour la prime d'assurance?

1629. Un cultivateur a assuré à *prime fixe* ses récoltes contre la grêle. Achevez le compte suivant de ce qu'il aura à payer pour cette assurance.

Ferme de Bellevue (année 1867).

RÉCOLTES.	ÉTENDUE.	PRODUIT MOYEN DE L'Ha.	Valeur des récoltes.	Taux p. 100 à payer.	Cotisation totale.
Luzerne. . .	68ª,70	51 qx à 8f,50	»	0f,60	»
Vigne. . . .	88 ,60	30 Hl à 20f	»	7 ,00	»
Blé	99 ,30	40 qx paille à 5f,50 ; 22 Hl blé à 23f,00	»	0 ,80	»
Avoine . . .	93 ,60	20 qx id. à 5f,00 ; 30 Hl av. à 9f,50	»	0 ,90	»
		Total des cotisations.			»
		Ajouter droit de timbre.			0f,50
		Prime totale à payer.			»

1630. Un propriétaire assure à *l'assurance mutuelle* contre l'incendie les bâtiments suivants. Établissez le compte de la quote-part qu'il aura à payer *(année 1867)*.

IMMEUBLES ASSURÉS.	VALEUR réelle.	TARIF d'estimation.	VALEUR estimée.
Maison, sans aucun risque	3500f	1f,00	»
Écurie et remise avec colombage. . .	500	1 ,20	»
Grange avec colombage.	850	1 ,20	»
Total de l'estimation.			»

Le montant des sinistres payés, frais d'administration et garantie est de 69000f à répartir entre 279600000f d'assurance, soit « pr mille. Quote-part à payer pour l'assurance ci-dessus ».

PARTAGES.

1631. Deux frères ont à se partager la propriété suivante. Ils estiment le bois 24f l'are, la luzerne 17f, la terre 14f,50, et la vigne 27f,50. Afin de ne pas morceler les pièces, le 1er prendra le bois et la luzerne ; le 2e le reste et celui qui aura le lot le plus fort reportera à l'autre.

1° Quelle est la valeur totale de la propriété ?
2° Que revient-il à chacun ?
3° Que doit reporter celui qui possède le plus de bien ?

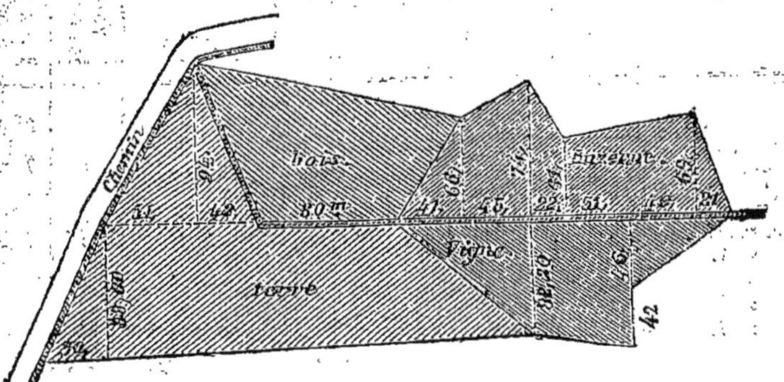

Les partages d'ascendants payent 1 p. % d'enregistrement calculé sur une somme représentant 20 fois le revenu ; mais quand il y a retour, il est perçu 4 p. % en plus sur le montant de la soulte.

Combien les deux frères auront-ils de droits à payer (décime 1/2 en sus) pour le partage précédent et pour la soulte, si ce bien rapporte 3 p. 0/0 de revenu ?

1632. Sur le cadastre les biens précédents sont ainsi classés : bois : $1/3$ en 2e et $2/3$ en 3e classe ; luzerne (comme terre) : $1/2$ en 1re, et $1/2$ en 2e classe ; terre, 3e classe ; vigne : $1/4$ en 2e, $3/4$ en 3e classe.

Quel est le revenu des biens de chaque héritier et que payera chacun d'impôt, le centime le franc étant de 0,645. (Voyez le tarif des biens, ex. 1605).

CALCUL DES DÉBLAIS.

1633. Dans le déblayement des terrains accidentés, les ouvriers terrassiers laissent, de distance en distance, et chaque fois que la pente change, de petits monticules de terre nommés témoins qui indiquent la hauteur du sol primitif. Pour obtenir le volume du déblai, on le partage en prismes triangulaires que l'on mesure séparément et dont la réunion donne le cube total cherché.

NOTA. On trouve le volume de chaque prisme en multipliant la surface du triangle de base par la moyenne des 3 hauteurs. Ex. le triangle A ayant $\dfrac{49,50 \times 9,2}{2}$ ou $227^{mq},70$ de surface et la hauteur moyenne des 3 témoins étant de $\dfrac{1,20 + 0,40 + 0,90}{3}$ ou $0^m,83$, le volume du prisme triangulaire sera de $227^m,70 \times 0,83$ ou de $188^{mc},991$.

Cherchez 1° le volume de terre à enlever pour le creusage de la fosse suivante ; 2° le nombre de tombereaux de $2^{mc},10$ à transporter si le volume de la terre remuée augmente de $1/4$; 3° le montant de la dépense en estimant $0^f,75$ le *mc* de terrassement et $9^f,50$ la journée d'un charretier faisant 3 tours par jour.

H^{rs} des témoins :

—

No 1. $1^m,20$
» 2. 0 ,40
» 3. 0 ,90
» 4. 0 ,50
» 5. 0 ,80
» 6. 1 ,40
» 7. 1 ,35

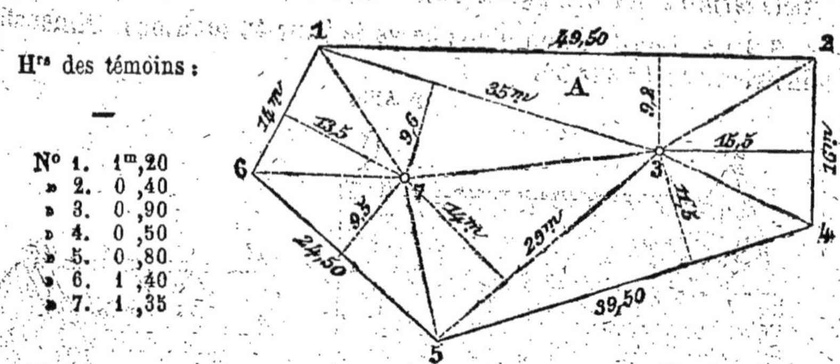

1634. Utilité des petits oiseaux.

Le cultivateur est entouré de *millions* d'insectes, la plupart imperceptibles, qui dévoreraient infailliblement toutes ses récoltes si Dieu n'avait créé des oiseaux pour les détruire.

Principaux insectes nuisibles :

Le hanneton, les chenilles, dévorent les bourgeons et les feuilles.
Le ver blanc ou turc, ronge les racines.
L'altise ou puce des jardins, détruit les plantes.
Les limaces, escargots, dévorent les légumes.
Les pucerons, sucent la sève des plantes.
Le bruche, ronge les pois.
L'alucite, mange le grain dans les champs.
Le charançon ou calandre, d° greniers.
La pyrale ou lisette. attaque la vigne.
La nonne, détruit les bois et les forêts.
etc..., etc...

Principaux oiseaux utiles :

L'hirondelle, le roitelet, la mésange, le rouge-gorge, la fauvette, le pouillot, le rossignol, le pinson, le bruant, le martinet, le pic, l'étourneau, l'alouette, le moineau, etc. Chacun de ces oiseaux détruit en moyenne 100 insectes par jour.

Un enfant sans pitié a détruit dans 1 an 2 nids de chacun de ces oiseaux, contenant 6 œufs ou petits. Combien d'insectes auraient mangé dans une année, tous ces petits oiseaux devenus grands. En admettant que 100 insectes font, au moins, pour $0^f,05$ de dégâts par an, quelle perte causera à l'agriculture cette funeste destruction d'oiseaux ?

DEVIS DE TRAVAUX.

Établissez avec le plus grand ordre le devis suivant; chaque article terminé par des points ..... doit occuper une ligne.

1635. Construction d'une bergerie pour 42 moutons. Dimensions intérieures : 7ᵐ sur 6ᵐ.

PLANS.

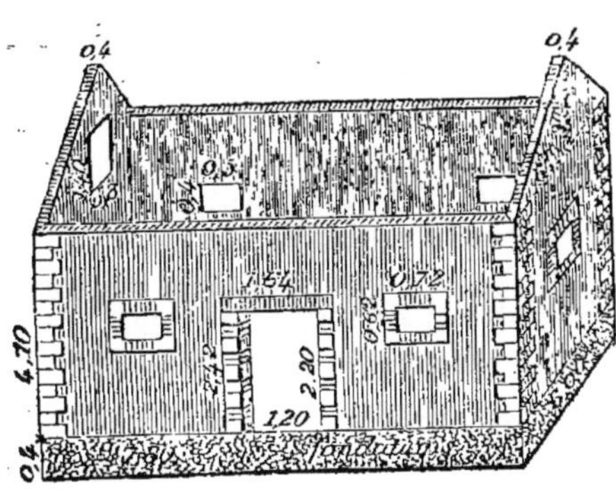

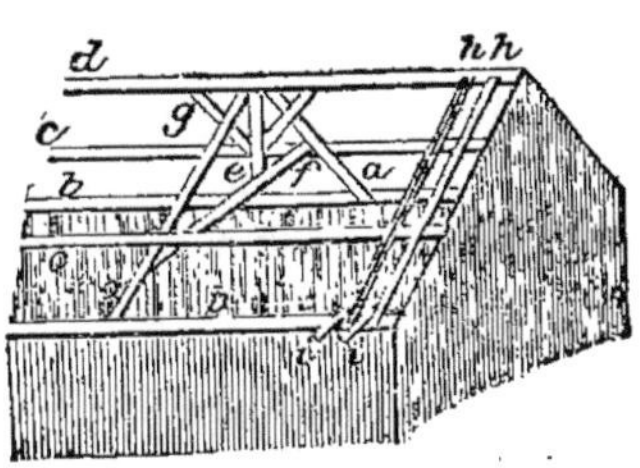

Charpente.

Maçonnerie.

Terrassement des fondations » mc à 1ᶠ,25 ....; maçonnerie » mq à 1ᶠ,25 pour main-d'œuvre (vides non déduits) ....; torchis du plancher » mq à 0ᶠ,30 pour main-d'œuvre...; fourniture de 104 pierres de taille à 1ᶠ,25 pièce, taille comprise ...; 160 briques doubles à 55ᶠ le mille ....; » mc de moellons à 2ᶠ,75 (1ᵐ,05 par mc, vides, arêtiers, baies des portes et croisées déduits)...; mortier de chaux » mc à 19ᶠ (0ᵐᶜ,33 par ᵐᶜ vides seuls déduits) ....; » barreaux pour plancher à 1ᶠ,50 la botte de 50 (24 barreaux par mq)....; foin » Kg à 5ᶠ,50 les 100ᴷᵍ (6ᴷᵍ par (mq)....; faux frais ¹/₁₀ du total..... — Chaque arêtier a 4ᵐ,10 et ⁴⁰/₄₀ 40 sur 40).

Charpente.

Plancher : 14 soliveaux de 6ᵐ,80 et ¹⁵/₁₈ ....; 8 linteaux de portes et fenêtres ayant ensemble 9ᵐ,50 et ¹⁸/₁₆ ....; total des mc » à 90ᶠ .... »

Charpente : 2 arbalétriers (a) de 4ᵐ,20 et ¹⁵/₁₆; 2 sablières (b) de 7ᵐ,80 et ¹²/₁₆; 2 pannes (c) de 7ᵐ,80 et ¹⁶/₁₇; 1 faîtage (d) de 7ᵐ,80 et ¹²/₁₂; 1 poinçon (e) de 1ᵐ,50 et ¹⁵/₁₅; 1 entrait (f) de 3ᵐ,30 et ¹⁵/₁₅; 2 liens de faîtage (g) de 1ᵐ,50 et ¹²/₁₂; total des mc » à 90ᶠ ... »; 34 chevrons (h) de 4ᵐ,20; 34 coyaux (i) de 0ᵐ,70; total .... m. linéaires à 0ᶠ,70 ....; faux frais ¹/₁₀ du total.....

Couverture.

Façon de la couverture, 7ᵐ,80 de long sur 9ᵐ,20 de développement compris doublis à 0ᶠ,40 ....; fourniture de » tuiles grand moule, pureau de 0^m,11 à 25 le mille (150 par toise carrée = 4^{mq}....; » lattes à 2^f,50 la botte de 50 (27 par toise carrée) ....; » Kg clous à lattes à 0^f,80 (250^g par toise carrée) ....; » faîteaux de 0^m,30 pour recouvrir le faîte à 0^f,30 pièce ....; 2 brouettées de mortier pour pose des faîteaux à 1^f,25 ....; faux frais $^1/_{10}$ du total.....

Menuiserie.

Porte d'entrée coupée, bois de chêne de 0^m,035 d'épaisseur » mq à 9^f,50 ....; 6 croisées de 0^m,60 sur 0^m,40, châssis de 0^m,025 d'ép^r » mq à 7^f,50 ....; porte de grenier, bois blanc de 1^m,40 sur 0^m,80 » mq à 7^f ....; faux frais $^1/_{10}$ du total.....

Serrurerie.

Ferrure de la porte d'entrée, 4 bandes et 4 gonds pesant ens. 9^{Kg},500 à 1^f,10 ....; 2 loquets garnis à 2^f,50; 1 serrure 3^f ....; ferrure d'une croisée, 2 fiches à 0^f,80; 1 targette à 0^f,90; soit pour les 6 croisées ...; ferrure de la porte du grenier, 2 bandes et 2 gonds pesant ens. 5^{Kg},800 à 1^f,10; 1 serrure 2^f,50 ....; faux frais $^1/_{10}$ du total....

Vitrerie et peinture.

Fourniture de 2 carreaux de 0^m,20 sur 0^m,20 à chaque croisée, pour les 6 ens. » mq à 5^f ....; peinture à l'huile, 3 couches, 1° porte d'entrée (2 faces) » mq; 2° 6 croisées de 0^m,60 sur 0^m,40 (2 faces pour 1) » mq; 3° porte du grenier (2 faces) » mq; total des mq » à 1^f,10 ....; faux frais $^1/_{10}$ du total....

Total général de la construction .....

Établissez la dépense pour chaque espèce de travail en achevant le détail précédent. Puis faites la récapitulation générale des comptes.

___

APPENDICE.

EXERCICES DESTINÉS AUX ÉLÈVES LES PLUS AVANCÉS

qui ont l'Arithmétique n° 3 ou l'Arithmétique n° 2 de A. Guilmin.

1636. Un négociant achète 18 barils d'huile épurée pesant ensemble 1350^{Kg} net à 105^f,40 les 100^{Kg}, payables dans 6 mois. Il a la faculté de faire des avances de payement à raison de 7 p. 0/0 d'escompte par an. 45^j après cet achat il donne 800^f, puis 580^f pour solde quelque temps après. De combien a-t-il dû avancer ce dernier payement ?

1637. Un maréchal achète 15 barres de fer méplat de chacune 4^m,80 de long et 0^m,085 sur 0^m,035 payables à 3 mois; il paye comptant et obtient, au taux de 6 p. 0/0 par an, un escompte total de 1^f,05. Combien compte-t-on les 100^{Kg} de ce fer. Le mc de ce fer pèse 7^{Kg},788.

1638. Un particulier vend une maison 3500^f payables comptant; l'acheteur désire s'acquitter en 3 payements égaux, le 1er dans 4 mois, le 2ᵉ dans 8 mois, le 3ᵉ dans 1 an. Quel devra être le montant de chaque billet, l'escompte étant de 5 p. 100 par an?

1639. Un ferblantier a acheté le zinc nécessaire pour faire une couverture de 14ᵐ,50 de long sur 12ᵐ,70 de large; les feuilles de zinc n° 16 qu'il emploie ont 2ᵐ sur 0ᵐ,65, pèsent 7ᵏᵍ,5 le *mq* et valent 62ᶠ les 100ᵏᵍ. Combien de feuilles lui faudra-t-il et quelle sera sa dette? Il s'acquitte en 4 payements: le 2ᵉ était double du 1ᵉʳ, le 3ᵉ égal aux 2 premiers, le 4ᵉ de 255ᶠ,83 pour solde. Qu'a-t-il payé chaque fois?

1640. *Moyennes.* Une commune veut faire fondre une cloche qui puisse peser net 900ᵏᵍ; l'alliage se compose de ³/₄ de cuivre à 2ᶠ,50 le Kg, de 0,22 d'étain à 2ᶠ,50 le Kg, et de 0,03 de zinc à 0ᶠ,70 le Kg, et éprouvera 10 p. 100 de déchet dans le travail. Trouvez le prix moyen du Kg.

1641. Un épicier achète 29ᵏᵍ,5 de riz de 3 qualités à 0ᶠ,65, 0ᶠ,70 et 0ᶠ,55 le Kg; il en achète 3 fois plus de la 2ᵉ qualité que de la 1ʳᵉ et 3 fois plus de la 3ᵉ que de la 2ᵉ. A quel prix revient en moyenne le Kg?

1642. On achète 1600 carreaux de 3 qualités, savoir: 68ᶠ, 75ᶠ, 96ᶠ le mille. On en prend 125 de la 2ᵉ qualité de plus que de la 1ʳᵉ, et de celle-ci 275 de moins que de la 3ᵉ. Quel est le prix moyen du mille?

1643. *Assurances.* Un marinier assure 3 bateaux valant ensemble 12700ᶠ à 2 assureurs moyennant 4ᶠ,50 p. 100 par an. Il éprouve dans l'année des avaries estimées à 30 p. 100 du total assuré. Que devra payer chaque assureur, déduction faite de la prime, si le 1ᵉʳ avait assuré pour 8000ᶠ et le 2ᵉ pour le reste?

1644. Un commerçant expédie pour l'Angleterre 25 pièces de vin valant net 107ᶠ,50 chacune, et veut faire assurer cet envoi de manière à en recevoir entièrement la valeur en cas de perte. La prime étant de 3ᶠ,50 p. 100 et la franchise (*) de 4 p. 100, que doit-il estimer son expédition totale?

1645. Un propriétaire fait assurer pour 8 mois 1/2 moyennant 3ᶠ p. 0/00 par an, 2 meules de foin de chacune 87ᵐᶜ,500 et 1 meule ronde de blé de 15ᵐ,25 de circonférence et de 3ᵐ,70 de hauteur moyenne. La meule de blé vient à brûler; trouvez l'indemnité que recevra le propriétaire, déduction faite de la prime d'assurance, sachant: 1° que le *mc* du foin pèse 70ᵏᵍ et est estimé 8ᶠ,50 les 100ᵏᵍ; 2° que le *mc* de gerbes de blé est supposé peser 90ᵏᵍ et contenir 2 fois 1/4 plus de paille que de grains; 3° que la paille vaut 4ᶠ,50 les 100ᵏᵍ et le blé 23ᶠ l'Hl de 75ᵏᵍ?

1646. Trois individus plantent des arbres et restent chacun 15 minutes à en planter un. Le 1ᵉʳ en a déjà planté 68, le 2ᵉ 16, et le 3ᵉ 3; après combien d'heures le 1ᵉʳ aura-t-il planté 3 fois plus d'arbres que le 2ᵉ, et 6 fois plus que le 3ᵉ.

(*) On nomme *franchise* le tant p. 0/0 sur le montant assuré que l'assureur se réserve de ne pas payer en cas de perte ou d'avarie.

NOTIONS COMPLÉMENTAIRES DE GÉOMÉTRIE. — APPLICATIONS.

NOTA. Dans chacun des exercices ou problèmes divers suivants marqués d'un (*), il y a une racine carrée à extraire. L'extraction de la racine carrée est expliquée dans l'arithm. n° 2 ; nous engageons vivement les maîtres à l'enseigner à leurs élèves les plus forts parmi ceux qui n'ont entre les mains que l'Arithm. n° 3.

1647. PRINCIPE. *Le carré de l'hypoténuse d'un triangle rectangle est égal à la somme des carrés des deux autres côtés* (fig. 1). $\overline{DF}^2 = \overline{DE}^2 + \overline{EF}^2$. Par suite $\overline{DE}^2 = \overline{DF}^2 - \overline{EF}^2$ ou $\overline{EF}^2 = \overline{DF}^2 - \overline{DE}^2$.

On appelle hypoténuse le côté du triangle opposé à l'angle droit.

Application. DE = 6ᵐ ; EF = 8ᵐ. Trouvez DF.

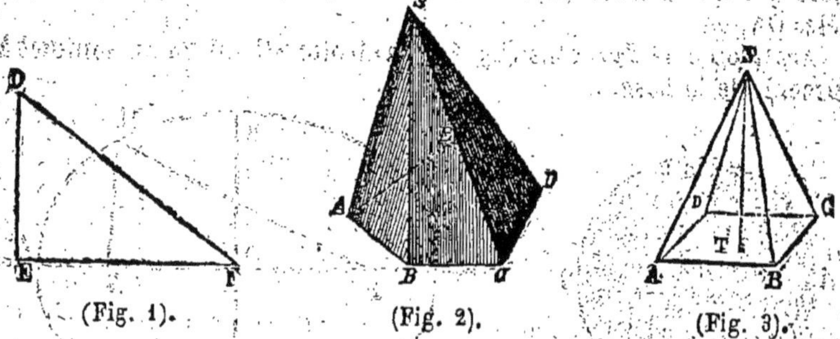

(Fig. 1).   (Fig. 2).   (Fig. 3).

1648.*. SURFACE D'UN TRIANGLE DONT ON CONNAÎT LES TROIS CÔTÉS. RÈGLE. *Pour trouver la surface d'un triangle dont on connaît les trois côtés, a, b, c, on applique cette formule :*

$$S = \sqrt{p\,(p-a)\,(p-b)\,(p-c)}. \qquad p = \tfrac{1}{2}(a+b+c).$$

Application. Les 3 côtés d'un triangle étant 3ᵐ, 4ᵐ, 5ᵐ, trouver sa surface.

1649. PYRAMIDE. (Fig. 2 et fig. 3.) On appelle pyramide un corps ou un volume qui a pour *base* un polygone et dont toutes les autres faces sont des triangles ayant pour bases les côtés du polygone et un sommet commun qu'on appelle *sommet* de la pyramide.

La hauteur d'une pyramide est la perpendiculaire menée du sommet sur le plan de la base (ST, fig. 3).

1650. TRONC DE PYRAMIDE (fig. 4). Ce qui reste d'une pyramide quand on en a détaché une pyramide partielle par une section faite suivant un plan parallèle à la base.

TRONC DE CÔNE (fig. 5). Ce qui reste d'un cône, quand on en a détaché, etc.

Les *bases* d'un tronc (fig. (4) et (fig. 5) sont les deux faces parallèles.
La *hauteur* est la perpend^re menée d'une base sur l'autre (Oo, fig. 5).

(Fig. 4).   (Fig. 5).   (Fig. 6).

Arête ou *côté d'un tronc de cône.* C'est le côté oblique A*a* du trapèze qui a d'ailleurs pour côtés la hauteur Oo et deux rayons parallèles OA, o*a*.

Arête ou *côté d'un cône* (fig. 6), la droite SC qui va du sommet à la
circonf. de la base.

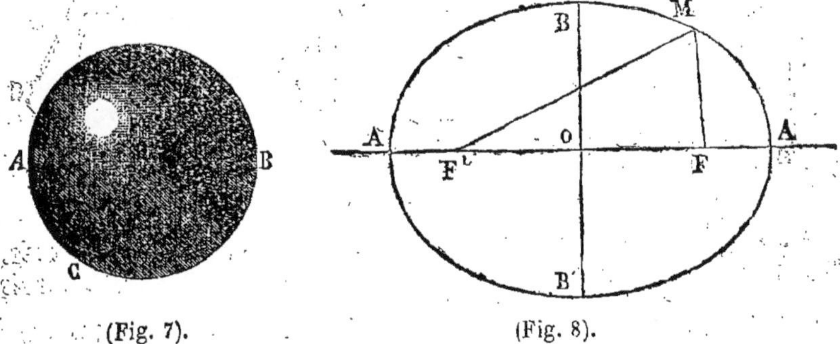

(Fig. 7).   (Fig. 8).

1651. SPHÈRE (fig. 7). On appelle sphère un corps rond terminé par
une surface dont tous les points sont également distants d'un point
intérieur nommé centre.

On appelle *rayon* toute droite , OA, qui va du centre à la surface;
diamètre une droite AOB qui joint deux points de la surface en passant par le centre. Tous les rayons sont égaux; tous les diamètres id.

1652. ELLIPSE (ovale des jardiniers, fig. 8). On appelle ellipse une
courbe plane fermée telle que la somme FM + F'M des distances de
chacun de ses points M à deux points fixes intérieurs F et F' nommés
foyers, est constante, c'est-à-dire toujours la même quel que soit le
point M sur la courbe.

Le point O milieu de FF' est le *centre* de l'ellipse.

La droite A'F'FA qui traverse la courbe en passant par les foyers est
le grand *axe* qu'on appelle ordinairement 2a; OA = a.   La perpendiculaire BOB' qui passe par le centre est le petit axe, 2b; OB = b

Tracé d'une ellipse sur le terrain. On plante *deux piquets* aux deux points F et F' choisis pour *foyers*, et on attache à ces piquets les extrémités d'une corde plus moins ou longue suivant l'étendue que l'on veut donner à l'ellipse. On tend cette corde à l'aide d'un 3ᵉ piquet dont on promène la pointe sur la terre, d'abord d'un côté de la ligne FF' de manière à tracer la moitié A'BA de la courbe, puis de l'autre côté de manière à tracer l'autre moitié AB'A'.

1653. FORMULES. (B, *b*, bases; *h*, hauteur; R, *r*, rayons; A, arête ou côté SC du cône.)

Surface convexe du cône $= A \times R \times 3,1416$.

Surface tr. de cône $= A \times (R + r) \times 3,1416$.

Surface sph. $= 4R^2 \times 3,1416$.   *Vol. sph.* $= {}^4/_3 R^3 \times 3,1416$.

Vol. pyramide $= {}^1/_3 B \times H$.

Vol. tronc de pyramide $= {}^1/_3 H \times (B + b + \sqrt{B \times b})$.

Vol. tronc de cône $= {}^1/_3 H (R^2 + r^2 + R \times r) \times 3,1416$.

Surface de l'ellipse $= a \times b \times 3,1416$.

1654. DENSITÉS. On appelle *densité* ou *poids spécifique* d'un corps solide ou liquide le nombre qui exprime combien le *dmc* ou le litre de ce corps pèse de K*g*.   *Exemple.* La densité de fer est 7,788; cela signifie que le *dmc* de fer pèse 7ᴷᵍ,788.   La densité du mercure est 13,6; cela signifie qu'un litre de mercure pèse 13ᴷᵍ,6.

RÈGLE. *Pour trouver le poids d'un corps, il suffit de multiplier son volume exprimé en dmc ou en litres, par sa densité; le produit est le nombre de Kg que pèse le corps.*

RÈGLE INVERSE. *Pour trouver le volume d'un corps, il suffit de diviser son poids exprimé en Kg par sa densité; le quotient est le nombre de litres ou de dmc du volume cherché.*

1655. Voici quelques densités. Faites un tableau.

CORPS SOLIDES. *Poids du dmc en Kg.*

Platine, 21,53; Or, 19,362; Plomb, 11,352; Argent, 10,474; Étain, 7,291; Aluminium, 2,56; Cuivre, 8,857; Fer forgé, 7,788; Fer fondu, 7,2; Acier trempé, 7,816; Zinc, 7,19; Granit, 2,64 à 2,76; Soufre, 2,086.

LIQUIDES. *Poids du litre en Kg.*

Mercure, 13,6; Acide sulfurique, 1,84; Eau de mer, 1,026; lait, 1,03; Huile d'olive, 0,915; Vin de Bordeaux, 0,994; Vin de Bourgogne, 0,991.

1656. Combien pèsent 2ᴰᴵ de mercure? combien 8ᶜˡ? combien 1ˡ3ᵈˡ4ᶜˡ? Combien une barre de fer forgé de 5ᵐ,4 sur 0ᵐ,05 et 0ᵐ,035?

1657. Trouvez le volume d'une masse de fonte qui pèse 234ᴷᵍ.

1658. Un fût vide pèse 19ᴷᵍ,8; plein de vin de Bordeaux 245ᴷᵍ. Quelle est sa contenance?

1659. Combien valent 186ˡ,50 d'huile d'olive à 2ᶠ,20 le K*g*?

1660. Quels sont dans la pièce de 1ᶠ au titre de 0,835 les volumes de l'argent et du cuivre séparés?

1661. Résolvez la question de l'Ex. 1660 pour l'or et le cuivre de la pièce de 50^f.

Problèmes divers.

NOTA. *Le lecteur fera bien de construire lui-même, d'après nos énoncés, les figures qui lui paraîtront nécessaires pour la clarté. C'est une bonne habitude à prendre. L'astérisque (*) indique qu'il y a une racine carrée à extraire.*

1662 *. Quel est le côté d'un champ carré qui a 1^{Ha} de superficie?

1663 *. Pour entrer par une croisée, on a donné 3^m de pied à une échelle de 5^m de long; à quelle hauteur se trouve cette croisée?

1664 *. En ajoutant 249 au millésime de l'année courante (1867), on a le carré de l'âge de mon cousin; quel est cet âge?

1665 *. Trouver le contour et la surface d'un champ traversé diagonalement par un sentier de 100^m de long, sachant d'ailleurs que sa largeur est égale aux 3/4 de sa longueur?

1666 *. Trouver à 10^f,50 le *mc* le prix de revient d'un mur de 2^m,8 de hauteur et 0,7 d'épaisseur entourant un jardin de 32^a dont la longueur est double de la largeur.

1667 *. Un pré rectangulaire a une superficie de 3^h 4^a 5^{ca}; sa longueur égale 7 fois sa largeur; quelles sont ses dimensions?

1668 *. Les $^3/_7$ d'un champ sont plantés en luzerne, $^1/_3$ en blé, et le surplus qui est de 2^{Ha} 7^a 7^{ca} en avoine: quelle est la superficie de cette propriété, quelles sont ses dimensions et ses trois parties, si elle forme un rectangle d'une longueur double de la largeur?

1669 *. On a un terrain triangulaire de 87^m,50 de base et de 140^m de hauteur, et un autre terrain rectangulaire de 25^m de largeur et d'une longueur triple; on échange ces propriétés contre un terrain carré de même surface; quelle est la longueur du côté de ce carré?

1670 *. On veut clore un terrain carré d'une contenance de 23^a,65 avec des palis de 2^m de hauteur espacés de 0^m,15 de milieu en milieu. Est-il plus avantageux de marchander cette clôture à 3^f le *mq* que de la marchander à 4^f la douzaine de palis mis en place et 2^f en plus par mètre linéaire pour les autres bois nécessaires, et quelle est la différence dans la dépense?

1671 *. On a un terrain carré d'une contenance de 74^a,50 que l'on veut planter d'arbres placés à 4^m,50 les uns des autres en tous sens; quelle sera la dépense à raison de 0^f,75 le pied d'arbre?

1672 *. Une commune a 3^{Kmq} de communaux de forme sensiblement carrée qu'elle désire boiser; les plants seront espacés de 0^m,50 en tous sens et se payent 4^f le mille; combien faut-il de plants et quelle sera la dépense pour leur acquisition?

1673 *. Un pré rectangulaire de 6^{Ha}66^a, de 370^m de longueur doit être partagé également entre deux frères. Il existe à l'un des angles du pré une source que l'on veut conserver mitoyenne, et on convient de partager triangulairement la propriété par une ligne allant de la source à l'angle opposé; quelle est la longueur de la diagonale formant la ligne de séparation?

1674*. On veut faire une échelle qui atteigne le toit d'une maison de 12^m de hauteur; il faut qu'elle ait au moins 5^m de pied. Quelle longueur doit-on lui donner?

1675*. Les 3 côtés d'un pré de forme triangulaire ont respectivement 150^m, 130^m et 120^m; dans la propriété, il y a un étang circulaire de 50^m de diamètre. Combien reste-t-il de surface en pré?

1676*. On place dans une encoignure un coffre triangulaire, dont toutes les arêtes extérieures ont 1 mètre de longueur; quel est le prix de ce meuble à 5^f le m. superficiel et quelle est sa capacité?

1677. Un $mc.$ de pavés que l'on paye 2^f,50 en carrière, dont le transport coûte 4^f et l'ébauchage 2^f,80, peut paver une surface de 5^{mq},20; en emploie en outre, par mètre superficiel 1/8 de mc de sable à 5^f le mc, et la pose se paye 0^f,35 le mq. Cela posé, combien coûterait le pavage d'une écurie de 5^m,40 de longueur sur 4^m,20 de largeur, et ce pavage serait-il plus économique qu'un béton de 0^m,10 d'épaisseur à 18^f le mc?

1678. Un monument commémoratif en granit se compose d'un parallélipipède rectangle et d'une pyramide dont la base carrée a 3^m,50 de côté; la hauteur totale est 34^m et celle de la pyramide 24^m,60. Trouvez le volume et le poids du monument, sachant que la densité du granit est 2,68.

1679*. Combien a coûté à 4^f,50 le $mq.$ la taille de la pierre du monument précédent (Ex. 1678) si les faces de la pyramide (fig. 3) sont des triangles isocèles et si la hauteur ST tombe au centre de la base (au milieu de sa diagonale).

1680. Au centre d'un jardin public de 9^{Ha} de superficie dont la largeur est égale aux 0,16 de la longueur, on trouve une pelouse gazonnée et fleurie de forme elliptique dont les axes sont respectivement 35^m et 24^m, et au centre de cette pelouse une pièce d'eau également elliptique ayant pour axes 7^m et 4^m,8 et 1^m,50 de profondeur. Trouvez en Hl la capacité du bassin, puis en ares et ca, ou en mq, la surface, 1° de la pelouse; 2° du bassin; 3° du reste du jardin.

1681*. Un casseur de pierres en a formé un tas en forme de pyramide quadrangulaire tronquée, haut de 1^m,05, ayant en bas 2^m,40 de long et 1^m,25 de large, et en haut 1^m,44 de long et 0^m,75 de large. Combien lui est-il dû à 1^f,20 le mc?

1682. On veut établir une promenade circulaire de 122^m de diam. au milieu de laquelle sera un rond-point de 10^m de diam. Sur la circonf. de ce rond-point, on plante des arbres à 1^m,96 de distance les uns des autres, et ensuite des lignes d'arbres, rayonnant jusqu'à l'autre extrémité, en espaçant ces arbres de 2^m dans chaque ligne.

On demande : 1° la surface du rond-point; 2° la surface de la partie plantée d'arbres ; 3° le nombre des arbres nécessaires et leur prix à 1',05 le pied ?

1683. Une tour de 12ᵐ de haut. a intérieurement un diam. de 3ᵐ,10 ; les murs ont une épaisseur de 0ᵐ,50 ; combien payera-t-on pour la faire crépir intérieurement à raison de 0',85 le *mq* et extérieurement à raison de 0',65 aussi le *mq* ?

1684. La tour dont on vient de parler a un toit conique reposant sur le bord extérieur des murs et ayant 13ᵐ de côté ; cette couverture est en fer-blanc et a été payée 12',50 le *mq*. Quel en est le prix ?

1685. Quel est, à 12',50 le m. superf. le prix d'une boule en fer-blanc de 0ᵐ,50 de diam., et quelle est sa capacité ?

1686. Quelle est la surface de la terre considérée comme parfaitement sphérique ?

1687. On remplace une corbeille elliptique dont les axes sont 27ᵐ,4 et 22ᵐ,194 par une corbeille circulaire de même surface sur le contour de laquelle on plante des arbustes espacés de 1ᵐ,20. Combien coûtent ces arbres à 1',60 pièce.

1688. Une cour sablée de forme rectangulaire a 35ᵐ de longueur sur 26ᵐ de largeur ; on y établit cinq corbeilles ovales, une au centre dont les axes ont respectivement 8ᵐ et 5ᵐ, et une à chaque angle dont les axes sont respectivement de 5ᵐ et de 3ᵐ. On demande quelle est la surface totale des corbeilles et quelle est la surface sablée ?

1689. On veut construire un bâtiment ayant extérieurement 25ᵐ,50 de longueur, 19ᵐ,40 de largeur et 8ᵐ,50 de hauteur y compris 0ᵐ,60 de fondations. La maçonnerie se compose des quatre murs extérieurs et de deux murs de refend, l'un dans le sens de la longueur et l'autre dans le sens de la largeur ; tous ces murs ont une épaisseur de 0ᵐ,50. Quel sera le prix de la maçonnerie à 12' » le *mc* et combien coûteront les crépissages intérieurs et extérieurs de ces murs à 0',75 le *mq* ?

1690 *. Une pierre de taille de forme triangulaire a 0ᵐ,60 d'épaisr et ses trois côtés sont respectivement 1ᵐ,40 ; 1ᵐ,60, et 1ᵐ,75. Quel en est le prix à 25' » le *mc* pour la pierre seulement et à 4' » le *mq* pour la taille des deux faces plates ? On désire aussi en connaitre le poids total sachant que le *dmc* pèse 2ᵏᵍ,75.

1691 *. On veut faire un coffre rectangulaire susceptible de contenir 25ᴴˡ ; il aura 2ᵐ,10 de longueur et 0ᵐ,90 de largeur. Quelle devra sa profondeur ?

1692 *. Quelle est la capacité d'un coffre triangulaire placé dans une encoignure, dont toutes les arêtes intérieures ont 0ᵐ,94 de long ?

1693. On se propose de construire un bûcher carré qui puisse contenir 180 stères de bois ; on ne peut lui donner que 1ᵐ,75 de hauteur. Quelle surface occupera-t-il et quelle sera sa longueur ?

1694. Un canal d'irrigation fournit 5920 litres d'eau par minute ;

combien de temps restera-t-il pour inonder, sur une hauteur moyenne de 0^m,05, une prairie de 10^{Ha}30^a70^{ca}, si le sol absorbe autant d'eau qu'il en reste à la surface?

1695*. Un pré rectangulaire cinq fois plus long que large a une contenance de 88^a,20; on veut l'entourer d'un fossé de 1^m,35 de largeur au-dessus et 0^m,90 au bas, sur 0^m,80 de profondeur; quel sera le prix de ce travail à 0^f,35 le *mc*?

1696. On veut recharger de terre, sur une épaisseur de 0^m,15, un champ de 27^a,50. On se procure la terre en creusant un fossé de 1^m,15 de largeur en haut, 0^m,92 en bas et 1^m,10 de profondeur; quelle longueur faudra-t-il donner à ce fossé pour obtenir la terre nécessaire à l'amendement du champ?

1697. Une fontaine qui fournit 67 litres d'eau par minute, remplit en 19 heures ³/₄ un canal de 2^m,60 de largeur en haut, 2^m,20 au bas, et de 68^m,40 de longueur; quelle est la profondeur de ce canal?

1698. Les allées d'un jardin ont un développement de 265^m et une largeur de 2^m,20. On veut les sabler sur une épaisseur de 0^m,18 à l'axe et de 0^m,12 aux bords. Quelle sera la dépense à raison de 5^f » le *mc* de gravier? (BB′=265^m; AF ou CD=0^m,12; BE=0^m,18; AC=2^m,20.)

Avis. *Le volume à calculer dans chacun des Ex. 1698, 1699, 1700, est un prisme droit dont la base a cette forme ABCDF, et dont la longueur ou hauteur est BB′. (vol.=ABCDF×BB′.)*

1699. L'empierrement d'une route doit se faire sur 2^{km} de longueur, 12^m de largeur, 0^m,65 d'épaisseur à l'axe et 0^m,40 aux bords. Il se composera de ⁷/₈ de pierres cassées à 4^f,50 le *mc*, et de ²/₈ de matières d'agrégation à 4^f le *mc*. Quel sera le prix de cet empierrement? (BB′=2000^m; AC=12^m; AF=0^m,40; BE=0^m,65.)

1700. Un mur de 80^m de longueur doit recevoir un recouvrement en pierre de taille, sous forme de dalles en chaperons ayant 0^m,55 de largeur sur 0^m,09 d'épaisseur aux bords extérieurs et 0^m,13 au milieu. Ces recouvrements coûtent 39^f le *mc*; la pose et les jointoiements sont payés 45^f. A combien revient le mètre linéaire des recouvrements et quelle est la dépense totale? (BB′=80^m; AC=0^m,55; AF=0^m,09; BE=0^m,13.)

1701. On veut construire un réservoir ou château d'eau ayant intérieurement 5^m de longueur sur 4^m de largeur; la maçonnerie sera faite sur 0^m,50 d'épaisseur. Dans toute la surface du fond, et jusque sous les murs, on placera une couche de béton de 0^m,20 d'épaisseur. Les murs auront 1^m,20 de hauteur jusqu'à la naissance de la voûte qui sera demi-circulaire. Établir clairement le prix de cette construction à 18^f » le *mc* de béton et à 20^f le *mc* de maçonnerie?

1702. On fait creuser dans le roc, à raison de 3^f,20 le mc de déblais, mesurés par l'excavation produite, une cave de 5^m,10 de longueur, 4^m de largeur et 1^m,35 de hauteur jusqu'à la naissance de la voûte, demi-circulaire; on paye, en outre, 1^f » par mq pour piquer à la boucharde le sol, les parois et la voûte, et on marchande l'enlèvement des déblais pour 60^f ». Quelle est la dépense de cette construction?

1703. Un mur destiné à soutenir des remblais a 45^m de longueur, 6^m de hauteur, sur 1^m,45 d'épaisseur au bas et 0^m,55 en haut. La maçonnerie est faite en pierre de taille sur une hauteur de 2^m,70 et se paye 22^f » le mc; le surplus, qui est en moellons, se paye 11^f » le mc. Quel est le prix de ce mur?

1704*. Un individu qui a deux voitures fait deux voyages par jour et transporte 2^{mc} de minerai dans 3 voitures. Il entreprend le transport d'un tas de mine ayant 9^m,30 de longueur en bas et 6^m,20 en haut sur une largeur de 4^m,65 en bas et de 3^m,10 en haut; la hauteur est de 1^m,70. Combien ce voiturier restera-t-il de jours à ce travail et combien recevra-t-il en totalité, à raison de 5^m,60 le mc? (Tronc de pyramide.)

1705. Au centre d'un bassin de fontaine se trouve une pyramide quadrangulaire en pierre de taille et de 6^m de hauteur pour recevoir les jets. Quel en est le prix, à 30^f le mc de pierre et à 4^f le mq pour la taille, sachant que chaque côté de la base a 0^m,68 et que chaque arête a 6^m,08 de longueur?

1706. Certaines localités ont pour abreuvoirs des mares construites en pente où s'amassent et croupissent les eaux; une de ces mares a 9^m de longueur, 6^m de largeur et 1^m,20 de profondeur sur le derrière; quelle en est la capacité?

1707. On a un jardin d'une contenance de 16^a,80 de forme rectangulaire, et ayant 70^m de longueur. Il est en pente dans le sens de la longueur et l'habitation est dans la partie inférieure. Pour améliorer ce jardin, en faciliter la culture, et en augmenter l'agrément, on veut le mettre de niveau avec le sol de la maison et on calcule qu'il y aura une profondeur de 1^m,70 de fouilles à l'extrémité supérieure. Combien coûtera ce travail à 0^f,25 le mc, et quelle surface pourra-t-on recouvrir sur une épaisseur de 0^m,15 avec la terre ainsi enlevée?

1708. Il existe une source à l'angle inférieur d'une propriété triangulaire en pente; on pourrait transformer cette propriété en prairie et l'irriguer en abaissant le terrain de 1^m,30 à la base du triangle opposée à la source. Ce terrain a 27^a, et la base a une longueur de 120^m. Quel est le nombre de mc de terre à transporter et sur quelle épaisseur pourrait-on en recharger un champ de 1^{Ha} 20^a?

1709. Un rouleau de bois, pour niveler les champs, a une circonférence de 1^m,70 et une longueur de 2^m,10; on demande son prix à 3^f le mc et quel est son poids, le dmc pesant 0^{Kg},67?

1710. A raison de 0ᶠ,65 le *mc* de fouilles, combien coûterait le creusage d'une citerne cylindrique de 3ᵐ,20 de diam. et de 4ᵐ,90 de profondeur?

1711. Une personne achète 5ᵈ·ᴰˡ d'orge à 1ᶠ,75 l'un. A défaut de double décal., on mesure cette orge dans un boisseau cylindrique de 0ᵐ,48 de diam. sur 0ᵐ,15 de hauteur et on lui donne 5 de ces boisseaux; cette personne a-t-elle reçu son compte et combien doit-elle?

1712. Un seau a une circonf. extérieure de 1ᵐ,18; une hauteur intérieure de 0ᵐ,25 et une épaisseur de bois de 0ᵐ,015. Quelle est sa capacité et le poids de l'eau pure qu'il peut contenir?

1713. On veut faire un cuveau susceptible de contenir 950 litres; sa hauteur intérieure doit être de 0ᵐ,70; quelle sera sa circonf. et combien emploiera-t-on de douves de 0ᵐ,08 de largeur en moyenne?

1714. Un propriétaire a deux cuves cylindriques pleines de vendange : la première a 2ᵐ,20 de hauteur intérieure et 1ᵐ,30 de diam.; la seconde 1ᵐ,90 de hauteur et 0ᵐ,98 de diam. Si la vendange rend $\frac{2}{3}$ en vin, quelle sera la valeur de la récolte à 23ᶠ,50 l'hectol. de vin?

1715. Les margelles circulaires d'un puits ont un diam. extérieur de 1ᵐ,50 sur une hauteur de 0ᵐ,80, et une épaisseur de 0ᵐ,15; quel en est le prix à 18ᶠ le *mc* pour la pierre et à 4ᶠ,75 le *mq* pour la taille des deux grandes faces cylindriques et du dessus?

1716. Un étang sensiblement circulaire a 83ᵐ de diam. et une profondeur de 1ᵐ,25; il est alimenté par des sources qui produisent ensemble 43 l. ¹/₂ par minute. Une vanne de décharge est située en aval et fait marcher un moulin avec un débit de 75ˡ par minute. Cet étang étant rempli, on demande combien la vanne pourra rester levée de temps pour que les eaux soient ramenées à 0ᵐ,45 de hauteur?

1717. Il y a dans une école 4 colonnes de support en fonte qui ont 3ᵐ,20 de hauteur et 0ᵐ,275 de circonf. L'entrepreneur qui les a placées, a compté 362ᴷᵍ; on demande s'il y a erreur dans cet article du compte, la densité de la fonte étant 7,2? (Voy. le nᵒ 1655.)

1718. On veut établir une grille en fonte de 23ᵐ,60 de longueur au moyen de fuseaux creux espacés de 0ᵐ,12 de milieu en milieu, ayant une hauteur de 1ᵐ,10, un diam. total de 0ᵐ,017, et une épaisseur de 0ᵐ,0015. Ces fuseaux sont assujettis au moyen de deux barres en fer forgé de 0ᵐ,032 sur 0ᵐ,022. Quel sera le prix de cette grille à 0ᶠ,30 le Kg de fonte et à 0ᶠ,60 le Kg de fer forgé, les densités étant 7,2 et 7,788?

1719. On veut construire un puits et on espère rencontrer l'eau à une profondeur qui n'excédera pas 20ᵐ; les fouilles seront faites sur un diam. de 2ᵐ,4 à raison de 3ᶠ le *mc* et la maçonnerie sur une épaisseur de 0ᵐ,50 à 11ᶠ le *mc*. Trouvez la dépense approximative de cette construction?

1720. Une tour a 2ᵐ,30 de diam. intérieur; l'épaisseur des murs est de 0ᵐ,65 au bas et de 0ᵐ,45 au dessus et elle a 14ᵐ,50 de hauteur; quel est le prix de la maçonnerie à 14ᶠ le mc et des crépissages intérieurs et extérieurs à 0ᶠ,90 le mq?

1721. Un ouvrier pose un tuyau de plomb de 27ᵐ,50 de longueur sur un diam. extérieur de 0ᵐ,035; l'épaisseur du plomb est de 0ᵐ,005. Dans son compte, l'ouvrier porte ce tuyau à 150ᴷᵍ; fait-il une erreur et de combien? — Densité du plomb, 11,352.

1722. On achète, à 2ᶠ,80 le pied cube, mesuré géométriquement, c'est-à-dire sans réduction, un chêne écorcé de 6ᵐ,70 de longueur sur 1ᵐ,60 de circonf. moyenne; on veut le partager en deux parties égales dans le sens de la longueur, et faire, de chaque moitié, une auge ou crèche demi-circulaire, de manière à lui laisser une épaisseur de bois de 0ᵐ,054 et des extrémités non évidées de 0ᵐ,25 de longueur. On demande : 1° le prix de chaque crèche, non compris la main-d'œuvre; 2° sa capacité; 3° quelle serait la dépense à faire pour peindre, à 1ᶠ » le mq, la partie cylindrique extérieure de cette crèche?

1723. On fait tailler une pierre cylindrique pour un saloir. Elle a une hauteur de 0ᵐ,66 sur un diam. total de 1ᵐ,10; l'évidement est fait à 0ᵐ,50 de profondeur sur 0ᵐ,80 de diam.; quel en est le prix à raison de 25ᶠ le mc pour la pierre seulement non évidée, et de 4ᶠ,60 le mq pour la taille intérieure et extérieure, le dessous restant brut? On demande aussi quelle est la capacité de ce saloir?

1724. *Silos hongrois pour conserver les grains.* Quand la récolte

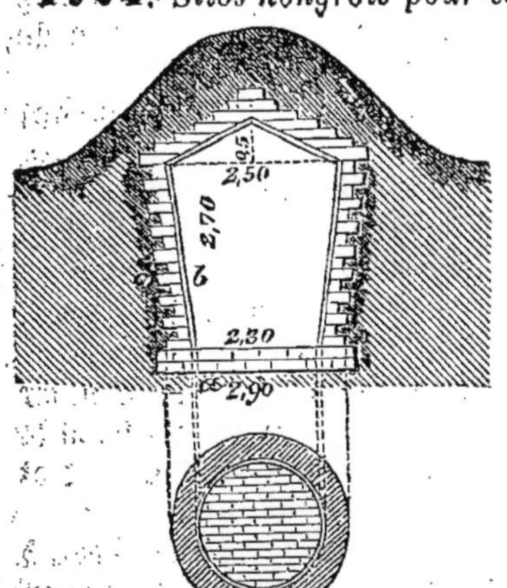

est abondante et le prix peu élevé on peut conserver pendant plusieurs années les grains dans des silos où ils sont à l'abri de l'air et des insectes. Quelle est la capacité en Hl du silo ci-contre? Combien de briques faudra-t-il pour le construire jusqu'à la naissance de la voûte? Les briques posées ont 0ᵐ,24 sur 0ᵐ,14 et 0ᵐ,077. On supposera que les briques sont toutes placées de la même manière et que leur longueur forme l'épaisseur des murs. (*Tronc de cône en bas.* Voyez la formule n° 1653) (Diam. supérieur, 3ᵐ,30.)

1725. Combien vaut, à 200ᶠ le Kg, une pyramide régulière d'argent massif au titre de 0,900, dont la hauteur est 1ᵐ,20 et la base un carré de 0ᵐ,25 de côté. (Densité de l'argent, 10,474.)

1726. On argente à 0ᵐ,0003 d'épaisseur par le procédé Ruoltz la pyramide précédente reproduite en cuivre. La densité du cuivre étant 8,857 et son prix 1ᶠ,65 le Kg, trouver le poids et la valeur de cette pyramide argentée. (La hauteur tombe au centre de la base.)

1727. On trouve dans des décombres une petite boule métallique; pour s'assurer de la nature du métal, on pèse cette boule dans l'air et on trouve 1ᵏᵍ,781. On la plonge dans un double litre en étain contenant de l'eau qui s'élève de 0ᵐ,86. Quelle est, d'après le tableau des densités (n° 1655), la nature du métal?

1728. Le double décal. a une hauteur intérieure égale à son diam.; quelles sont ses dimensions? (Remarque. On extraira la racine cubique à trouver directement ou par logarithmes. (Voyez l'Arithm. n° 2.)

1729. Quelles dimensions faut-il donner à une citerne cylindrique qui doit contenir 290ᴴᴸ pour que sa hauteur soit égale à son diam.? (Même remarque qu'à l'Ex. 1728.)

1730. Un sabotier achète un hêtre de 8ᵐ,50 de longueur et de 1ᵐ,60 de circonf. moyenne à raison de 1ᶠ,50 le pied cube métrique: il en confectionne 71 paires de sabots. Combien doit-il vendre la paire de ces sabots pour que la façon lui soit payée 0ᶠ,60 la paire?

1731. On veut acheter un arbre sur pied: la partie qui peut supporter l'équarrissage donne 17ᵐ,50 d'ombre au moment où une perche de 4ᵐ en donne 9. On suppose qu'il a une circonférence moyenne de 1ᵐ,70. Combien doit-on payer cet arbre que l'on estime 1ᶠ,80 le pied cube mét.?

1732. Un chêne estimé 2ᶠ le pied cube a une longueur de 7ᵐ50 sur 1ᵐ,10, de circonf. moy.; on l'échange contre un peuplier de 15ᵐ, de longueur sur 0ᵐ,90 de circonférence, estimé 0ᶠ,80 le pied cube; quel est celui des échangistes qui redoit à l'autre, et combien doit-il? Peut-on charger ensemble ces deux arbres sur une voiture qui ne peut porter que 750ᴷᵍ. On suppose que la densité du chêne est 0,670; id. du peuplier, 0,425?

1733. On a besoin d'un arbre de 9ᵐ,50 de long pour l'axe d'une roue d'usine; étant en grume, il a 2ᵐ,30 de circonf. moyenne et coûtera 3ᶠ,20 le pied cube au 5ᵉ déduit; étant façonné, sur une circ. de 1ᵐ,60, on le payera 3ᶠ,75 le pied cube; quel est le parti le plus avantageux à l'acheteur?

1734. Un tonneau ayant intérieurement 0ᵐ,776 de longueur, 0ᵐ,665 de diam. au milieu et 0ᵐ,591 aux extrémités a été rempli de vin pour 68ᶠ. On veut mettre ce vin dans des bouteilles de 2/3 de litre valant 15ᶠ le cent; combien faudra-t-il vendre la bouteille pour gagner 45ᶠ? (*).

1735. Quelle est la capacité d'un tonneau ayant intérieurement 0ᵐ,75 de longueur sur 0ᵐ,54 de diam. au milieu et 0ᵐ,45 aux extrémités, et quelle hauteur faudrait-il donner à un cuveau cylindrique de 1ᵐ,10 de diam. pour qu'il ait exactement la même capacité?

1736. Un ouvrier monte un tonneau qui aura intérieurement 0ᵐ,80 de diam. au milieu et 0ᵐ,65 aux extrémités; on demande quelle devra être sa longueur pour qu'il ait une capacité de six hectolitres?

(*) Pour évaluer la capacité d'un tonneau (plus large au milieu), on le considère comme composé de deux troncs de cône égaux unis par leurs grandes bases. Autrement, si l'on veut, on applique (en le disant) la méthode indiquée dans l'Arith. n° 2, p. 229, ou celle de l'Arith. n° 3, p. 104.—

1737. Dans beaucoup de pays on emploie à différents usages des cuveaux à bases ovales; on demande la capacité d'un de ces cuveaux ayant intérieurement 0ᵐ,50 de hauteur et dont les axes du fond ont respectivement 1ᵐ,80 et 1ᵐ,20 de longueur?

1738. Un voiturier se propose d'entreprendre le transport d'un tas conique de minerai, ayant 5ᵐ,40 de diamètre et 1ᵐ,92 de hauteur; il n'a qu'une voiture, ne fait que deux voyages par jour et ne transporte que 2ᵐᶜ en trois voyages. Combien de temps mettra-t-il à ce transport et combien doit-il demander s'il veut gagner 4ᶠ,50 par jour?

1739. On veut faire disparaître un tertre de forme conique ayant 120ᵐ de circonférence à la base et 27ᵐ de hauteur; on enlève d'abord, sur une épaisseur de 0ᵐ,04, la pelouse dont on recouvre un terrain pour le convertir en pré. Quelle surface cette pelouse pourra-t-elle recouvrir sur la même épaisseur, et combien coûtera l'enlèvement de ce tertre à 0ᶠ,50 le *mc*?

1740. On a acheté 17 petites cordes de bois à 12ᶠ l'une, et on les fait carboniser à raison de 0ᶠ,75 la corde. Après la carbonisation, on a un tas conique de charbon de 6ᵐ,80 de diam. et de 3ᵐ,30 de hauteur; combien a-t-on obtenu de *mc* de charbon et combien faut-il vendre l'hectol. pour gagner 35ᶠ?

1741. Un saloir en bois ayant la forme d'un tronc de cône a intérieurement 1ᵐ,10 de diam. au bas et 0ᵐ,80 en haut sur 0ᵐ,90 de hauteur; le bois a 0ᵐ,03 d'épaisseur. Quelle est la capacité du saloir et quel en est le prix avec son couvercle à raison de 6ᶠ le m. superficiel?

1742. Un tertre formant un tronc de cône a 220ᵐ de circuit à la base et 90ᵐ au-dessus sur 6ᵐ de hauteur moyenne; quel en est le volume?

1743. Une boule de quilles en buis pèse 2ᴷᵍ,250. On demande de déterminer son volume, son diamètre et sa surface sachant que la densité du buis est de 0,900? (Même remarque que dans l'Ex. 1728).

1744. Une boule de verre dont se sert un ouvrier dans son éclairage pèse vide 700ᵍʳ, pleine d'eau pure 2ᴷᵍ,450. On demande: 1° la capacité de la boule; 2° son volume total; 3° sa surface extérieure, la densité du verre étant de 2,380? (Même remarque que dans l'Ex. 1728).

1745. La couverture d'une tour a la forme d'une pyramide quadrangulaire tronquée régulière, chaque côté a 9ᵐ,80 de largeur à la base, 2ᵐ,30 au-dessus et 10ᵐ,40 de hauteur; quel est le prix de cette couverture exécutée en fer-blanc, à raison de 14ᶠ le mètre superficiel?

1746. La corde d'un poids d'une grosse horloge s'enroule sur un cylindre de 0ᵐ,22 de diamètre et fait 25 tours. Quelle est la longueur de la corde?

1747. Une tour d'un ancien château a un diamètre extérieur de 9ᵐ,60, un diam. intérieur de 7ᵐ,20 et une hauteur de 28ᵐ; quel est le prix de la maçonnerie à 14ᶠ le mètre cube et combien coûteraient les crépissages intérieurs et extérieurs à raison de 0ᶠ,85 le mètre superficiel?

1748. Si on recouvrait la tour dont on veint de parler d'un toit conique en zinc de $8^m,30$ de côté ou de hauteur, quel serait le prix de la toiture à 8^f le mètre superficiel?

1749. Un verre à boire ordinaire (cylindrique), a $0^m,07$ de diam. sur $0^m,09$ de profondeur. Un verre à pied formant tronc de cône à $0^m,11$ de diam. en haut et $0^m,05$ au fond sur $0^m,12$ de profondeur; déterminer par le calcul la différence de capacité des deux verres?

1750. Un entonnoir conique a $0^m,37$ de hauteur sur $0^m,42$ de diam. en haut et $0^m,05$ au bas; la douille cylindrique a aussi $0^m,05$ de diam. et $0^m,18$ de longueur; on demande la capacité de l'entonnoir et quel est son prix à 17^f le mètre superficiel?

1751. Le moyeu d'une roue de voiture est garni intérieurement d'une boîte en fonte de forme conique dans laquelle entre l'essieu? elle a $0^m,2$[illegible] de longueur sur $0^m,07$ de diamètre intérieur au gros bout et $0^m,04$ au petit bout; l'épaisseur est de $0^m,01$; on demande le prix d'une de ces boîtes à raison de $0^f,45$ le $^1/_2$ kilogr., la densité de la fonte étant 7,20?

1752. Les fours à chaux ont différentes formes selon les usages [illegible] les circonstances. On en établit deux : l'un cylindrique de 5^m [illegible] et 6^m de hauteur; l'autre conique, de 8^m de di[illegible] diam. au-dessus et $5^m,50$ de haut^r. Combie[illegible] de chaux par cuite, et quelle sera la diff[illegible] gent à 25^f le *mc* de chaux?

1753. Une cuve a la forme de deux tr[illegible] a intérieurement $1^m,80$ de diam. au milieu, $1^m,20$ [illegible] et $3^m,70$ de hauteur; on demande sa capacité et [illegible] superficiel extérieur, sachant que le bois a une ép[illegible] que les jables sont à $0^m,08$ de l'extrém[illegible]

1754. Le minerai de fer se traite da[illegible] fusion on le réduit en fonte que l'on co[illegible] hauts fourneaux ont la forme de deux troncs de cône réunis à leur grande base et sont construits en pierres ou en briques réfractaires.

Dans un de ces hauts fourneaux le tronc de cône supérieur a $5^m,70$ de diam. en bas et $1^m,90$ au-dessus sur $6^m,60$ de hauteur; le tronc de cône inférieur a $5^m,70$ de diam. à un bout, $1^m,50$ à l'autre sur $3^m,50$ de hauteur. On demande la capacité de ce fourneau et son prix à 12^f l[illegible] superficiel?

1755. Un marchand prétend que ses boules de billard sont en ivoire. Pour s'en assurer, on mesure le diam. d'une de ces boules qui est de $0^m,076$; on demande : 1° quel devra être le poids de la boule si elle est en ivoire dont le poids spécifique est de 1,917; 2° quel serait le prix du *mc* d'ivoire si chaque boule coûte 25^f; 3° enfin, quel serait aussi le prix du m. superficiel de teinture si l'on paye 3^f pour teindre la boule rouge?

1756. Au centre d'un édifice s'élève un dôme demi-sphérique

6ᵐ,80 de diam. intérieur et dont la maçonnerie a 0ᵐ,40 d'épaisseur moyenne. On demande le prix de la maçonnerie à 15ᶠ le *mc* et celui de la peinture de la coupole à 4ᶠ le *m.*?

1757. Un bassin de fontaine en fonte a la forme d'une demi-sphère partagée en deux selon le diam., ou d'un quart de sphère ; son diam. intérieur est de 2ᵐ,52, son épaisseur moy. de 0ᵐ,035. On demande 1° la capacité de ce bassin ; 2° ? prix à 230ᶠ les 1000ᵏᵍ, 3° le prix de la peinture intérieure et extérieure de la partie courbe et de la partie plane à 3ᶠ,50 le *mq.*   Densité de la fonte, 2,20.

Estimation des bois. (*Voyez déjà l'Ex.* 472.)

Pour faire les exercices suivants marqués d'un astérisque (*), il faut avoir étudié les progressions, les intérêts composés, les annuités et les logarithmes. (Voyez pour cela l'Arith. n° 2 ou n° 4.) Les autres exercices (usages des tableaux) sont tout à fait élémentaires.

1758. *Évaluation du sol.* La valeur du fonds d'un bois non amé... dépend de son rapport. Elle n'est autre que le capital qu'il ... combien a-t-on obtenu ... avoir à l'exploitation du bois une somme d'inté... l'hectol. pour gagner 35ᶠ? ... net de la coupe.

1741. Un saloir en bois aya... valeur à l'aide du tableau suivant. ...rement 1ᵐ,10 de diam. au ba... *ant des déboursés qu'occasionnera le bois* le bois a 0ᵐ,03 d'épaisseur. O... *le déduit du produit brut que donne or-* est le prix avec son co... *exploitation ; puis on multiplie le reste par*

1742. Un tertre ... *dant à l'âge de la coupe exploitable et au taux au-* ...90ᵐ au-dessus s... *son argent.*

1743. Une boule de quilles ... qui, à 14 ans, donne une coupe de déterminer son volume, son ...ursés annuels, vaut 1130ᶠ — (21ᶠ,58 × 6) densité du buis est de ...000? (à-dire 1952ᶠ pour celui qui veut placer son argent à 3 0/0).

AGE DE LA COUPE EXPLOITÉE.	TAUX DE PLACEMENTS.			Déboursé annuel de 1ᶠ capitalisé à 5 p. 0/0
	3 p. 0/0	4 p. 0/0	5 p. 0/0	
12 ans.	2,349	1,664	1,257	17ᶠ,71
14 —	1,951	1,307	1,020	21 ,58
16 —	1,654	1,146	0,845	25 ,84
18 —	1,424	0,975	0,711	30 ,54
20 —	1,241	0,840	0,605	35 ,72

(*) Pour les bois aménagés on ne déduit le montant des déboursés qu'après la multiplication faite.

1759. Que doit-on payer un fonds de bois qui, à 18 ans, donne une coupe de 1210^f, et occasionne chaque année 5^f de déboursés, pour placer son argent à 3 p. 0/0 ; à 4 p. 0/0 ; à 5 0/0 ?

1760. La superficie d'un taillis de 2^{Ha} 8^a, âgé de 20 ans, a été vendue 1240^f ; les impôts et autres frais sont de 10^f,50 en tout par an. Que vaut le sol de ce bois pour faire un placement à 5 p. 0/0 ; à 4 p. 0/0 ?

1761 *. Trouvez par logarithmes pour chaque nombre impair d'années de 13 à 21, aux 3 taux ci-dessus, le capital qu'il faudrait placer pour avoir 1^f d'intérêts composés au bout de chacun de ces n. d'années.

$$\text{Formule : } 1^f = C^f[(1 + i)^n - 1] ; \quad \text{d'où} \quad C = \frac{1^f}{(1 + i)^n - 1}. \quad (1)$$

1762 *. La valeur des déboursés avec leurs intérêts composés au bout de n. années est égale à la somme des termes d'une progression par quotient dont chaque terme serait le déboursé d'une de ces années augmenté de ses intérêts composés. Cherchez pour chaque nombre impair d'années, de 13 à 21, la somme totale produite par 1^f de déboursés annuels capitalisés à 5 p. 0/0 par an. Nota. On ajoute au résultat final 1^f pour le déboursé de l'année de l'exploitation. (Mettez les résultats en tableau.)

$$S = (1^f + i)^n + (1^f + i)^{n-1} + (1^f + i)^{n-2} \ldots + (1 + i) + 1,$$

d'où cette *formule* : $S = \dfrac{(1^f + i)^{n+1} - 1}{i}$ (2).   (n° 315, Arithm. n° 2.)

1763 *. *Tableau à faire.*   Le 1er nombre 2^f,349 de la 2e colonne) du tableau précédent, est le capital qu'il faudrait placer à intérêts composés au taux de 3 p. 0/0 pour avoir 1^f d'intérêts au bout de 12^{ans}. C'est la valeur de C que donnerait la formule (1) pour $n = 12$ et $i = 0,03$. On sait que i est l'intérêt de 1^f par an au taux considéré. On comprend d'après cela ce que c'est que chacun des nombres des colonnes 2, 3 et 4 du 1er tableau précédent.

17^f,71 (5e colonne) est la valeur des déboursés annuels de 1^f avec leurs intérêts composés au taux de 5 p. 0/0 faits pendant 12 ans, plus le fr. du *nota* ci-dessus. C'est le nombre S de la formule (2) pour $n = 12$ et $i = 0,05$.

Cela bien compris, formez avec les nombres trouvés dans les Ex. 1761 et 1762 un tableau semblable au tableau précédent, dont il sera le complément, ou bien intercalez ces résultats vis-à-vis de 13, 15, 17, 19 et 21 ans dans ce tableau précédent pour avoir un tableau complet pour tous les âges de 12 ans à 21 ans inclus.

1764. *Estimation d'un taillis en croissance.* La valeur actuelle d'un bois qui n'est pas à maturité représente (sol compris) le capital qu'il faudrait placer à intérêts composés pour avoir une somme égale à celle que vaudrait le taillis entier à son exploitation.   La valeur du taillis seul est égale à l'intérêt composé qu'aurait pu rapporter le prix du fonds de bois depuis la naissance de la coupe.

On trouve facilement cette dernière valeur à l'aide de la table suivante calculée à 4 0/0 d'intérêts, seul taux convenable pour cela. Il suffit de multiplier la valeur de la coupe à maturité par le nombre correspondant à l'âge du taillis en croissance et à celui de la coupe exploitable.

AGES de la coupe exploitée.	AGE DU TAILLIS EN CROISSANCE.								
	3	4	5	6	7	8	9	10	11	12
12	208	283	361	442	526	613	704	799	897	»
14	171	232	296	363	432	504	578	656	737	821
16	143	195	248	304	362	422	485	550	618	688
18	122	166	211	259	308	359	413	468	526	586
20	105	143	182	223	265	309	355	403	453	505

Nota. Les multiplicateurs de ce tableau expriment des millièmes; séparez donc trois chiffres au produit, trouvé d'après la règle.

1765. Quelle serait à chacun des âges précédents la valeur d'un taillis qui vaudrait 650^f à 16 ans ?

1766. Un bois âgé de 8 ans, contenant 3^{Ha},57^a, a donné à 20 ans une coupe qui a été vendue 750^f l'hectare. Quelle est la valeur actuelle du taillis en croissance ?

1767 *. Refaites un tableau semblable au précédent (n° 1764) pour les années impaires 13, 15, 17, 19 et 21 ans, âges de la coupe, et pour ces âges du taillis : 3, 4, 5, 6, ..., 11 et 12 ans, en vous servant de la formule suivante qui donne de suite la réponse:

$$\frac{(1:04)^{a.t} - 1}{(1,04)^{a.c} - 1} \quad (3) \qquad \begin{array}{l} a.t \text{ âge du taillis} \\ a.c \text{ âge de la coupe.} \end{array}$$

1768. *Estimation d'un bois entier.* Au moyen des 2 tables précédentes, il sera facile de trouver la somme à payer actuellement pour un bois divisé en coupes irrégulières quand on veut placer son argent à un taux quelconque, 4 p. 100 par exemple; il suffira d'estimer la valeur du fonds, puis celle du taillis en croissance et de réunir les 2 sommes.

Faites l'estimation du bois suivant divisé en 4 coupes irrégulières exploitées toutes à 18 ans; les frais et déboursés annuels sont en moyenne de 5^f par hectare.

AGE ACTUEL du taillis.	SURFACE des coupes.	VALEUR de l'Ha à maturité.	VALEUR		VALEUR TOTALE de chaque partie.
			du fonds (frais déduits)	du taillis en croissance.	
4	2Ha,60	700^f	»	»	»
12	3 ,84	750	»	»	»
7	7 ,10	850	»	»	»
10	4 ,55	800	»	»	»
	»		»	»	»

1769. *Évaluation du revenu d'un bois.* Les bois ne s'exploitant et ne donnant leurs produits qu'à des intervalles éloignés, il est utile de pouvoir évaluer leur revenu moyen annuel. Ce revenu est égal à la somme ou annuité à placer chaque année pour former, avec ses intérêts composés, le capital produit par la coupe à l'exploitation.

On obtient ce revenu comme il est indiqué dans l'Ex. 472.

1770*. Refaites pour les années 21, 22, 23 et 24 un tableau comme celui de l'ex. 472, en cherchant l'annuité à placer à la fin de chaque année pour avoir 1^f au bout de ce temps (au taux de 4 p. 100)

FORMULE :
$$a = \frac{(0^f,04)}{(1,04)^n - 1}. \qquad (4)$$

Tous les nombres du tableau de l'Ex. 472 ont été calculés avec cette formule (4). Ils expriment chacun l'annuité correspondant à chaque fr. de valeur de la coupe à l'exploitation.

1771. Quel revenu annuel donne une coupe de bois valant 1260^f à 22 ans ; id. 780^f à 24 ans ?

FIN.

Paris. — Imprimé par E. Thunot et Ce, rue Racine, 26.

EXTRAIT

DU CATALOGUE DES LIVRES CLASSIQUES

DE A. DURAND ET PEDONE LAURIEL,

(RUE CUJAS, 9), ANCIENNE RUE DES GRÈS.

PARIS.

Octobre 1867

AVIS

Chacun des ouvrages annoncés dans ce Catalogue sera envoyé FRANCO *à toute personne qui en enverra le prix par lettre* AFFRANCHIE *en mandats ou timbres-poste, ou toute autre valeur sur Paris.*

AMIEL.

Chef d'institution.

— **Le livre des adultes,** 1867. In-18.　　　　2 50

Division des chapitres. — Nécessité d'instruire le peuple. — Fausses craintes, caractère et but des cours d'adultes. — Défaillance des mœurs publiques, — nécessité de les relever. — Mœurs publiques, définition, les dissidences; leur valeur et leur portée. — Suffrage universel. — Fausses manœuvres avec les classes ouvrières; graves erreurs de celles-ci. — Esprit ancien, esprit moderne; ce qu'il faut enseigner aux adultes. — Condition du peuple pendant l'antiquité et le moyen âge. — Influence du christianisme. — La renaissance; la réforme, fausse manœuvre. — Le schisme toujours mauvais en religion et en politique. — Erreurs du XVIe siècle. — La religion de l'Evangile. — Sa nécessité, son importance sociale; l'homme et l'Evangile. — Fronde parisienne. — La liberté, ce qui la fonde et ce qui la perd. — Simple histoire. — La Presse, son rôle, ses dangers, sa puissance. — Le devoir social, etc.

ANDRÉ (Ch.).

Professeur de littérature.

— **Leçons choisies de littérature française et de morale.** Ouvrage présentant dans chaque genre les chefs-d'œuvre des prosateurs et des poëtes français. Précédé de fragments littéraires empruntés aux prosateurs et aux poëtes antérieurs au XVIIe siècle. Suivi de tables alphabétiques, chronologiques et didactiques. Nouvelle édition. 1 fort vol. gr. in-8.　　　　8 »

— **Petit cours de littérature française.** Choix de morceaux en prose et en vers, enrichis de plus de 2,000 notes historiques, géographiques, littéraires et grammaticales, CLASSES ÉLÉMENTAIRES. Nouv. édition. Gr. in-18 jésus.　　3 50

ARCHAMBAULT (P. J.),

Professeur agrégé au lycée Charlemagne.

— **Précis élémentaire de physique**, rédigé conformément aux programmes de l'enseignement dans les classes de 3e et de seconde (section des sciences). 1855, 2 vol. gr. in-18 jésus, avec 235 figures intercalées dans le texte.　　　6 »

On vend séparément :

1re Partie, comprenant la PESANTEUR, L'HYDROSTATIQUE, la CHALEUR; avec 93 fig.　　　3 »

2e — L'ÉLECTRICITÉ, le MAGNÉTISME, le GALVANISME, L'ÉLECTRO-DYNAMIQUE, L'ACOUSTIQUE et l'OPTIQUE, avec 142 fig.　　　3 »

ARISTOPHANE.

— **Théâtre choisi**, traduit en français et textes extraits (édition classique). — V. *Fallex*.

ASSIER (D').

— **Grammaire abrégée de la langue française**, d'après la grammaire générale des langues indo-européennes, pour faciliter l'étude des langues classiques. 2e édition. 1864, in-12, cartonné.　　　1 25

BAILLY,

Ancien élève de l'école normale, professeur au lycée d'Orléans.

Pour paraître prochainement.

— **Manuel pour l'étude des racines grecques et latines** comprenant la liste des racines, la nomenclature des mots simples, grecs et latins, avec leurs principaux dérivés, grecs, latins et français; précédé d'une introduction sur la méthode d'analyse propre à cette étude, sous la direction de E. EGGER, membre de l'Institut, professeur de littérature grecque à la Faculté des lettres de Paris, 1867, gr. in-18.

BEAUSSIRE (E.),

Professeur à la Faculté des lettres de Poitiers.

— **Lectures philosophiques ou Leçons de logique**, extraites des auteurs dont l'étude est prescrite par l'Université. 1857, gr. in-18.　　　2 »

« Les nouveaux programmes de logique pour le baccalauréat ès lettres
« et pour le baccalauréat ès sciences, donnent une grande importance à
« l'ouvrage publié par M. Beaussire, professeur à la faculté des lettres de
« Poitiers, sous le titre suivant : *Lectures philosophiques ou leçons de*
« *logique,* extraites des auteurs dont l'étude est prescrite par l'Université.
« Cet ouvrage est rédigé sur le plan du cours de logique des lycées; sur

« lequel les nouveaux programmes sont exactement calqués. En exigeaut
« désormais des candidats au baccalauréat la connaissance détaillée d'un
« certain nombre d'auteurs philosophiques, le ministre a certainement jus-
« tifié l'heureuse idée qu'a eue M. Beaussire de chercher dans les auteurs
« mêmes la réponse à toutes les questions du programme. »

BENLOEW (Louis),
Professeur à la Faculté des lettres de Dijon.

— **Aperçu général de la science comparative des langues,** pour servir d'introduction à un traité comparé des langues indo-européennes. 1858, in-8.   **2** »

BENOIST (L. E.),
Doct. ès lettres, anc. élève de l'Ecole Normale.

— **Titi Marci Plauti Rudens** : Le Câble, comédie de Plaute, revue sur les principales éditions et publiée avec une préface et des notes en français. 1864, in-12.   3 »

Ejusdem **Cistellaria**, recensuit variorum suisque notis illustravit L.-E. Benoist. 1863, in-8.   10 »

Belle publication faite par Perrin de Lyon.

BONAFOUS (N. A.),
Doyen à la Faculté des lettres d'Aix.

— **La Rhétorique d'Aristote,** trad. en français, avec le texte en regard, et suivie de notes philologiques et littéraires. 1856, in-8.   5 »

Depuis que le texte des œuvres d'Aristote a été, de la part de Becker, l'objet d'une révision approfondie, les amis des lettres grecques, et sur-tout les aspirants au grade de licencié, désiraient une traduction nouvelle qui donnât une intelligence complète de cet ouvrage important. Tel est le but que s'est proposé M. Bonafous dans son travail : une traduction fidèle, qui serre le texte de près, et un commentaire assez étendu, où sont abordées et résolues les principales difficultés du texte, rendront désormais faciles la lecture et l'étude de la Rhétorique d'Aristote.

BOUILLIER (Fr.),
Inspecteur général de l'enseignement secondaire.

— **Analyses critiques des ouvrages de philosophie,** compris dans le programme du baccalauréat ès lettres. 2e édi-tion. 1862, in-12.   2 50

Jamais ces analyses n'avaient reçu un développement proportionné à leur rôle important dans les examens. L'étendue de ce nouveau travail, le soin et le talent qui y ont présidé, le rendront également profitable et aux candidats pressés par le temps, et aux élèves qui veulent tirer plus de fruit de la lecture même des auteurs.

BRAFF,

Chef du bureau des Hospices et Établissements de bienfaisance au ministère de l'intérieur.

— **Principes d'administration communale,** ou Recueil par ordre alphabétique de solutions tirées des arrêts de la Cour de cassation, des décisions du conseil d'Etat et de la jurisprudence ministérielle en ce qui concerne l'administration des communes, mis en harmonie avec la nouvelle instruction générale du ministère des finances, en date du 20 juin 1859. 2e édition, suivie d'un appendice contenant la loi du 18 juillet 1837 sur l'administration municipale, les décrets des 25 mars 1852 et 13 avril 1861 sur la décentralisation administrative, une nomenclature des édits, lois, arrêtés, ordonnances et décrets concernant l'administration des communes, etc. 1861, 2 vol. in-12.   8 »

Ouvrage honoré des souscriptions de S. Exc. M. le Ministre de l'instruction publique pour les Bibliothèques communales en 1862 et 1863, recommandé par le Ministre de l'intérieur et la plupart des préfets.

CASTELNAU (F.),

Professeur de mathématiques.

— **Etudes pratiques sur les Mathématiques appliquées;** 2e édition. 1856, in-8, cart.   3 »

Ouvrage contenant trois études : 1° sur le levé d'un plan ; 2° sur les nivellements nécessaires pour un projet de route ; 3° plan, élévation et coupe d'un bâtiment, avec 12 planches, dont deux lavées, intercalées dans le texte.

DAMIRON (Ph.),

Membre de l'Institut.

— **Souvenirs de vingt ans d'enseignement** à la Faculté des lettres de Paris, ou Discours sur diverses matières de morale et de théodicée. 1859, in-8.   6 »

DESDEVISES DU DEZERT,

Professeur agrégé d'histoire au lycée impérial de Tours, docteur ès lettres.

— **Programme d'histoire universelle,** d'après le plan d'études : Histoire ancienne, — Hist. du moyen âge, — Hist. moderne. 2e éd. conforme à l'enseignement officiel dans toutes les classes. 1860, in-18.   3 »

Ecrire un véritable programme, assez court pour ne pas rebuter l'attention des élèves, et cependant assez étendu pour suffire à tous leurs examens; qui contienne en un seul volume, d'une impression soignée et d'un format commode, la totalité des matières enseignées, et qui pourvoie du même coup aux besoins de toutes les classes; voilà le but que l'auteur s'est proposé. Son travail, fruit d'une longue expérience dans les lycées, lui appartient tout entier sans autre emprunt que celui des faits, c'est un livre; ce n'est pas une compilation. Les principes sur lesquels la société repose y sont respectés partout, et c'est pour la jeunesse des établissements primaires et secondaires le guide le plus complet.

DUBARRY (J.),

Chef du cabinet de M. le préfet du Haut-Rhin.

— **Code de l'instruction primaire et des salles d'asile,** ou Recueil complet des lois, décrets et instructions ministérielles rendus sur ces deux importantes matières depuis 1850. 2 » in-12.

C'est un recueil complet de tout ce qui a paru sur la matière depuis 1860 : lois, décrets, instructions ministérielles, etc., précédé d'une table chronologique et suivi d'une table alphabétique et analytique.

— **Le Secrétaire de Mairie,** ouvrage pratique à l'usage des maires adjoints, conseillers municipaux, secrétaires et employés des mairies, membres des commissions administratives des hospices et bureaux de bienfaisance et des conseils des fabrique, percepteurs, receveurs, etc. 8e édit. 1863, in-8. 7 50

(Ouvrage recommandé aux administrations municipales par S. Exc. M. le Ministre de l'intérieur et par un très-grand nombre de préfets.)

DUMAST (DE),

Correspondant de l'Institut de France, officier de l'instruction publique.

— **Le Redresseur.** Rectification raisonnée des principales fautes de français, locutions vicieuses ou impropres qu'on est encore exposé à entendre même en bon lieu ou à lire dans les écrits d'hommes qui pourtant ont fait leurs classes. 1866. 4 50 in-12.

EGGER (E.),

Membre de l'Institut, professeur à la Faculté des lettres.

— **Notions élémentaires de Grammaire comparée,** pour servir à l'étude des trois langues classiques grecque, latine et française; ouvrage rédigé sur l'invitation du Ministre de l'instruction publique conformément au nouveau programme officiel; 6e éd., revue et augmentée. 1865, in-18 jésus. 2 »

— **Mémoires de littérature ancienne.** 1862, 1 beau vol. 5 » in-8.

— **Mémoires d'histoire ancienne et de philologie.** 1863, 1 beau vol. in-8, avec planches. 5 »

— **Appollonius Dyscole.** Essai sur l'histoire des théories grammaticales dans l'antiquité. 1854, in-8. 7 »

— **Etudes historiques** sur les Traités publics chez les Grecs et chez les Romains depuis les temps les plus anciens jusqu'aux premiers siècles de l'ère chrétienne. Nouvelle édition, 1866, in-8.

7 »

FALLEX (Eug.),
Professeur de seconde au lycée Napoléon.

— **Théâtre d'Aristophane.** Scènes traduites en vers français. 2ᵉ édition, considérablement augmentée et suivie de la traduction complète du Plutus, 1863, 2 beaux vol. gr. in-18 jésus.

7 »

Ouvrage couronné par l'Académie française en août 1865.

« Grâce à ce choix, nous avons une traduction en vers, du meilleur aloi,
« des scènes les plus intéressantes, les plus profondes, les plus comiques
« d'Aristophane. La comédie grecque s'y montre sous ses divers carac-
« tères, franche, naturelle, vive, caustique, et parfois noble et pure, et
« gardienne sévère de la morale et de l'art. Elle est tour à tour politique,
« antiphilosophique ou antisocialiste ; elle se présente enfin comme comédie
« de mœurs, et la langue des vers, que le traducteur a choisie de préfé-
« rence à la prose, nous paraît, comme à lui, seule capable de faire saisir
« les beautés de l'original. » (*Journal de l'Instruction publique*, 2 juillet 1859.)

On vend séparément :

— Ἐκ τῶν Ἀριστοφάνους ἐκλογαί. — Textes choisis extraits d'Aristophane. Édition classique, avec notes. 3ᵉ édition. 1866, 1 vol. gr. in-18 jésus, cart.

2 »

Textes prescrits pour la classe de rhétorique par arrêté de S. Exc. M. le Ministre de l'Instruction publique, en date du 22 mars 1865.

— *Le même ouvrage :* Traduction française en prose avec le texte grec en regard, revu et corrigé. 1865, gr. in-18 jésus.   3 »

GÉHANT (J.-B.-V).

— **Méthode euphonique française**, enseignement basé sur l'étude du langage, renfermant : 1° les caractères du langage français ; 2° les sons et leur prononciation ; 3° un traité de prosodie tout à fait neuf, au triple point de vue de l'accent, de la quantité et des liaisons, avec des règles pour notifier la quantité de toutes les syllabes ; 4° un essai sur l'art de lire. 1863, in-12.

1 75

GUILMIN (A.),
Professeur de mathématiques.

N. B.—On est prié d'indiquer le Nᵒ des ouvrages qui font l'objet de la demande.

— **1 Cours complet d'Arithmétique** (nᵒ 1) à l'usage des collèges et de tous les établissements d'instruction publique.

Ouvrage autorisé, entièrement conforme au programme officiel et complété par de nombreuses applications aux sciences, au commerce et à la banque. 14e édit. 1867, in-8.   4 »

— **Eléments d'Arithmétique théorique et pratique** (no 2) renfermant une exposition très-complète du système métrique et un très-grand nombre d'applications très-usuelles à l'usage des instituteurs et de leurs élèves les plus avancés, des Ecoles professionnelles et commerciales, des Ecoles normales primaires, des aspirants et des aspirantes au brevet, 6e édition entièrement refondue et améliorée. 1867, in-12, cartonné.   1 75

3 — **Arithmétique élémentaire** (no 3) à l'usage des *écoles primaires* et des classes élémentaires, renfermant un grand nombre d'exercices et d'applications très-usuelles. 4e édit. 1867 gr. in-18, cartonné.   1 »

4 — **Arithmétique élémentaire** (no 4) *à l'usage des classes de lettres*, renfermant un très-grand nombre d'exercices et de questions très-usuelles, avec une introduction à l'Algèbre. 1866, gr. in-18, cartonné.   2 »

5 — **Eléments d'Arithmétique théorique et pratique.** LIVRE DU MAÎTRE : Recueil de problèmes sur les sujets les plus usuels, contenant les énoncés, les réponses et les solutions développées dans l'Arithmétique in-8 (no 1) et dans l'Arithmétique in-12 (no 2); manuel pratique à l'usage des instituteurs et de tous les professeurs d'arithmétique. 1863, in-12, cart. 2 »

6 — **Recueil d'exercices d'Arithmétique.** Questions proposées et résolues (solutions développées); livre du maître de l'arithmétique (no 3), à l'usage de tous les professeurs d'arithmétique. 1867. gr. in-18, cartonné.   2 50

7 — **Cours de Géométrie élémentaire**, à l'usage des classes de sciences, conforme aux programmes officiels, renfermant un très-grand nombre d'exercices, d'applications usuelles, de questions d'examens, et suivi de notions sur les courbes usuelles. 9e édition. 1866, in-8°.   4 50

8 — **Cours élémentaire de Géométrie**, à l'usage des classes de lettres, conforme aux programmes officiels, contenant un très-grand nombre d'exercices et d'applications usuelles, suivi de notions sur la mesure des hauteurs et le levé des plans. 6e édit. in-18 jésus, cartonné. 1867.   2 25

9 — **Recueil d'exercices de Géométrie élémentaire.** Enoncés et solutions développées des questions proposées dans les deux cours de Géométrie, in-8° et in-18, à l'usage de tous les établissements d'instruction publique. 1864, in-8°.   5 »

10 — **Cours complet d'Algèbre élémentaire** (no 1), à l'usage des lycées et colléges et de tous les établissements d'instruction publique, *conforme au programme.* 9e édit. contenant

un très-grand nombre d'exercices sur toutes les parties du cours. 1866, in-8°.   5 50

11 — Algèbre élémentaire (n°2), conforme aux programmes, à l'usage des classes de lettres et des classes élémentaires, de l'enseignement secondaire spécial, contenant de nombreux exercices. In-18 jésus, 1866.   2 25

12 — Recueil de problèmes d'Algèbre élémentaire, proposés et résolus; solutions développées des questions proposées comme exercice dans l'Algèbre in-8°, et dans l'Algèbre in-18.   7 »

13 — Leçons de Cosmographie à l'usage des lycées, *conformes au programme*. 5e édit. in-8°.   4 »

14 — Traité théorique et pratique de l'amortissement des emprunts des particuliers, des compagnies, des villes et des Etats, des diverses combinaisons de l'assurance sur la vie, des obligations remboursables, avec primes, à la suite des tirages au sort. 1865, in-8°.   2 »

15 — Petit traité théorique et pratique de l'assurance sur la vie, 2e édit., entièrement refondue. 1865, grand in-18 jésus.   4 »

16 — Cours de Mathématiques appliqués. Levée des plans, arpentage et nivellement, notions de géométrie descriptive, à l'usage des lycées, des collèges et de tous les établissements d'instruction publique. 4e édit., 1866, in-8°, avec nombreuses fig. et une grande planche de teintes et signes conventionnels.   4 »

17 — Cours élémentaire de Trigonométrie, conforme aux programmes officiels, renfermant un grand nombre d'exercices, à l'usage des lycées et collèges, et de tous les établissements d'instruction publique, 4e édit. 1866, in-8°.   2 »

18 — Solutions développées des questions proposées dans le cours élémentaire de Trigonométrie rectiligne. in-8°.   2 »

GUILMIN et A. TESTU.

19 — Recueil d'exercices sur les sujets les plus usuels. Annexe aux arithmétiques, n°s 3 et 2. A l'usage des écoles primaires et des classes élémentaires et des *Cours d'adultes*. In-18 jésus, cart. 1867.   1 25

À tous ces ouvrages, en plus pour le cartonnage : 30 cent. pour les in-8.

Les cours de mathématiques élémentaires de M. A. Guilmin sont maintenant complets. Tous les professeurs s'accordent à leur reconnaître les qualités les plus essentielles, ils sont méthodiques et clairs; les raisonnements y sont simples et néanmoins rigoureux. Ils sont d'une lecture facile, à la portée des intelligences ordinaires; les élèves expliquent et retiennent bien ce qu'ils y ont appris. L'auteur s'est attaché à les rendre de plus en plus utiles, en les complétant par un très-grand nombre d'exercices proposés et d'applications tout à fait usuelles. Ces ouvrages ont tous obtenu un très-grand succès. Ils sont aujourd'hui extrêmement répandus, et nous les recommandons avec confiance à l'attention de tous ceux qui enseignent ou étudient les mathématiques.

ISOCRATE.

— **Œuvres complètes**, traduction nouvelle avec texte en regard, par le duc de Clermont-Tonnerre (Aimé-Marie-Gaspard), ancien ministre de la guerre et de la marine, etc. 1862-64, 3 forts vol. gr. in-8, imprimé sur beau papier vergé fort. 22 50

LEBEUF (l'abbé).

— **Histoire de la ville et de tout le diocèse de Paris**, Nouvelle édition précédée d'une introduction, annotée et continuée jusqu'à nos jours, par Hip. Cocheris. 1863, 3 vol. in-8. Belle édition tirée à petit nombre.

Prix de chaque volume : sur papier vélin. 12 »
— — — sur papier vergé (tiré à 144 exemplaires). 15 »

Le 4e et dernier volume de l'histoire de la ville de Paris *sous presse*, pour paraître incessamment, accompagné de nombreuses tables analytiques.

LENOEL (L),
Professeur de gymnastique.

— **Traité théorique et pratique de gymnastique**, à l'usage des lycées, des collèges et de tous les établissements d'instruction publique des deux sexes. Ouvrage rédigé conformément au programme adopté par le conseil d'instruction publique. *Six cent cinquante figures intercalées dans le texte*, 2e édition, 1867, in-12. 4 50

(Voir le prospectus à la fin de ce catalogue.)

LOUBENS (ÉMILE),
Ancien chef d'institution.

— **Encyclopédie morale**, ou dictionnaire d'éducation. 1866, 1 très-fort vol. grand in-8°. 10 »

MULLER (OTFRIED).

— **Histoire de la littérature grecque**, jusqu'à Alexandre le Grand, traduite, annotée et précédée d'une étude sur Otfried Müller et sur l'École historique de la philologie allemande, par Karl Hillebrand, prof. à la Faculté des lettres de Douai. 1866. 2 beaux vol. in-8°. 16 »

— *Le même ouvrage*, 2 édit. 1866, 3 vol. in-12. 12 »

L'ouvrage que nous annonçons, et que de nombreuses éditions allemandes, deux traductions anglaises et deux versions italiennes ont rendu populaire dans l'Europe entière, sera, nous n'en doutons pas, bien accueilli

en France, où il vient évidemment combler une lacune. Nous avions besoin
d'un ouvrage sur la littérature grecque, qui ne fût ni un livre de classe,
ni un travail d'éducation proprement dite. L'*Histoire de la littérature
grecque d'Otfried Müller* s'adresse à la majorité du public lettré, et tous
les esprits cultivés le lisent avec autant de fruit que d'intérêt. Le traducteur, M. Hillebrand, a mis l'ouvrage allemand au courant de la science
dans les rares endroits où il avait pu paraître vieilli, et il nous a donné,
dans une introduction étendue et substantielle, un aperçu général du
mouvement philologique en Allemagne, en même temps qu'un résumé lucide
et complet de l'œuvre entière d'Otfried Müller. Nous osons espérer et pré-
dire que le nom aimé et estimé de l'interprète contribuera à recommander
au public français l'ouvrage que nous lui offrons.   L. V.

MULLER (Max),

Professeur à l'Université d'Oxford, membre correspondant de l'Institut de
France.

— **La Science du langage**, Cours professé à l'Institut royal
   d'Angleterre ; traduit de l'anglais par MM. G. Harris, prof.
   au lycée d'Orléans, et G. Perrot, ancien membre de l'Ecole
   française d'Athènes, prof. au lycée Louis-le-Grand. 2e édit.
   1867 in-8.   8 »

  Ouvrage qui a remporté le prix Volney en 1862.

— **Nouvelles leçons sur la science du langage**, (cours
   professé en 1863, traduit par les mêmes, Tome 1er (Phonétique
   et Etymologie) avec une notice sur M. Max Muller 1867.
   in-8.   7 »

   Le 2e et dernier vol. sous presse.

PASQUET (J.),

Agrégé de grammaire, professeur au lycée Bonaparte.

— **Eléments de la Grammaire latine**, 3e édit. 1865,
   in-12, cart.   1 50

On sait que la syntaxe de M. Pasquet a pour base le développement de
la *proposition*, et que tout y est rapporté à l'emploi du *sujet*, de l'*attri-
but* et des *compléments*. Cette méthode simple et lumineuse a été résu-
mée dans un tableau qui a valu à son auteur d'honorables suffrages, et qui,
joint à ceux des *interrogations* et des *comparaisons*, présente l'ensemble
des principales constructions grammaticales.

— **Cours de Thèmes adaptés à la Grammaire
   latine :**

   1° 1re partie, adaptée à la 1re part. de la Syntaxe, in-12. 1 »
   2° *La même*, avec les corrigés, in-12.   2 »
   3° 2e partie, adaptée à la 2e partie de la Syntaxe, in-12. 1 »
   4° *La même*, avec les corrigés, in-12.   2 »

M. Pasquet a cru nécessaire d'adapter à ses éléments de grammaire
latine une série d'exercices, un cours de thèmes qui permet d'en suivre les
développements avec profit.

Ce cours de thèmes se divise en deux parties dont la gradation est en
rapport avec le progrès de l'intelligence. Les exemples et exercices sont

peu nombreux, mais bien choisis et peuvent ainsi se fixer dans la mémoire des élèves. L'auteur s'est abstenu de faire entrer dans ses phrases des locutions ignorées des commençants; il leur facilite le travail: il a gradué dans une sage mesure les difficultés de la traduction, afin que l'élève, passant du simple au composé, s'habitue insensiblement à voir et à comprendre tous les détails du texte qu'il a sous les yeux. (Extrait du *Journal général de l'Instruction publique*, 9 juin 1860.)

— **Selectæ e profanis scriptoribus historiæ** (latine); ramené au *texte même* des auteurs. *Pars prior* (lib. I, II, III). 1866. In-12, cartonné. 1 25

— **Pars posterior** (lib. IV et V). In-12. 1 25

— *Les deux parties* réunies, cartonné. 2 50

— **Selectæ e profanis scriptoribus historiæ** (græce). *En préparation.*

PELLISSIER,

Agrégé de philosophie, professeur au Collége Sainte-Barbe.

— **Précis d'un Cours complet de Philosophie élémentaire** répondant aux programmes officiels; 3° édit. 1866, in-12. 3 50

Les inspecteurs et les examinateurs de l'Université ont souvent manifesté le regret de trouver les élèves incapables de répondre à leurs questions par une définition précise ou un exemple qui ne traînat pas depuis le moyen-âge dans les logiques de l'école. Ce précis a été composé pour satisfaire à ces légitimes exigences. C'est une suite de *définitions* et d'*exemples* empruntés à nos classiques ou tirés des principes élémentaires des sciences et des arts. Il offre un intérêt particulier aux élèves de la section des sciences, qui y trouveront un développement nouveau des questions relatives à la *Méthode*.

PRÉVOST (Louis),

Docteur ès lettres, ex-professeur suppléant de philosophie à la Faculté des lettres de Toulouse.

— **Programme d'un Cours élémentaire de philosophie**, ou tableaux synoptiques de la philosophie et de son histoire, avec l'explication en regard, l'indication des ouvrages à consulter et un appendice contenant l'analyse sommaire des auteurs prescrits. *Ouvrage rédigé conformément au nouveau plan d'études* et spécialement destiné aux aspirants aux baccalauréats ès lettres et ès sciences. 1866, in-4°. 3 50

RAFFY,

Professeur d'histoire.

Nouvelles répétitions écrites d'histoire et de géographie pour les baccalauréats ès lettres et ès sciences, les Écoles de Saint-Cyr et Forestière, d'après les derniers programmes de 1867; 1 fort vol. in-12, avec cartes et *memento*. 5 »

Répétitions écrites d'histoire universelle, depuis la création du monde jusqu'en 1866 inclusivement, à l'usage de toutes les classes, et contenant la réponse à toutes les questions du programme de l'enseignement spécial, avec tableaux, cartes et *memento*. In-12, 6ᵉ édit. 1867.　　　　　　5 »

Répétitions écrites d'histoire de France, depuis les temps les plus reculés jusqu'en 1866, contenant la réponse au programme de l'enseignement spécial (3ᵉ année), avec tableaux et cartes. In-12, 5ᵉ édit. 1867.　　　　　4 50

Lectures historiques, ou choix des plus beaux fragments des meilleurs historiens anciens et modernes, français et étrangers, disposés selon l'ordre des programmes de l'enseignement et reliés par des sommaires, véritable *Cours d'histoire universelle* par les grands maîtres, à l'usage des familles, des maisons d'instruction publique et des distributions de prix. 7 vol. in-12, 3ᵉ édit., augmentée de plus de cent nouveaux fragments, etc. 1866—1867.　　　　　　20 »

Chaque partie ainsi distribuée se vend séparément :

1º Sixième : *Histoire sainte et Orient.*　　　2 »

2º Cinquième : *Grèce.*　　2 50

3º Quatrième : *Rome.*　　3 »

4º Troisième : *France et moyen âge, 1328.*　　2 50

5º Seconde : *France, moyen-âge et temps modernes. 1328-1648.*　　3 »

6º Rhétorique : *France et temps modernes, 1648-1815.*　　3 50

7º Philosophie : *Histoire contemporaine, 1815-1864.*　3 50

Cet ouvrage, devenu classique dès son apparition, a été honoré deux fois de la souscription ministérielle pour les bibliothèques scolaires et communales, il a été successivement porté, comme pouvant être donné en prix, sur les listes officielles du ministère de l'instruction publique et de la ville de Paris. — Le tome VII n'a été ajouté qu'en 1865-1866, à la suite des mesures relatives à l'enseignement de l'*Histoire contemporaine.*

Cours de géographie physique et historique, à l'usage de toutes les classes dans les divers établissements d'instruction publique. In-12, 3ᵉ édition, avec 30 cartes sur 8 aciers.　3 »

Cahiers de géographie :

Cours de troisième : géographie particulière de l'Europe, avec cartes.　　　　　　1 »

Cours de seconde : géographie particulière de l'Asie, de l'Afrique, de l'Amérique et de l'Océanie, avec cartes.　　1 »

Cours de rhétorique, réunion des deux précédents, révision.　　　　　　2 »

Atlas classique des répétitions et des lectures d'histoire et de géographie, complément des précédents ouvrages, renfermant 40 cartes coloriées sur 10 aciers, 41 généalogies en 5 planches, 6 tableaux synchroniques de l'histoire universelle jusqu'en 1864, et 2 tableaux pour la marche des découvertes géographiques depuis Moïse jusqu'à nos jours; oblong, cartonné. 5 »

Lectures géographiques, 5 vol. in-12. 15 »

Chaque partie de l'ouvrage ainsi distribuée se vend séparément 3 fr.

Tome 1er. *Géographie générale.* | Tome 3. *Europe.*
Tome 2. *France.* | Tome 4. *Asie et Afrique.*
Tome 5. *Amérique et Océanie.*

Pour se faire une idée de l'intérêt de ce travail, il faut le parcourir. M. Raffy y a suivi le même système que pour ses *Lectures historiques*, c'est-à-dire qu'il a mis à contribution les plus grandes notabilités parmi les écrivains géographes. L'attrait est immense, et l'utilité est peut-être plus grande encore. Il n'y aura pas une famille qui voudra se passer de ce recueil. (*Le Conseiller des dames et des demoiselles.*)

Nota. — Pour chaque volume le cartonnage en percaline. » 50

RANGABÉ.

— **Grammaire abrégée du Grec actuel**, précédée d'une préface sur la prononciation et suivie d'un choix de morceaux de lecture. 1867, in-8°, cartonné. 4 »

RÉMY.

— **Science des conjugaisons françaises**, contenant les 6,384 verbes de la langue avec leurs définitions propres et figurées. 4e édit. 1858, in-12, cartonné. 1 25

ROBIOU (Félix),

Ancien élève de l'École normale, agrégé d'histoire, docteur ès-lettres.

— **Histoire des Gaulois d'Orient.** 1866, in-8. 6 »

Ouvrage couronné par l'Académie des Inscriptions et Belles-Lettres dans sa séance publique du 31 juillet 1863.

ROOSMALEN (A. DE),

Membre de l'Institut égyptien et de plusieurs Académies.

— **Art de la parole.** Cours de prosodie, d'accentuation, de lecture et de récitation. Suivi de nombreux morceaux de littérature, d'histoire et de morale. 1864, in-12. fig. dans le texte. 2 50

SCALIGER (Jos.).

— **Poemata omnia**, ex museo Petri Scriverii. Editio altera Berolini, 1864, pet. in-8. 3 50

SCAPULA (J.).

— **Lexicon græco-latinum**, è probatis auctoribus locuple-
tatum, cum incidibus auctis et correctis. Item Lexicon etymo-
logicum cum thematibus investigatu difficilioribus et anomalis;
et Jo. Meursii glossarium contractum, etc., etc. *Oxford*, 1820,
in-fol., en cart. percal.   25 »

Il ne reste plus que quelques exemplaires de cet important ouvrage dont
nous avons acquis le restant de l'édition.

SOUPÉ (Ph.),

Professeur à la Faculté des lettres de Lyon.

— **Précis de Rhétorique et de littérature**, avec des
notices sur les auteurs classiques. In-12.   1 25

SUIDAS.

— **Lexicon**, gr. et lat., ad fidem optimorum libror. exactum,
post Th. Gaisfordum recensuit et annotatione critica instruxit
G. Bernhardy. *Halis et Brunsvigæ*, 1852-53, 2 tom. en 4 vol.
in-4.   50 »

TIBERGHIEN (G.),

Professeur à l'Université de Bruxellss.

— **La Science de l'âme dans les limites do l'obser-
vation**. — *Bruxelles*, 1862, 1 fort vol. gr. in-8.   10 »

TICKNOR (G.).

— **Histoire de la Littérature espagnole**, depuis ses origines jusqu'à nos jours, traduite de l'anglais, pour la première
fois, avec les notes et additions des commentateurs espagnols,
D. Pascual de Gayangos, et Henri de Vedia, par J.-G.
Magnabal, agrégé de l'Université, membre correspondant des
Académies royale espagnole, d'histoire de Madrid, etc. Première période : depuis les origines jusqu'à Charles-Quint.
1864, 1 beau vol. gr. in-8.   9 »

TISSOT (J),

Doyen de la Faculté des lettres de Dijon.

— **Méditations morales**. 1860, 1 vol. in-8.   3 »

Le catalogue complet de la librairie de **A. DURAND
et PEDONE LAURIEL** sera envoyé à toute personne
qui en fera la demande par lettre affranchie.

TRAITÉ THÉORIQUE & PRATIQUE

DE

GYMNASTIQUE

A L'USAGE DES LYCÉES, COLLÉGES

ET DE TOUS LES ÉTABLISSEMENTS D'INSTRUCTION PUBLIQUE

DES DEUX SEXES

Par Louis LENOEL

PROFESSEUR DE GYMNASTIQUE.

Ouvrage rédigé conformément au programme adopté par le Conseil de l'Instruction publique.

Orné de 550 figures dans le texte et de 6 grandes planches lithographiées.

*Un fort vol. in-12 de 350 pages. — Prix : **4** fr.*

PROSPECTUS.

Les avantages de la gymnastique ne sont plus contestés de nos jours. Nous ne nous attacherons pas à développer un sujet sur lequel de bons esprits avant nous ont fixé l'attention publique. Qui doute en effet à présent que la gymnastique si utile à donner au corps la force et la souplesse ne prévienne bien des maladies, n'en rende l'effet moins désastreux, ou même ne les guérisse entièrement? La gymnastique est entrée dans le plan général de l'enseignement : presque tous les chefs d'établissements publics se sont empressés de construire des gymnases et de prendre des professeurs pour enseigner un art que les anciens, bien loin de l'avoir négligé, entouraient d'honneurs et dont ils faisaient l'objet de leurs panégyriques. Très-peu connu chez les peuples modernes, il n'avait jamais passé à l'état d'enseignement régulier.

L'auteur de ce traité, arrivé à sa troisième édition, n'a rien négligé pour rendre celle-ci supérieure aux précédentes ; il a joint de nouvelles démonstrations, remanié son texte, pour le rendre plus clair, plus correct et plus précis ; toutes les figures ont été retouchées avec soin ; six grandes planches lithographiques qui n'existaient pas aux éditions précédentes, complètent cette amélioration.

On trouvera dans celle-ci des plans de gymnases pour les Lycées, des modèles d'appareils faciles à établir pour les écoles, avec un tarif donnant le prix des objets ; l'auteur a pensé qu'on lui saurait gré de ce renseignement, quand on sera persuadé qu'en général, il en coûte peu pour faire de la gymnastique avec avantage, on ne dédaignera plus d'admettre cette utile branche d'éducation.

Enfin, l'unique pensée de l'auteur a été de donner à son traité une allure simple et naturelle, à la portée de tous, qui puisse lui assurer un accueil favorable dans les grands et petits établissements, où son ouvrage n'a pas encore pénétré. Les suffrages qu'il a déjà obtenus lui en donnent l'espérance. Les conseils qu'un public bienveillant voudra bien lui adresser, pour rendre son travail moins imparfait, il les accueillera, comme par le passé, et s'efforcera toujours d'en profiter aux éditions suivantes.

Paris. — Imp. de E. DONNAUD, rue Cassette, 9.

9 782019 951115